建筑弱电工程设计与施工

主　编　张树臣
副主编　孙红跃　齐　贺
参　编　罗春丽　程保华

JIANZHU RUODIAN GONGCHENG
SHEJI YU SHIGONG

中国电力出版社
CHINA ELECTRIC POWER PRESS

内 容 提 要

　　本书以建筑弱电工程的设计与施工技术为核心，首先介绍了弱电工程基本知识，然后将弱电工程系统进行了细分，阐述了防雷与接地系统、视频监控系统、广播音响系统、防盗报警系统、楼宇可视对讲系统、火灾自动报警与消防联动控制系统、综合布线系统、有线电视系统等的设计与施工技术。书中融入了工程的设计思想、常用的计算公式、设计图表、设计实例，设备、线缆的选型，施工、安装工艺等。

　　本书可作为大中专院校建筑电气相关专业师生的教材或参考用书，还可供建筑设计院所、建筑施工企业、机电安装公司、安防与智能化系统集成商等单位从事相关设计、施工、管理的工程技术人员、技术工人，从事房地产开发、物业管理的工程技术人员阅读和使用。

图书在版编目（CIP）数据

建筑弱电工程设计与施工／张树臣主编．—北京：中国电力出版社，2018.7（2021.8重印）
ISBN 978-7-5198-2094-7

Ⅰ．①建…　Ⅱ．①张…　Ⅲ．①房屋建筑设备－电气设备－建筑安装－工程施工　Ⅳ．① TU85

中国版本图书馆 CIP 数据核字（2018）第 116543 号

出版发行：中国电力出版社
地　　　址：北京市东城区北京站西街 19 号（邮政编码 100005）
网　　　址：http://www.cepp.sgcc.com.cn
责任编辑：崔素媛（cuisuyuan@gmail.com）
责任校对：马　宁
装帧设计：赵姗姗
责任印制：杨晓东

印　　刷：北京天宇星印刷厂
版　　次：2018 年 7 月第一版
印　　次：2021 年 8 月北京第二次印刷
开　　本：787 毫米 ×1092 毫米　16 开本
印　　张：17.5
字　　数：380 千字
定　　价：68.00 元

前 言

随着现代信息技术的发展，智能建筑已成为现代建筑电气设计的主流趋势。随着我国现代化程度的高速发展，建筑弱电设计的智能化管理，以及智能化社区、城市智能化的发展尤为突出，为使用者提供了高效、舒适、安全及经济的工作和生活环境，实现了建筑物内与建筑环境的全面监控和管理，保障了使用者的安全和便捷。随着社会经济的发展，未来建筑智能化的内容会更加丰富，在各类建筑的弱电设计和施工环节中可得到更充分的体现。根据当前形势的需要，编者编写了此书。

全书分为9章，将建筑弱电工程的设计与施工分为9个方面进行分析，分别介绍了防雷与接地系统、视频监控系统、广播音响系统、防盗报警系统、楼宇可视对讲系统、火灾自动报警与消防联动控制系统、综合布线系统及有线电视系统的设计和施工。

本书构建了弱电工程的设计与施工所需的知识体系、方法体系和操作体系，具有实用性、可操作性特点。本书使读者不但能掌握弱电工程的基础知识，而且知道如何去做弱电工程，为读者工作创造基础条件，是读者进行建筑弱电工程的方案设计、组织工程施工的必备工具书。根据编者多年的教学及工程设计经验，从培养读者的综合能力出发，本书精选了部分典型的工程实例进行分析，给读者以全新的感受。使读者更好地掌握建筑弱电工程的设计与施工的先进手段。

本书由天津城建大学张树臣任主编，天津城建大学孙红跃和天津航动分布式能源有限公司齐贺担任副主编，天津城建大学罗春丽、程宝华参编。

限于编者水平，书中难免存在不妥之处，恳请广大读者批评指正。

目　录

第 1 章

弱 电 工 程 基 本 知 识

1.1 弱 电 工 程 概 述

智能建筑中的弱电主要有两类：一类是国家规定的安全电压等级及控制电压等低电压电能，有交流与直流之分，交流 36V 以下，直流 24V 以下，如 24V 直流控制电源，或应急照明灯备用电源；另一类是载有语音、图像、数据等信息的信息源，如电话机、电视机、计算机的信息。人们习惯把弱电方面的技术称之为弱电技术，可见智能建筑弱电技术基本含义仍然是原来意义上的弱电技术。只不过随着现代弱电高新技术的迅速发展，智能建筑中的弱电技术应用越来越广泛。

在一般情况下，弱电工程指第二类应用，主要包括：

（1）电视信号工程，如电视监控系统、有线电视。

（2）通信工程，如电话。

（3）智能消防工程。

（4）扩声与音响工程，如小区中的背景音乐广播，建筑物中的背景音乐。

（5）综合布线工程，主要用于计算机。

常见的弱电系统工作电压包括 AC 24V、AC 16.5V、DC 12V，有的时候 AC 220V 也算弱电系统，例如有的摄像机的工作电压是 AC 220V，我们就不能把它们归入强电系统。弱电系统主要针对的是建筑物，包括大厦、小区、机场码头、铁路高速公路等，常见的弱电系统包括闭路电视监控系统、防盗报警系统、门禁电子巡更系统、停车场管理系统、可视对讲系统、家庭智能化系统及安防系统、背景音乐系统、LED 显示系统、等离子拼接屏系统、DLP 大屏系统、三表抄送系统、楼宇自控系统、防雷与接地系统、寻呼对讲及专业对讲系统、弱电管道系统、USP 不间断电源系统、机房系统、综合布线系统、计算机局域网系统、物业管理系统、多功能会议室系统、有线电视系统、卫星电视系统、卫星通信系统、消防系统、电话通信系统、酒店管理系统、视频点播系统、人力资源管理系统等。

1.1.1 弱电系统设计时要考虑的问题

1. 弱电集成综合管线设计时要考虑的问题

弱电集成综合管线设计时要考虑各种信息点、信息源的分布情况。信息点的分布取决于用户需求、系统功能、大楼平面布置、设备的安装位置。信息点包括 3 类线插座、5 类线插座和 6 类线插座，信息源包括各种烟感探测器、温感探测器、防盗探测器、广播扬声器、摄像点及各种传感器等。信息点、信息源位置确定以后，需要进行系统布线综合设计，这样有利于施工与管理，节省管线材料。

2. 弱电系统设计时要考虑的问题

系统设计时尽可能采用一套系统完成建筑物所需的功能与管理的需求。采用统一的操作界面以利于用户的掌握。采用一条公共通信网络，真正做到信息、任务、软硬件的共享。

1.1.2 弱电系统工程施工时要考虑的问题

1. 弱电系统施工过程中要把握住的环节

（1）弱电集成系统施工图的会审。

图纸会审是一项极其严肃和重要的技术工作。认真做好图纸会审工作，对于减少施工图中的差错、保证和提高工程质量有重要作用。在图纸会审前，施工单位必须向建设单位索取施工图，负责施工的专业人员应首先认真阅读施工图，熟悉图纸的内容和要求，把疑难问题整理出来，把图纸中存在的问题记录下来，在设计交底和图纸会审时解决。图纸会审应由弱电工程总包方组织和领导分别由建设单位、各子系统设备供应商、系统安装承包商参加，有步骤地进行，并按照工程的性质、图纸内容等分别组织会审工作会审结果应形成纪要，由设计、建设、施工三方共同签字，并分发下去，作为施工图的补充技术文件。

（2）弱电集成系统施工工期的时间表。

确定施工工期的时间表是施工进度管理、人员组织和确保工程按时竣工的主要措施。因此，工程合约一旦签订，应立即由建设方组织智能弱电集成系统各子系统设备供应商、机电设备供应商、工程安装承包商进行工程施工界面的协调和确认，从而形成弱电工程施工工期时间表。该时间表的主要时间段内容包括系统设计、设备生产与购买、管线施工设备验收、系统调试、培训和系统验收等，同时工程施工界面的协调和确认应形成纪要或界面协调文件。

（3）弱电集成系统工程施工技术交底。

技术交底包括智能弱电集成系统设计单位（通常是系统总承包商）与工程安装承包商、各分系统承包商和机电设备供应商、工程安装承包商与机电设备供应商、工程安装承包商内部负责施工专业的工程师与工程项目技术主管（工程项目工程师）的技术交底工作。在这里着重提出的是弱电集成系统设计单位与工程安装承包商之间的技术交底工作的目的有两个方面：①为了明确所承担施工任务的特点、技术质量要求、系统的划分、施工工艺、施工要点和注意事项等，做到心中有数，以利于有计划、有组织地多快好省地完成任务，工程项目经理可以进一步帮助工人理解消化图纸；②对工程技术的具体要求、安全措施、施工程序、配制的工具等作详细说明，使责任明确各负其责，技术交底的主要内容包括施工中采用的新技术、新工艺、新设备、新材料的性能和操作使用方法以及预埋部件的注意事项，技术交底应作好相应的记录。

2. 弱电系统施工过程中要把握住 6 个阶段

（1）弱电集成系统预留孔洞和预埋线管与土建工程的配合。

通常在建筑物土建初期的地下层工程中，牵涉到弱电集成系统线槽孔洞的预留和消防、保安系统线管的预埋。因此在建筑物地下部分的施工阶段，弱电集成系统承包商就应该配合建筑设计院完成该建筑物地下层、群楼部分的孔洞预留和线管预埋的施工图设计，以确保土建工程如期进行。

（2）线槽架的施工与土建工程的配合。

弱电集成系统线槽架的安装施工，应在土建工程基本结束以后，并与其他管道（如风管、给排水管）的安装同步，也可少迟于管道安装一段时间，但必须在设计上解决好弱电线槽与管道在空间位置上的合理安置和配合。

（3）弱电集成系统布线和中控室布置与土建和装饰工程的配合。

弱电集成系统布线和穿线工作，应在土建完全结束后与装饰工程同步进行，同时中央监控室的装饰也应与整体的装饰工程同步，在中央监控室基本装饰完毕前，应将中控台、电视墙、显示屏定位。

（4）弱电集成系统设备的定位、安装、接线端连线。

系统设备的定位、安装、接线端连线，应在装饰工程基本结束时开始。而相应监控的机电设备安装完毕以后，弱电系统集成设备的定位与安装和连线的步骤为：

① 中控设备。

② 现场控制器。

③ 报警探头。

④ 传感器。

⑤ 摄像机。

⑥ 读卡器。

⑦ 计算机网络设备。

（5）弱电集成系统的调试。

弱电集成系统的调试，基本上在中控设备安装完毕后即可进行。弱电集成系统调试的步骤：

① 中控设备。

② 现场控制器。

③ 分区域端接好的终端设备。

④ 程序演示。

⑤ 部分开通。

⑥ 全部开通。

（6）弱电集成系统的验收。

由业主组织系统承包商、施工单位进行系统的竣工验收是对弱电系统的设计、功能和施工质量的全面检查，在整个集成系统验收前，分别进行集成系统中的各子系统工程验收。为了做好系统的工程验收，要进行以下几方面的准备工作：

① 系统验收文件。在施工图的基础上，将系统的最终设备、终端器件的型号名称、安装位置以及线路连线正确地标注在楼层监控及信息点分布平面图上，同时要向业主提供完整的监控点参数设定表、系统框图、系统试运行日登记表等技术资料，以便业主在今后系统的提升和扩展以及系统的维护和维修提供一个有据可查的文字档案。以下是需要向业主提供弱电系统验收文件的目录：工程验收书、系统竣工报告书、系统监控点数设定表、系统框图、各楼层监控及信息点分布平面图、摄像监控点分布图、各楼层配线架描述、配线管理与网络连接、端接标号说明及系统测试报告。

② 系统的培训。弱电系统承包商要向业主提供不少于一周的系统培训课程，该培训课程需在工程现场进行。培训课程的主要内容是系统的操作、系统的参数设定和修改、系统的维修等三个方面，同时要进行必要的上机考核。培训的教材以"程序手册"、"操作手册"和"工程安装手册"为基础。业主参加系统培训的人员，必须是具有一定专业技术的工程技术人员，以及实际的值班操作人员。

1.2　弱电工程的分类与研究的内容

弱电工程的分类与研究的内容主要分为防雷与接地系统、电视监控系统、广播音响系统、防盗报警系统、出入口控制系统、楼宇对讲系统、电子巡更系统、电话通信系统、全球定位系统、火灾自动报警与消防联动控制系统、有线电视和卫星接收系统、综合布线系统和计算机网络系统。

1.2.1　防雷与接地系统

防雷与接地是信息传输质量、系统工作稳定性以及设备和人员安全的保证。弱电系统的接地可分为单独接地和共同接地两种方式。

电子设备的接地可以采用串联式一点接地、并联式一点接地、多点接地和混合式接地方式。

计算机房的接地可采用交流工作接地、安全保护接地、直流工作接地和防雷接地四种方式。

1.2.2　电视监控系统

电视监控系统是一种先进的、防范能力极强的综合系统。它的主要功能是通过遥控摄像机及其辅助设备来监视被控场所，并把监测到的图像、声音内容传递到监控中心。电视监控系统除了正常的监视外，还可实时录像。先进数字视频报警系统还把防盗报警与监控技术结合起来，直接完成探测任务。

1.2.3　广播音响系统

广播音响系统根据使用功能可以归纳为3种类型，即公共广播系统、厅堂扩声系统和会议系统。

（1）公共广播系统。公共广播系统属于有线广播系统，包括背景音乐和紧急广播功能。公共广播系统的报务区域广、距离长，为了减小传输线路引起的损耗，系统的输出功率馈送方式采用高压传输方式。由于传输电流小，故对传输线要求不高。

公共广播系统可分为面向公众区的和面向宾馆客房的两类系统。面向公众区的公共广播系统主要用于语言广播，这种系统平时进行背景音乐广播，出现紧急情况时可切换成紧急广播。面向宾馆客房的公共广播音响系统包括收音机的调幅和调频，在紧急情况下客房广播自动中断。

（2）厅堂扩声系统。厅堂扩声系统一般采用定阻抗输出方式，传输线要求采用截面粗的多股线，一般为塑料绝缘双芯多股铜芯导线；同声传译扩声系统一般采用塑料绝缘3 芯多股铜芯导线。这两种扩声系统的照明线、电力线同槽敷设；若不能同槽，也要用中间隔离板分开。

厅堂扩声系统使用专业音响设备，并要求有大功率的扬声器系统和功放。它的用途主要有面向以体育馆、剧场为代表的厅堂扩声系统，面向以歌舞厅、宴会厅、卡拉 OK厅为代表的音响系统。

（3）会议系统。会议系统包括会议讨论系统、表决系统和同声传译系统。这类系统也设置由公共广播提供的背景音乐和紧急广播两用的系统。对于屏蔽电缆电线与设备插头连接时应注意屏蔽层的连接，连接时应采用焊接，严禁采用扭接和绕接。对于非屏蔽电缆电线在箱、盒内的连接，可使这种线路两端应插接在接线端子上，用接线端子排上的螺栓加以固定，压接应牢固可靠，并对每根导线两端进行编号。厅堂、同声传译扩声控制室的扩音设备应设保护接地和工作接地。同声传译系统使用的屏蔽线的屏蔽层应接地，整个系统应构成一点式接地方式，以免产生干扰。

1.2.4　防盗报警系统

防盗报警系统是用探测器装置对建筑物内外重要地点和区域进行布防。该系统通常由探测器、信号传输信息和控制器组成。第一代安全防盗报警器是开关式报警器，它防止破门而入的盗窃行为；第二代安全防盗报警器是安装在室内的玻璃破碎报警器各震动式报警器；第三代安全防盗报警器是空间移动报警器。防盗报警系统的设备多种多样，应用较多的探测器类型有主动红外报警器、被动红外报警器、微波报警器、被动红外-微波双鉴报警器等。

1.2.5　楼宇对讲系统

楼宇对讲系统主要由主机、分机、UPS 电源、电控锁和闭门器等组成。根据类型可分为直按式、数码式、数码式户户通、直按式可视对讲、数码式可视对讲、数码式户户通可视对讲等。

1.2.6　电话通信系统

电话通信系统是各类建筑必备的主要系统。电话通信设施的种类很多。传输系统按传输媒介分为有线传输和无线传输。从建筑弱电工程出发，主要采用布线传输方式。有线传输按传输信息工作方式又分为模拟传输和数字传输两种。模拟传输将信息转换成电流模拟量进行传输，例如普通电话机就是采用模拟语言信息传输；数字传输则是将信息按数字编码（PCM）方式转换成数字信号进行传输，程控电话交换机就是采用数字传输各种信息。

电话通信系统主要由电话交换设备、传输系统和用户终端设备组成。建筑弱电工程中的通信系统安装施工主要是按规定在楼外预埋地下通信配线管道敷设配线电缆，并在楼内预留电话交接、暗管和暗管配线系统。

通信设备安装内容主要有电话交接间、交接箱、壁龛（嵌式电缆交接箱、分线箱及过路箱）、分线盒和电话出线盒。分线箱可以明装在竖井内，也可以暗装在竖井外墙上。

1.2.7　火灾自动报警与消防联动控制系统

火灾自动报警控制系统主要由火灾探测器、火灾报警控制器和报警装置组成。火灾探测器将现场火灾信息（如烟、温度、光）转换成电气信号传送至火灾报警控制器，火灾报警控制器将接收到的火灾信号经过处理、运算和判断后认定火灾，输出指令信号。一方面启动火灾报警装置，如声、光报警等；另一方面启动消防联动装置和联锁减灾系统，用以驱动各种灭火设备和减灾设备。

1.2.8　有线电视和卫星接收系统

有线电视系统一般可分为天线、前端、干线及分支分配网络等三个部分。天线部分采用有线电视专用接收天线、FM 调频广播天线、自播节目设备以及各种卫星天线。前端部分包括 U/V 变换器、频道放大器、导频信号发生器、调制解调器、混合器以及卫星电视专用接收设备等。干线及分支分配网络部分包括干线传输电缆、干线放大器、线路均衡器、分配放大器、线路延长放大器、分支电缆、分配器、分支器以及用户输出端。

所谓卫星广播电视系统，就是利用卫星来直接转发电视信号的系统。其作用相当于一个空间转发站。主发射站把需要广播的电视信号以 f_1 的上行频率发射给卫星，卫星收到该信号经过放大和变换，以 f_2 的下行频率向地球上的预定服务区发射。主发射站也接收该信号作监视用。卫星电视覆盖面积大，即只要三颗同步卫星就能覆盖全球。使用卫星电视系统相对使用地面电视台的投资少。卫星电视采用的载频高，频带宽，传输容量大，C 段、K1 段均有 500MHz 的带宽，Q2 频段的带宽达 200MHz，接收天线是系统中的关键部件，对接收效效果有决定性影响，而且也是接收系统中花钱多、安装调试最麻烦的一部分。前馈抛物面天线目前采用得最多。

室外单元（高频头）紧接在天线输出端，一般兼有放大和变频的功能。波导法兰的盘接口部分要清洁，否则会引入损耗，使噪声、温度增加。连接电缆应按要求匹配，防止大功率辐射进入高频头；不要随意打开高频头（LNB）的封盖，以免破坏密封性能。

　　功率分配器是将信号功率分成相等或不相等的几路信号功率输出的多端口微波网路。

　　卫星电视接收机是系统的重要设备之一。首先第一中频信号（940～1470MHz）经变频放大后，送至第二混频器混频，转换成 136.24MHz 的第二中频；然后由带通滤波器对邻近频道信号进行衰减，并由限幅放大器抑制调幅杂波；最后由视频解调器解调出视频信号，由伴音解调器解调出伴音信号。

1.2.9　综合布线系统

　　综合布线系统是跨学科、跨行业的系统工程。作为一种信息产业，它包含这几个方面：楼宇自动化（BA）系统、通信自动化（CA）系统、办公自动化（OA）系统、计算机网络（CN）系统。综合布线系统可划分为 6 个子系统，它们是工作区子系统、水平区子系统、管理子系统、垂直干线子系统、设备间子系统和建筑群子系统。

　　（1）工作区子系统。工作区子系统由终端设备连接到信息插座之间的设备组成，包括信息插座、插座盒、连接跳线和适配器。

　　（2）水平区子系统。水平区子系统应由工作区用的信息插座、楼层分配线设备至信息插座的水平电缆、楼层配线设备和跳线等组成。在一般情况，水平电缆应采用 4 对双绞线电缆。在水平区子系统有高速率应用的场合，应采用光缆，即光纤到桌面。

　　水平区子系统根据整个综合布线系统的要求，应在二级交接间、交接间或设备间的配线设备上进行连接，以构成电话、数据、电视系统和监视系统，并方便地进行管理。

　　（3）管理子系统。管理子系统设置在楼层分配线设备的房间内。管理间子系统应由交接间的配线设备、输入/输出设备等组成，也可应用于设备间子系统中。管理子系统应采用单点管理双交接。交接场的结构取决于工作区、综合布线系统规模和选用的硬件。在管理规模大、复杂、有二级交接间时，才设置双点管理双交接。在管理点，应根据应用环境用标记插入条来标出各个端接场。

　　（4）垂直干线子系统。垂直干线子系统通常由主设备间（如计算机房、程控交换机房）提供建筑中最重要的铜线或光纤线主干线路，是整个大楼的信息交通枢纽。一般它提供位于不同楼层的设备间和布线框间的多条连接路径，也可连接单层楼的大片地区。

　　（5）设备间子系统。设备间是在每一幢大楼的适当地点设置进线设备，进行网络管理以及管理人员值班的场所。设备间子系统应由综合布线系统的建筑物进线设备、电话、数据、计算机等各种主机设备及其保安配线设备等组成。

　　（6）建筑群子系统。建筑群子系统将一栋建筑的线缆延伸到建筑群内其他建筑的通信设备和设施。它包括铜线、光纤以及防止其他建筑电缆的浪涌电压进入本建筑的保护设备。

1.3　弱电工程施工的实施步骤

　　为了提高弱电工程的施工质量，确保系统的正常运行，弱电工程的施工必须严格执行国家有关的标准、规范的规定。弱电工程的施工全过程可分为掌握弱电工程施工的规范和标准、施工组织设计、施工图的绘制、施工项目的实施。

1.3.1 弱电工程施工的规范和标准

JGJ 16—2008《民用建筑电气设计规范（附条文说明［另册］）》

GB 50016—2014《建筑设计防火规范》

GB 50116—1998《火灾自动报警系统设计规范》

GB 50084—2017《自动喷水灭火系统设计规范》

GB 50200—1994《有线电视系统工程技术规范》

GB 50166—2007《火灾自动报警系统施工及验收规范》

GBJ 42—1981《工业企业通信设计规范》

GB 50057—2010《建筑物防雷设计规范》

GB 50198—2011《民用闭路监视电视系统工程技术规范》

GY/T 106—1999《有线电视广播系统技术规范》

IEC-364-5-52《建筑物电气装置 第5部分：电气设备的选择和安装 第52章：布线系统》

ISO/IEC/IS 18011《国际标准化组织的布线标准》

YD/T 2008—1993《城市住宅区和办公楼电话通信设施设计标准》

GB/T 50314—2015《智能建筑设计标准》

GBJ 232—90.92《电气装置安装工程施工及验收规范》

GB 50303—2015《建筑电气工程施工质量验收规范》

1.3.2 弱电工程的施工组织设计

工程组织实施是整个项目建设成功的关键。在项目开展前制订出一个切实可行的方案，实现高质量的安全生产，才能向用户提供一个符合现在需求且质量优良的系统，更应为未来的维护和升级提供最大的便利、尽量节约资金。

施工组织设计按编制的对象和范围不同，可分为施工组织总设计、施工组织设计和施工方案三类。施工组织总设计是以大中型等群体工程建设项目为对象，其内容比较概括、粗略。

施工组织设计是在施工组织总设计指导下，以一个单位工程为对象，在施工图到达后编制的（内容较施工组织总设计详细具体）。

施工方案以单位工程中的一个分部工程、分项工程或一个专业工程为编制对象，内容比施工组织设计更为具体，而且简明扼要。

1.3.3 弱电工程施工图的绘制

1. 工程深化设计要求

在工程前期，首先应做好工程施工图的设计工作。工程图设计是将系统初步设计和实施方案中的软硬件配置、系统功能要求作细致全面的技术分析和工程参数计算，取得确切的技术数据以后，再绘制在施工平面安装图上。

2. 设计图纸设计与会审流程

（1）向各个专业的系统工程师下达设计任务计划书，明确设计内容、范围、工期。

（2）系统工程师核对设计院图纸与设备材料清单定期提交设计报告，如期提交设计说明书、系统设计图纸、工程施工图纸、系统组态文件。

（3）总工程师与总工程师室成员定期检查系统工程师的设计报告，协助系统工程师解决在设计过程中发现的各种问题，确保深化设计作业如期完成。如有必要，可以通过项目经理与建设单位、设计单位进行沟通，保障设计方案满足用户需求。

总工程师与总工程师室成员对设计说明书、系统设计图纸、工程施工图纸、系统组态文件等进行处审，最终确认满足标书与合同要求后，上报项目指挥部。

技术总监经过审查，确认可行并且同意后，返还给项目经理；项目经理将全套的设计资料提交甲方。

甲方对设计内容进行评审，最终同意后，通知弱电总承包单位。

智能弱电总包单位根据已经通过的设计方案展开下一步的工作。

1.3.4 弱电工程项目的实施

弱电工程项目的实施一般要经历以下的过程。

1. 可行性研究

建设单位要实施弱电工程项目，必须先进行工程项目的可行性研究。研究报告可由建设单位或设计单位编制，并对被防护目标的风险等级与防护级别、工程项目的内容和要求、施工工期、工程费用等进行论证，可行性研究报告批准后，进行正式工程立项。弱电系统施工时间表的确定由建设单位组织弱电各系统设备供应商、机电设备供应商、工程安装承包商进行工程施工界面的协调和确认，从而形成弱电工程进度时间表。该时间表主要内容包括系统施工图的确认或二次深化设计、设备选购、管线施工设备安装前单体验收、设备安装、系统调试开通、系统竣工验收和培训等，同时工程施工界面协调和确认应形成纪要或界面协调文件。

2. 弱电安装工程施工预算

弱电安装工程预算，按不同的设计阶段编制可以分为设计概算、施工图预算、设计预算及电气工程概算四种。

采用电气工程概算作为工程结算和投资控制的手段，而预算仅作施工企业内部管理用，概算定额是以主代次，子项目少，概括性强，比较容易接近实际工程的用量。工程总承包适用概算定额，定额价格中包含有不同预欠费的成分。

3. 弱电工程的招标

工程项目在主管部门和建设单位的共同主持下进行招标，工程招标应由建设单位根据设计任务书的要求编制招标文件，并发出招标广告或通知。建设单位组织招标单位勘察工程现场，并负责解答招标文件中的有关问题。中标单位根据建设单位任务设计书提出的委托和设计施工的要求，提出工程项目的具体建议和工程实施方案。

4. 签订合同

中标单位提出的工程实施方案经建设单位批准后，委托生效，这时可签订工程合同。工程合同的条款应包含以下内容：

（1）工程名称和内容。

（2）建设单位和设计施工单位的责任和任务。

（3）工程进度和要求。

（4）工程费用和付款方式。

（5）工程验收方法。

（6）人员培训和维修。

（7）风险及违约责任。

（8）其他有关事项。

5. 工程初步设计的内容及工程方案认证内容

工程初步设计内容包括：

（1）系统设计方案及系统功能。

（2）器材平面布防图和防护范围。

（3）系统框图及主要器材配套清单。

（4）中心控制室布局及使用操作。

（5）工程费用的概算和建设工期。

工程方案认证的内容包括：

（1）对初步设计的各项内容进行审查。

（2）对工程设计中技术、质量、费用、工期服务和预期效果作出评价。

（3）对工程设计中有异议的内容提出评价意见。

6. 正式设计

对工程设计方案进行论证后，就可进入正式设计阶段。正式设计包含以下内容：

（1）提交技术设计、施工图设计、操作与维修说明和工程费用预算书。

（2）建设单位对设计文件和预算进行审查，审批后工程进入实施阶段。

7. 工程施工

（1）工程施工后，依照工程设计文件所预选的器材及数量进行订货。

（2）按管线铺设图和施工规范进行管线铺设施工。

（3）按施工图的技术要求进行器材设备安装。

8. 系统调试

按系统功能要求进行系统调试，系统调试报告包括以下内容：

（1）系统运行是否正常。

（2）系统功能是否符合设计要求。

（3）误报警、漏报警的次数及产生原因。

（4）故障产生的次数及排除故障的时间。

（5）维修服务是否符合合同规定。

弱电系统种类很多，性能指标和功能特点差异很大。一般都首先是单体设备或部件调试，而后是局部或区域调试，最后是整体系统调试。也有些智能化程度高的弱电系统（诸如智能化火灾自动报警系统），有些产品是先调试报警控制主机，再分别逐一调试所连接的所有火灾探测器和各类接口模块与设备；又如弱电集成系统也是如此，在中央监控设备安装完毕后进行调试，调试步骤为：中央监控设备→现场控制器→分区域端接好的终端设备→程序演示→部分开通。

9. 竣工验收

弱电工程验收按隐蔽工程、分项工程和竣工工程三项步骤进行。

（1）弱电安装中线管预埋、直埋电缆接地极等都属于隐蔽工程，这些工程在下道工序施工前，应由建设单位代表进行隐蔽工程检查验收，并认真办理好隐蔽工程验收手续，纳入技术档案。

（2）弱电工程在某阶段工程结束或某一分项工程完工后，由建设单位会同设计单位进行分项验收；有些单项工程则由建设单位申报当地主管部门进行验收。火灾自动报警与消防控制系统由公安消防部门验收，安全防范系统由公安技防部门验收，卫星接收电视系统由广播电视部门验收。

（3）工程竣工验收是对整个工程建设项目的综合性检查验收。在工程正式验收前，应由施工单位进行预验收，检查有关的技术资料、工程质量，发现问题应及时解决。

智能化建筑物管理系统验收，在各个子系统分别调试完成后，演示相应的联动联锁程序。在整个系统验收文件完成以及系统正常运行一个月以后，方可进行系统验收。在整个集成系统验收前，也可分别进行集成系统各子系统的工程验收。

1.4　弱电工程的系统电源

1.4.1　交流供电方式

建筑物类型的不同，交流供电的等级也不同。一级负荷中的重要负荷电源条件除应由两个电源供电外，应增设应急电源，并禁止将其他负荷接入应急供电系统。要达到上述要求有下列 4 种方案：

（1）2 个市电电源和 1 组发电机组。

（2）1 个市电电源及 2 组发电机组。

（3）1 个市电电源、1 个发电机组、1 个 UPS（不间断电源设备）。

（4）2 个市电电源和 1 组 UPS。

火灾自动报警系统使用 2 个市电电源和 1 组发电机组，2 个市电电源经切换装置直供一路电源；应急发电机组直供一路电，在末端经双电源切换装置向弱电负荷供电，使弱电负荷有 3 个供电电源。当市电及发电机组中 2 个电源出现故障时，仍能保证供电。

1.4.2 直流供电方式

弱电工程中广泛采用直流供电方式，特别是免维护蓄电池和高频开关型整流器的广泛应用，已从集中供电向分布式供电方式转变。在整流设备直接供电方式的多种方案中，采用双交流电源→双电源切换箱→开关型整流器→用电负荷这种方案最好。

（1）直流设备的施工项目分为配电和整流设备、蓄电池电源线安装三项，配电和整流设备的安装与强电成套配电柜及电力开关柜的安装相同，安装程序也是基础型钢埋设、配电柜的搬运、立柜、内部清扫等项目。

（2）蓄电池的安装包括电池支架制作、电池安装和配液充电三项。电池支架无论采用木支架还是采用铁支架，都必须涂刷防酸漆，埋在蓄电池台架内的桩柱定位后用沥青浇灌预留孔。蓄电池的安装时要注意：

① 蓄电池槽与台架之间用绝缘子隔开。

② 绝缘子应按台架中心对称安装。

③ 极板之间的距离应相等且相互平行等。

（3）电流馈电线安装要做到以下要求：

① 馈电线穿墙、穿天花板、穿楼板的孔洞等均应避开房屋中的梁和柱。

② 馈电线由弱电设备机房的地槽引上机架，要求引上处的正线排列在靠近机房主要通道的一边，以防止馈电线在列电缆走线架上方增加一处交叉。

③ 蓄电池室内裸母线的安装属于低压直流母线施工，按照 GBJ 232—90.92《电气装置安装工程施工及验收规范》进行施工。

1.4.3 不间断电源设备

不间断电源系统（Uninterruptible Power System，UPS）的作用：当电网一旦断电时，UPS 能快速切换将蓄电池的直流电逆变成交流电，立刻供给负载系统继续用电。

UPS 可按输出的功率容量大小、供电方式和供电时间分类，从基本型式分类又有铁磁共振式、线路交互式和双变换式三种。双变换式通过整流器、逆变器的交—直—交双变换过程供电，在直流环节向蓄电池组浮充电。当交流电源失电时，由蓄电池经逆变器向负荷充电，若电路过载或 UPS 内部故障，通过旁路电路将 UPS 解列，交流电源直接供电。

第 2 章

防雷与接地系统的设计与施工

2.1 防 雷 设 计

2.1.1 防雷与接地设计的整体考虑

以往的建筑物都有传统的防雷系统（即富兰克指针、钢筋、铜带、法拉第和接地网）对建筑物及其中的人员起到保护作用。但这些传统的防雷系统不能有效地防止雷电感应、电磁脉冲、电路浪涌、静电等许多外界干扰对微电子、通信等设备的危害，其表现为：

（1）当雷电直接击中传统防雷系统时，巨大的能量通过建筑物结构某一不可预知钢筋或铜带向大地导通。它产生巨大的电磁效应会感应到供电线路，更有甚者，雷击直接由下导铜带或钢筋向供电线路或数据线路跳火。

（2）雷电直接击中延伸建筑物外的供电线路和通信数据线路，甚至击中数千米以外的供电线路时，雷电电流都会迅速侵入建筑物内部。

（3）城市公用输电网切换和大的电力用户的设备起停而产生的浪涌。

（4）建筑物内部电气设备（如空调、电梯、通风机等）的频繁起停而产生的浪涌。

（5）供电线路、通信线路、数据线路与其相连的其他建筑物或地面被击中而传输或感应的电磁脉冲和浪涌电流。

（6）静电通过数据线路对设备电路板上电子元件直接的损害。

建筑物弱电系统防雷是一个系统工程必须综合考虑的，将智能大厦外部防雷措施和内部防雷措施等各种因素作为整体来统一考虑。

2.1.2 防雷装置

防雷装置一般由避雷针、避雷线、避雷带（避雷网和避雷器）组成。不管是直击雷、感应雷或其他形式的雷，最终都是防雷装置把雷电流送入大地。常用的防雷装置有避雷针、避雷线、避雷带和避雷器。

（1）避雷针。避雷针由接闪器、引下线和接地体三部分组成。

（2）避雷线。避雷线由悬挂在空中的接地导线、支持物和接地引下线组成。

（3）避雷带（避雷网）。避雷带（避雷网）普遍用来保护高层建筑免遭直击雷和感应雷的作用。

避雷器：避雷器用来防护变、配电站及其他建筑物内的设备免遭感应雷的作用。

2.1.3 建筑物的防雷设计

建筑物的防雷设计分为两大部分：外部防雷和内部防雷。建筑物防雷的基本框架如图 2-1 所示。由图 2-1 可见，现代防雷技术一般分为"两大部分""三道防线"。

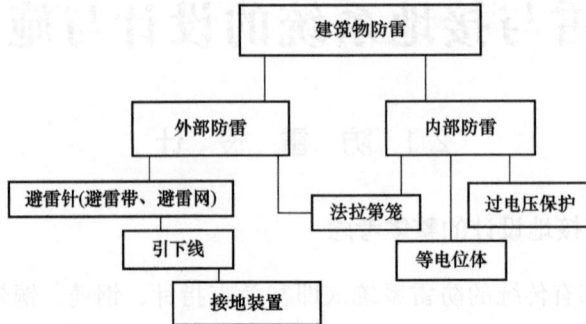

图 2-1 建筑物防雷的基本框架

两大部分：外部防雷和内部防雷。

三道防线：①通将绝大部分雷电流直接引入地下泄散（属于外部防雷）；②阻击沿电源线或数据信号线引入的侵入雷电波（属于内部防雷）；③限制被保护设备上雷电过电压幅值（过电压保护）。

建筑物的防雷设计采取"两大部分"、"三道防线"防护措施。

1. 外部防雷

外部防雷由避雷针（避雷带、避雷网）、引下线和接地装置三部分组成。

避雷针（避雷带、避雷网）：位于建筑物的顶部，其作用是引雷或截获闪电，即把雷电流引下。

引下线上与避雷针（避雷带和避雷网）连接，下与接地装置连接，它的作用是把接闪器截获的雷电流引至接地装置。

接地装置位于地下一定深度之处，它的作用是使雷电流顺利流散到大地中去。

（1）建筑物楼顶装置与雷电流引下线的设计要求。

① 在建筑物楼顶上的标志灯、节日彩灯、空调附属设备等设施，其金属框架、电源线的金属护层上下端应与暗装避雷网或女儿墙上的避雷带连接焊牢，焊点作防腐处理。大楼的避雷带设于女儿墙上，每隔 5～10m 与暗装避雷网连接并焊牢，暴露在空气中的焊点一律作防腐处理。楼顶设有微波天线、移动通信天线等均应在其上设置避雷针，其引下线应就近在两个相对方向上与暗装避雷网连接焊牢。有塔楼的应在塔楼上装置避雷针，利用塔楼柱内的两根主钢筋作为引下线并与暗装避雷网连接焊牢。

② 雷电流引下线由楼顶开始，引至大楼环形接地体形成一个笼形结构，大楼底层均压网宜与大楼周围的环形接地体每 5～10m 用镀锌扁钢连接一次并焊牢，焊点应作防

腐处理。

③ 铁塔的雷电流引下线应采用扁钢或铜排焊接连通，直接引入联合接地体。

④ 避雷针应采用符合国家标准 GB 50057—2010《建筑物防雷设计规范》的接闪器即常规型避雷针，其他非常规避雷针或消雷器慎用。

⑤ 垂直接地体长度宜为 1.5～2.5m，垂直接地体间距为其自身长度的 1.5～2 倍。接地体之间所有焊接点（除浇铸在混凝土中的以外）均应进行防腐处理，接地体的上端距地面不宜小于 0.7m。

⑥ 接地线和接地引线宜短、直，采用截面积为 35～95mm² 的多股铜线，接地引入线长度不宜超过 30m，其材料为截面积不小于 40mm×4mm 的镀锌扁钢和截面积不小于 95mm² 的多股铜线。接地引线由地网从两个方向就近引出与机房接地汇集线接通，避免从雷电流引下线附近引出。

⑦ 接地汇集线一般设计成环排状，采用截面积应不小于 120mm² 的铜材，也可采用镀锌扁钢。机房的接地汇集线可安装在地槽内、墙面或走线架上。

（2）接闪功能。指实现接闪功能所应具备的条件，包括接闪器的形式（避雷针、避雷带和避雷网）、耐流耐压能力、连续接闪效果、造价及接闪器等。

（3）分流影响。指引下线对分流效果的影响，引下线的粗细和数量直接影响分流效果。引下线多，每根引下线通过的雷电流就小，其感应范围就小。引下线相互之间的距离不应小于规范中的规定，当建筑物很高、引下线很长时，应在建筑物的中间部位增加均压环，以减小引下线的电感电压降（这不仅可以分流，而且还可以降低反击电压）。

（4）接地效果。良好的接地是防雷成功的重要保证之一。每个建筑物都要考虑哪种接地方式的效果最好和最经济。

① 钢筋混凝土结构的建筑物（符合规范条件）应利用基础内的钢筋作为接地装置。

② 对木结构和砖混结构建筑物，必须制作独立引下线并采用独立接地装置接地方式。当土壤电阻率大，使用接地极较多时，可作周围式接地装置。因为周围式接地装置的冲击阻抗小于独立接地装置接地的冲击阻抗，而且有利于改善建筑物内的地电位分布，减小跨步电压。采用独立式接地方式，以钻孔深埋接地极（4～12m）的效果为最好，深孔接地极容易达到地下水位，且能减少接地极的用钢量。

（5）大厦防雷设计应考虑的措施。

① 进楼电缆应从地下进楼。

② 进楼电缆的金属外护套应在大厦进线室内就近接地或与地网连接后再进楼。

③ 进楼电缆的信号线均应对地加装信号 SPD 后，再接入网络系统，电缆内的空线对应做保护接地。

④ 地处少雷区和中雷区大厦的市话配线箱，可采用由气体放电管或半导体放电管与正温度系数热敏电阻组成的保安单元。

⑤ 地处多雷区和强雷区大厦的市话配线箱，必须采用由半导体放电管与高分子 PTC（正温度系数热敏电阻）组成的保安单元。

⑥ 总配线架必须就近接地，是关系到配线架的保安单元对交换机用户板起到有效

保护的关键问题。在机房总体规划时，总配线架宜安装在建筑物的低层，接地引入线应从地网两个方向就近分别引入（即从地网在建筑物预留的接地引入端子接地引入或从接地汇集线上引入）。

⑦ 市话电缆空线对应在配线架上接地，内部防雷。

2. 内部防雷

只设计外部防雷装置而忽略内部防雷手段，接闪器再好，也无法获得好的防雷效果。

内部防雷装置的作用是减少建筑物内的雷电流和所产生的电磁脉冲干扰、接触电压、跨步电压等二次雷害。除外部防雷装置外，所有为达到此目的所采用的设施、手段和措施均为内部防雷，它包括等电位联结设施（物）、屏蔽设施、加装的避雷器及合理布线和良好接地等措施。

（1）建筑物内的雷电电磁脉冲干扰。

建筑物内的雷电电磁脉冲干扰是指以下 3 种情况：

第一是空中雷电波的电磁辐射对建筑物内电力线路和电子设备的电磁干扰。

第二是建筑物的防雷装置接闪时，强大的瞬间雷电流对建筑物内电力线路和电子设备的干扰。

第三是由外部各种强、弱电架空线路或电缆线路传来的电磁波对建筑物内电子设备的干扰。

（2）等电位。等电位指使建筑物内的各个部位都形成一个相等的电位。若建筑物内的结构钢筋与各种金属设置及金属管线都能连接成统一的导电体，建筑物内当然就不会产生不同的电位，这样就可保证建筑物内不会产生反击和危及人身安全的接触电压或跨步电压，对防止雷电电磁脉冲干扰微电子设备也有很大的好处。

钢筋混凝土结构的建筑物具备实现等电位的条件，因为其内部结构钢筋的大部分都是自然而然地焊接或绑扎在一起的。为满足防雷装置的要求，应有目的地把接闪装置与梁、板、柱和基础可靠地焊接绑扎或搭接在一起，同时再把各种金属设备和金属管线与之焊接或卡接在一起，这就使整个建筑物成为良好的等电位体。

（3）屏蔽设施。屏蔽的主要目的是使建筑物内的通信设备、电子计算机精密仪器以及自动控制系统免遭雷电电磁脉冲的危害。建筑物内的这些设施，不仅在防雷装置接闪时会受到电磁干扰，而且由于它们本身灵敏性高且耐压水平低，有时附近打雷或接闪时，也会受到雷电波的电磁辐射的影响，甚至在其他建筑物接闪时，还会受到从该处传来的电磁波的影响。因此，应尽量利用钢筋混凝土结构内的钢筋，即建筑物内地板、顶板墙面以及梁、柱内的钢筋，使其构成一个六面体的网笼（即笼式避雷网），从而实现屏蔽，还能防球雷、侧击雷和绕击雷的袭击。

（4）安全隔离距离与等电位联结。在建筑物内部，防雷措施可分为安全隔离距离和等电位联结两类。安全隔离距离指在需要防雷的空间内，两导电物体之间不会发生危险的火花放电的最小距离，即不会发生反击的最小距离。等电位联结的目的是减小或消除内部防雷装置各个部位上所产生的电位差，包括靠近进户点的外来导体上的电位差。等电位联结措施包括：

① 出入大厦的线缆必须埋地，线缆的金属外护套两端应就近接地。

② 机房内走线架、吊挂铁架、机架过机壳、金属通风管道、金属门窗等均应做等电位联结和接地。

③ 设备的接地引入线宜从接地汇流排上就近引入。

④ 变压器的中性点、避雷器的接地端及缆线金属护套应就近连接接地。

2.2 弱电系统的接地设计

2.2.1 弱电系统接地的设计原则

弱电系统中各电子设备分属不同的子系统，由于这些设备工作频繁、抗干扰能力和功能各不同，对接地的要求也不同。弱电系统接地设计的原则要注意如下要求：

（1）电子设备的信号接地、逻辑接地、防静电接地、屏蔽接地和保护接地一般合用一个接地极，其接地电阻不大于 4Ω；当电子设备的接地与工频交流接地、防雷接地合用一个接地极时，其接地电阻不大于 1Ω。

（2）对抗干扰能力差的电子设备，其接地应与防雷接地分开，两者相距在 20m 以内。

（3）对抗干扰能力强的电子设备，直接地与防雷接地的距离可酌情减小，但不宜低于 5m。

（4）当电子设备与防雷接地采用共同接地装置时，两者为避免雷击时遭受反击和保证设备安全，应采用埋地铠装电缆供电（电缆屏蔽层必须接地）。

（5）电路利用大地作回路，起着工作回路的作用。工作接地一般不利用其他自然接地体，例如金属上下水管、暖气管、煤气管、建筑物构架等。工作接地电阻值应小于等于 4Ω。

（6）为了人身和设备的安全，利用大地建立统一的参考电位。保护接地引线必须是专用的，而且都是单独地从保护接地母线直接引出。保护接地电阻值应小于等于 10Ω。

（7）为了人和物的安全，防止雷电流的危害。各类防雷接地装置的接地电阻，一般应根据落雷时的反击条件来决定。防雷接地电阻值应小于等于 10Ω。

（8）为了防止静电引起的灾害，把管道或设备进行接地。防静电接地要求在洁净干燥的环境中，所有设备外壳及室内设施必须均与 PE 线多点可靠连接。防静电接地电阻值应小于等于 10Ω。

（9）独立的交流工作接地电阻值应小于等于 4Ω。

（10）独立的直流工作接地电阻值应小于等于 4Ω。

（11）建筑物防雷装置散流电阻、供配电系统强弱电接地共用时，其接地电阻值应小于等于 1Ω。

（12）系统工艺地电阻值应小于等于 4Ω。

（13）以减小或消除同系统中不同性质的接地（如防雷地、工作地、外壳接地、防静电地，信号地等）之间的电位差为目的，选用适当的布线方式。

（14）根据地网所在地的接地电阻土层分布等地质情况，尽量进行准确设计。

（15）运动场馆中的图像信息接地系统应为一独立系统，不能与电力系统的地网、防雷地网、建筑物基础以及发射天线和接收天线的接地网等相连。

（16）不得利用蛇皮管、管道保温层的金属外皮或金属网及电缆金属护层作接地线。

（17）室内设备应尽量置于远离建筑物避雷网的引下地金属体。

（18）共用接地系统的接地电阻应满足各种接地中最小接地电阻的要求。

（19）直流地、交流地和保护地虽然最后都接在同一地线总汇流排上，但是这并不意味着各种地之间可以任意连接。按照相关要求在其未接入前，地线之间应保持严格的绝缘。因此，通信大楼的地线设计应合理安排地线系统的拓扑结构，建筑防雷地应直接连接到地网，设备的工作地在地线总汇流排单点连接后汇集到地网信号设备接地装置。

（20）信号设备的各种地线不得与电力线、房屋建筑和通信地线合用。

（21）同一地点相同性质的信号地线才可以合用。

（22）接地装置的接地电阻值越小越好，合用时必须小于 1Ω。

（23）接地线不应作其他用途。

2.2.2 接地体和常用的接地

1. 接地体

接地体分为水平接地体、垂直接地体。

（1）接地体材料常用镀锌钢材和铜板材料，最好采用铜板材料。

（2）接地体垂直埋设时埋设深度为 $0.5\sim3m$，水平延伸 $1\sim15m$。

（3）接地体的引接线长度越短越好，电阻越小越好，有利于雷电流的扩散。

（4）垂直接地体的埋设深度并不是越深越好。垂直接地体的最佳埋设深度不是固定的，在设计中应按接地网的等值半径、区域内的地质情况来确定，一般取 $1.5\sim2.5m$ 间为宜。

2. 常用的接地

（1）不等长接地体。不等长接地体，即为各垂直接地体的长度各不相等。在接地体的布置上采取垂直接地体，布置为两长一短或一长两短，以使接地体组间的屏蔽作用减小到最小限度。不等长接地体技术从理论上到实践中应用，都较好地解决了多个单一接地体间的屏蔽作用问题，提高了各单一接地体的利用系数，降低了接地体组的散流电阻。

（2）中性点直接接地。电气设备在正常工作情况下，不带电的金属部分与接地体之间作良好的金属连接都称为接地，前者为工作接地，后者为保护接地。配电变压器低压侧的中性点直接接地，则此中性点称为零点，由中性点引出的线称为中性线。用电设备的金属外壳直接接到中性线上，称为接零。在接零系统中，如果发生接地故障即形成单相短路，使保护装置迅速动作，断开故障设备，从而使人体避免触电的危险。

（3）独立接地系统。独立接地系统将系统的直流地（逻辑地）与交流工作地、安全保护地及防雷地、供电系统地相互独立。为了防止雷击时反击到其他接地系统，还规定了它们相互之间应保持的安全距离。采用独立接地方式的目的，是为了保证相互不干扰（当出现雷电流时，仅经防雷接地点流入大地，使之与其他部分隔离起来）。有关规范提到若把直流地（逻辑地）与防雷地分离时，其间距离应相距 15m 左右。在不受环境条件限制的情况下，采用专用接地系统也是可取的方案，因为可避免地线之间相互干扰和反击。

（4）防雷接地。为使雷电浪涌电流泄入大地，使被保护物免遭直击雷或感应雷等浪涌过电压、过电流的危害，所有建筑物、电气设备、线路、网络等不带电金属部分和金属护套、避雷器以及一切水、气管道等均应与防雷接地装置作金属性连接。防雷接地装置包括避雷针、避雷带、避雷线、避雷网、接地引下线、接地引入线接地汇集线、接地体等。为防止反击，以往的防雷规范对防雷接地与其他接地之间提出一整套限制措施，即规定两类接地体和接地线之间的最短距离。在有些情况下间距无法拉开到规定值时，则要采用严密的绝缘措施。

防雷接地应按 GB 50057—2010《建筑防雷设计规范》执行。由于接地的良好状态对防雷有非常重要的影响，所以在制作接地体时一般采用 $40mm \times 40mm$ 的角铁，每根长 2.5m，间距约 5m 垂直打入地下，顶端距地面为 $0.5 \sim 1.0m$，顶端再用 $40mm \times 40mm$ 左右的扁铁全部焊起来，构成一个统一的接地系统。

防御雷电电磁脉冲对接地的要求也很严格，电子系统的低频信号工作接地应采用单点接地系统，在整个建筑物内应为树干式接线布置，各层或各段的低频信号工作接地均应直接接到单点接地板上，不得形成环路。单点接地系统不应与用作防雷引下线的柱子平行，以防强磁场干扰。由于是利用建筑物结构钢筋作屏蔽，因此必须采用综合共同接地方式，即将防雷接地电源的工作接地、各种装置的外壳、铁管外皮和高锁电子设备的信号接地都统一接到建筑物的基础上或室外接地装置上。为避免杂散电流，单点接地系统必须采用绝缘线，其主接地板必须置于建筑物的最底层且直接与基础或室外接地装置连接。各层单点接地系统的区域接地板或终端接地板如需要与综合共用接地系统的装置接地板连接，应在它们之间加装不大于直流 300V 的放电管或压敏电阻，综合共用接地的电阻一般应在 1Ω 以下。对于特殊的电子设备，可在 0.5Ω 以下。确定接地电阻时，应考虑各种设备对接地电阻值的要求，在所要求的各种阻值下应取最低值。

（5）低压供电系统接地。在低压 220V/380V 供电系统中．应采用三相五线（TN-S）系统，以便于装置接地（PE）线和中性（N）线分开，PE 线应接到各层或各段装置接地的终端地板上。为了防御雷电电磁脉冲，建筑物的电源、电话、广播等线路最好采用埋地电或引入，所用电缆应为铠装电线或同轴电缆且外皮两端均要接地。

（6）防雷等电位联结。等电位联结的目的在丁减小需要防雷的空间内各金属部件和各系统之间的电位差。穿过各防雷区交界的金属部件和系统，以及在各防雷区内部的金属部件和系统，都应在防雷区交界处作等电位联结。应采用等电位联结线和螺栓紧固的线夹在等电位联结带作等电位联结，而且当需要时应采用避雷器作暂态等电位联结。

（7）直流系统的接地。需要接地的直流系统的接地装置应符合下列要求：

① 能与地构成闭合回路且经常流过电流的接地线应沿绝缘垫板敷设，不得与金属管道、建筑物和设备的构件有金属的连接。

② 在土壤中含有在电解时能产生腐蚀性物质的地方，不宜敷设接地装置．必要时可采取外引式接地装置或改良土壤的措施。

③ 直流电力回路专用的中性线和直流两线制正极的接地体、接地线不得与自然接地体有金属连接。当无绝缘隔离装置时，相互间的距离不应小于1m。

④ 三线制直流回路的中性线宜直接接地。

（8）交流电气设备的接地。

① 交流电气设备的接地可以利用下列自然接接地体：

a. 埋设在地下的金属管道，但不包括有可燃或有爆炸物质的管道。

b. 金属管井（管）。

c. 与大地有可靠连接的建筑物的金属结构。

d. 水工构筑物及其类似构筑物的金属管、桩。

② 交流电气设备的接地线可利用下列接地体接地：

a. 建筑物的金属结构（梁、柱等）及设计规定的混凝土结构内部的钢筋。

b. 生产用的起重机的轨道、配电装置的外壳、走廊、平台、电梯竖井、起重机与升降机的构架、运输皮带的钢梁、电除尘器的构架等金属结构。

c. 配线的钢管。

③ 接地装置宜采用钢材。接地装置的导体截面应符合热稳定性能和机械强度的要求，但不应小于规范所列规格。大中型发电厂、110kV及以上变电所或腐蚀性较强场所的接地装置应采用热镀锌钢材，或适当加大截面。

在地下不得采用裸铝导体作为接地体或接地线。

（9）联合接地。

电信局（站）各类电信设备的工作接地、保护接地以及建筑防雷接地共同合用一组接地体的接地方式称为联合接地方式。根据电信工程需要，交直流电源系统和建筑物防雷等都要求接地，各种接地的分类一般可分为工作接地保护接地和防雷接地，工作接地又可分为直流工作接地和交流工作接地。

出入局（站）的交流低压电力线路应采用地埋电力电缆，其金属护套应就近两端接地，低压电力电缆长度宜不小于50m，两端芯线应加装避雷器。通常将通信电源交流系统低压电缆进线作为第一级防雷，交流配电屏内作为第二级防雷，整流器输入端口作为第三级防雷，这是通信电源系统防雷的最基本要求。

2.2.3 弱电系统的接地

弱电系统的接地对信息传输质量、系统工作稳定性、设备和人员的安全都具有重要的保证作用。弱电系统的接地可分为单独接地和共同接地两种方式，目前国内外都采用共同接地方式。当采用共同接地时，接地体以采用自然接地体为主。

当自然接地体同时符合以下三个条件时，不再另设人工接地体。

（1）接地电阻能满足规定值要求。

（2）基础的外表面无绝缘防水层。

（3）基础内钢筋必须连接成电气通路，同时形成闭合环，闭合环距地面不小于 0.7m。

采用共同接地方式时，安装防雷接地线的注意事项如下：

（1）接地线、引下线固定点间的距离，水平直线部分一般为 1～1.5m，垂直部分为 1.5～2m，转弯部分为 0.5m。

（2）扁钢接地线、引下线搭接长度为扁钢宽度的 2 倍，且最少三面焊接。

（3）圆钢接地线、引下线搭接长度为圆钢直径的 6 倍，且两面焊接。

（4）明装接地线、引下线在地面以上 1.7m 长的一段，用角钢或钢管保护。

（5）接地装置应采用焊接，所有外露焊接点应进行防腐处理。

（6）接地体不宜埋设在污水排放和土壤腐蚀性强的区段。当难以避开时，其接地体截面应适当增大，镀层不宜小于 100μm。

保护线、等电位联结导线、接地线焊接长度、钢接地体和接地线的选择如表 2-1～表 2-4 所示。

表 2-1　　　　　　　　　　保护线的最小截面积　　　　　　　　（mm²）

装置的相线截面积 S	接地线及保护线最小截面积
S≤16	S
16＜S≤35	16
S＞35	S/2

表 2-2　　　　　　　　　　等电位联结的最小截面积　　　　　　　（mm²）

防雷类别	材料	流过大部分雷电流的连接导线的最小截面积	流过很小部分雷电流的连接导线的最小截面积
一、二、三类	Cu	16	6
	Al	25	10
	Fe	56	16

表 2-3　　　　　　　　　接地线焊接长度规定和检验方法

项目		规定数值	检验方法
搭接	扁钢	≥2b（b 为扁钢宽度）	—
	圆钢	≥6d（d 为圆钢直径）	尺量检查
	圆钢和扁钢		—
扁钢搭接焊的棱边数		3	尺量检查

表 2-4　　　　　　　　　钢接地体和接地体的最小规格　　　　　　（mm）

种类、规格		地上		地下	
		室内	室外	交流电流回路	直流电流回路
圆钢直径（mm）		6	8	10	12
扁钢	截面积（mm²）	60	100	100	100
	厚度（mm）	3	4	4	6
角钢厚度（mm）		2	2.5	4	6
钢管管壁厚度（mm）		2.5	2.5	3.5	4.5

采用单设接地设置与共用接地装置的各系统接地电阻值比较见表 2-5。

表 2-5 采用单设接地装置与共用接地装置各系统接地电阻值比较

序号	名称	接地形式	规模或容量	接地电阻（Ω）
1	调度电话站	单设接地装置	直流供电	＜15
			交流供电：Pe≤0.5kW	＜10
			Pe＞0.5kW	＜5
		共用接地装置	—	＜1
2	程控式交换机	单设接地装置	—	＜5
		共用接地装置	—	＜1
3	综合布线（屏蔽）系统	单设接地装置	—	＜4
		接地电位差	—	＜1Vr.m.s
		共用接地装置	—	＜1
4	天线系统	单设接地装置	—	＜4
		共用接地装置	—	＜1
5	消防系统	单设接地装置	—	＜4
		共用接地装置	—	＜1
6	有线广播系统	单设接地装置	—	＜4
		共用接地装置	—	＜1
7	闭路电视系统 同声传译系统	单设接地装置	—	＜4
8	计算机管理系统 安保监视系统等	公共接地装置	—	＜1

1. 电子设备的接地

电子设备接地主要有串联式一点接地、并联式一点接地、多点接地、混合式接地等形式。

（1）串联式一点接地。串联式一点接地形式简单易行，它将接地母线引至总等电位或接地极，电平最低者应距接地点最近。串联式一点接地形式如图 2-2 所示。串联式一点接地形式缺点是信号可能会互相干扰，当电平相差较大时会产生较大干扰。

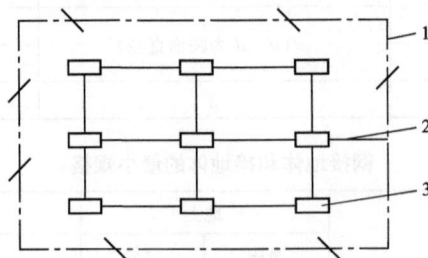

图 2-2 串联一点接地

1—接地母线；2—电子设备接地线；3—电子设备

（2）并联式一点接地。并联式一点接地的优点是干扰小，缺点是接地数量多且布线复杂。并联式一点接地如图 2-3 所示。

（3）多点接地方式。多点接地方式如图 2-4 所示。它将接地母线引至总等电位板或接地极（引至总等电位板或接地板的接地线应采取屏蔽）。

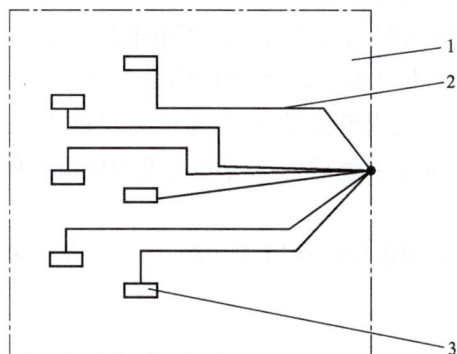

图 2-3　并联式一点接地

1—接地母线；2—电子设备接地线；3—电子设备

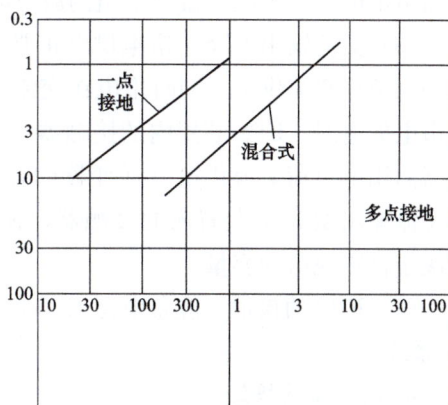

图 2-4　多点接地方式

1—接地母线；2—电子设备接地线；3—电子设备

（4）混合式接地。混合式接地形式实质上是串联式一点接地形式与多点接地形式组合。混合式接地形式也可以是并联式一点接地与多点接地形式的组合。一点接地形式适用于电平相近的各低频电子设备或电路，混合式接地适用于低频与高频之间的电子设备或电路，多点接地形式适用于高频电子设备或电路。弱电系统工作接地形式如图 2-5 所示。

弱电系统工作地接线薄铜排（厚 0.35mm）宽度选择如表 2-6 所示。

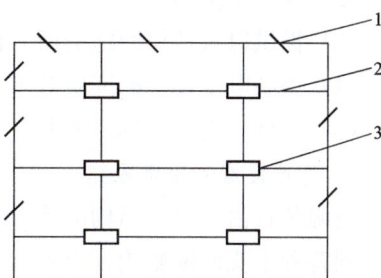

图 2-5　弱电系统工作接地形式选择图

表 2-6　　　　　　　　　弱电系统工作接地线薄铜排宽度选择表

电子设备灵敏度（μV）	接地线长度（m）	电子设备工作频率（MHZ）	薄铜排宽度（mm）
1	<1		120
1	1~2		200
10~100	1~5		100
10~100	5~10	0.5	240
100~1000	1~5		80
100~1000	5~10		160

2. EPS 电源系统接地

（1）应急电源 EPS。应急电源 EPS 分为直流输出（EPS-DC）和交流输出（EPS-AC）两种。

（2）直流输出 EPS。市电供电正常时，市电通过直流输出 EPS 装置向用电负荷交流供电。同时市电在直流输出型 EPS 装置内经充电器向蓄电池组浮充电。当市电失电时，经直流输出型 EPS 装置内的接触器将用电负荷从市电供电切换到由 EPS 装置内的蓄电池组供给直流电。当市电恢复供电时，经直流输出型 EPS 装置内的接触器切换，从而由市电继续供电。蓄电池组的放电时间取决于蓄电池组的容量。

（3）交流输出 EPS。市电供电正常时，市电通过交流输出型 EPS 装置内的接触器向用电负荷交流供电，同时市电在交流输出型 EPS 装置内经充电器向蓄电池组浮充电。当市电失电时，EPS 装置内的接触器将用电负荷从市电供电切换至由 EPS 装置内的逆变器向用电负荷交流供电（逆变器的直流输入由蓄电池组提供）；当市电恢复供电时，经交流输出型 EPS 装置内的接触器切换，从而由市电继续供电，蓄电池组的放电时间取决于蓄电池组的容量。

（4）EPS 的接地。应急电源 EPS 的接地形式根据需要可选用 TN 系统、TT 系统和 IT 系统。

3. 通信系统接地

通信系统接地应具备的功能如下：

（1）防止电气设备事故时故障电路发生危险的接触电位和使故障电路开路。

（2）保证系统的电磁兼容（EMC）的需要，保证通信系统所有功能不受干扰。

（3）提供以大地作回路的所有信号系统一个低的接地电阻。

（4）提高电子设备的屏蔽效果。

（5）减低雷击的影响，尤其在高层电信大楼和山上微波站的防雷影响更大。

4. 电源装置的接地系统

电源装置由于自身结构的特点和工作特性所限，在复杂多样的电磁环境中工作，极易受到各种干扰源的影响，以致扰乱信号的传输或使信号发生畸变，造成有电源装置供电的系统不能正常工作。采用接地技术，是保证电源装置可靠工作的一个极为重要的措施，也是保证电源安全稳定运行的重要手段。目前在我国应用的各种电源装置的接地种类繁多，归纳起来可分为以下几类。

（1）给电源装置供电电源中性点的工作地：指稳定的供电系统中性点电位的接地。

（2）电源装置的防雷保护接地：指在雷雨季节为防止雷电过电压的保护接地。

（3）电源装置的安全保护地：指为防止接触电压及跨步电压危害人身和设备安全，而设置的微电子装置金属外壳的接地。

（4）电源装置直流系统地：又称逻辑地、工作地，它为微电子装置各个部分、各个环节提供稳定的基准电位（一般是零点位）。这个地可以接大地，也可以仅仅是一个公共点。系统地如果与大地不相连，即系统地处于悬浮工作状态（称为浮空地）。

（5）电源装置的屏蔽地：是为抑制各种干扰信号而设置的。屏蔽的种类很多，但都需要可靠的接地，屏蔽地就是屏蔽网络的接地。尽管在实际应用中的电源装置是由不同公司生产的，各公司的产品对接地的种类规定及接地电阻的阻值要求不尽相同，但是电源装置的系统地要求比其他几种接地要求要严格得多，并有越来越高的趋势。为了避免诸"地"间相互干扰，上述几种"地"都应设照自独立的接地网络，其接地线必须采用绝缘铜导线，连接到统一的接地点，以形成一个共同的电位点。

5. 共用接地系统

共用接地系统要注意如下几点：

（1）共用接地系统是自然接地体与人工接地体及等电位网络的组合。强大的雷击电流只有与大地中和，才能达到能量相对平衡，接地质量的好坏是保护效率高低的重要因素之一。

（2）共用接地系统是将交流工作地、直流工作地、安全保护地、防静电接地、防雷接地等共用一组接地装置。共用接地系统是自然接地体与人工接地体的组合。

（3）自然接地体利用建筑物的基础钢筋作为接地装置，如建筑物没有基础钢筋地网，宜在建筑物四周散水坡外埋设人工垂直接地体和水平环形接地体。水平环形接地体可作为等电位联结带使用。如果接地电阻达不到要求，应外延增加人工接地装置，外延长度不应大于 60m。

（4）共用接地系统的接地电阻应按信息系统设备中要求的最小值确定。

（5）接地装置材料的选择，要充分考虑其导电性、热稳定性、耐腐蚀性和承受雷电流的能力。宜选用热镀锌钢材、铜材及其他新型接地材料和低电阻接地模块。

（6）接地装置的埋设方法可采用垂直埋设、水平埋设、深井埋设、深井爆破作业埋设、各类混合埋设等方式。埋设深度不宜小于 0.7m，一般为 0.7～1.0m。采用多个接地极并联埋设时，接地极间距不宜小于 4.0m。

2.3 弱电系统的防雷接地工程的施工

2.3.1 防雷接地工程的施工准备工作

1. 开工前的准备

防雷接地经过调研确定方案后，下一步就是工程的实施，而工程实施的第一步就是开工前的准备工作，要求做到以下几点：

（1）严把设计审查关，设计中是否考虑新规程标准，在审查中一定要把好关，这对保证工程质量是非常关键的。

（2）为保证施工安全，施工工期一定避开雷雨季节，即使无雷雨季节施工，在进行设备操作时一定要停止施工。

（3）设计防雷接地实际施工图供施工人员、督导人员和主管人员使用。

（4）备料。防雷接地施工过程需要施工材料，这些材料有的必须在开工前就备好料，有的可以在开工过程中备料。主要有以下几种：

① 避雷针安装材料。

② 避雷网安装材料。

③ 防雷引下线材料。

④ 支架安装材料。

⑤ 接地体安装材料。

⑥ 接地干线安装材料。

防雷及接地装置所有部件均应采用镀锌材料，并有出厂合格证和镀锌质量证明书。

在施工过程中应注意保护镀锌层，主要镀锌材料有扁钢、角钢、圆钢、钢管、铅丝、螺栓、垫圈、U形螺栓、元宝螺栓、支架等。

（5）不同规格的工程用料就位，包括电焊条、氧气乙炔、沥青混凝土支座、预埋铁件、银粉、防腐漆等。

（6）制订好施工安全措施。

（7）制订施工进度表（要留有适当的余地，施工过程中意想不到的事情随时可能发生，若出现应要求立即协调）。

（8）向工程单位提交开工报告。

2. 确定施工安装流程

防雷接地工程的施工安装流程为：接地体→接地干线→支架→引下线明敷→避雷针→避雷网→避雷带或均压环。

3. 施工过程中要注意的事项

（1）施工现场督导人员要认真负责，及时处理施工进程中出现的各种情况，协调处理各方意见。

（2）如果现场施工遇到不可预见的问题，应及时向工程单位汇报，并提出解决办法供工程单位当场研究解决，以免影响工程进度。

（3）对工程单位计划不周的问题，要及时妥善解决。

（4）对工程单位新增加的内容要及时在施工图中反映出来。

（5）对部分场地或工段要及时进行阶段检查验收，确保工程质量。

（6）制订工程进度表。在制订工程进度表时，要留有余地，还要考虑其他工程施工时可能对本工程带来的影响，避免出现不能按时完工、交工的问题。

4. 质量要求

防雷接地工程的施工安装质量要符合 GB 50303—2015《建筑电气工程施工质量验收规范》的规定，主要有：

（1）接地装置的施工安装质量。

（2）接地电阻值。

（3）防雷接地的人工接地装置的接地干线埋设施工安装质量。

（4）接地模块的埋设深度、间距和基坑尺寸。

（5）接地装置埋设深度、间距搭接长度和防措施。

（6）接地装置的材质和最小允许规格、尺寸。

（7）接地模块与干线的连接施工安装质量。

（8）避雷针施工安装质量。

（9）避雷网施工安装质量。

（10）防雷引下线施工安装质量。

（11）支架施工安装质量。

（12）接地体施工安装质量。

（13）接地干线施工安装质量。

2.3.2　防雷及接地装置的施工安装方法

1. 电气设备接地安装方法

电气设备接地安装方法如图 2-6 和图 2-7 所示。

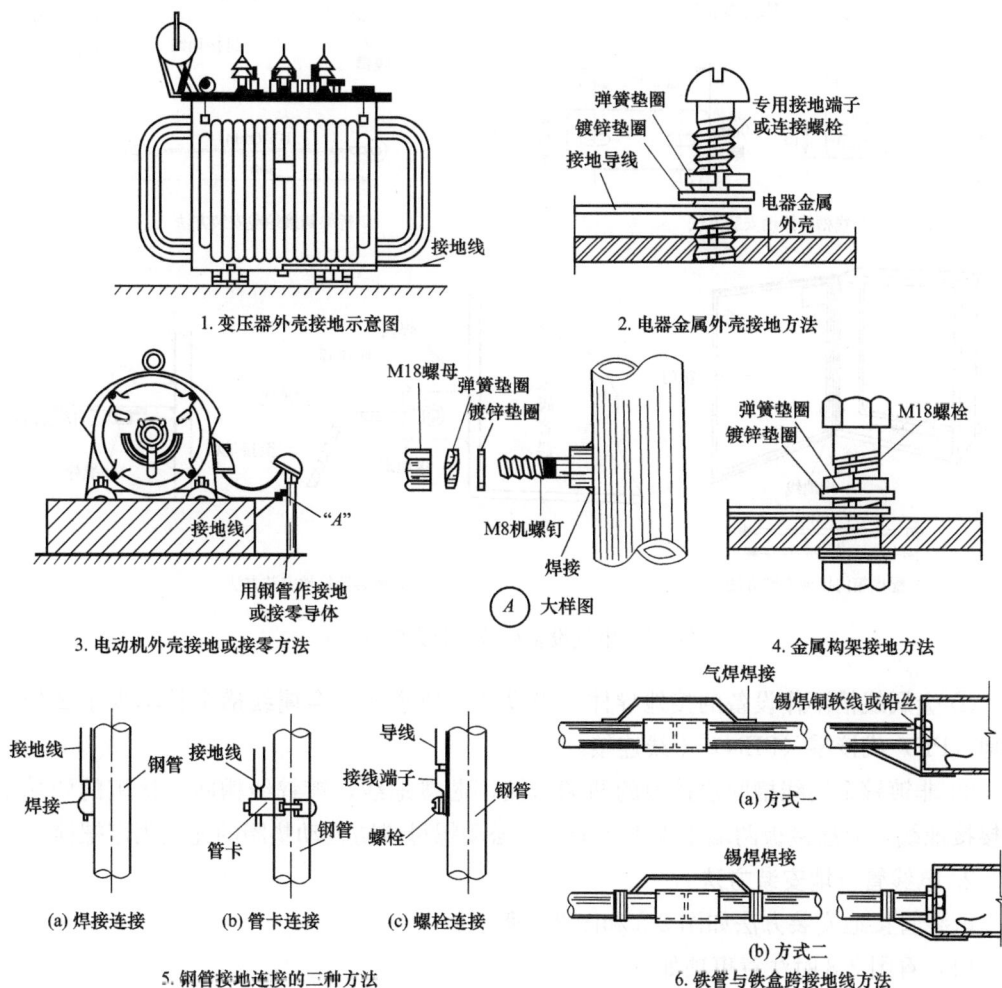

图 2-6　电气设备接地安装方法（一）

（1）看图 2-6 时注意事项如下：

① 电动机接线盒内有接地端子需要作接地连接。

② 变压器接地线与接地干线连接部分应用螺栓连接。

③ 每个电气装置的接地应以单独的接地线与接地干线相连接，不得在一个接地线中串接几个需要接地的电气装置。

（2）看图 2-7 时注意事项如下：

① 盘、柜、台、箱的接地应牢固良好。装有电器的可开启的门，应以裸铜软线与接地的金属构架可靠连接。

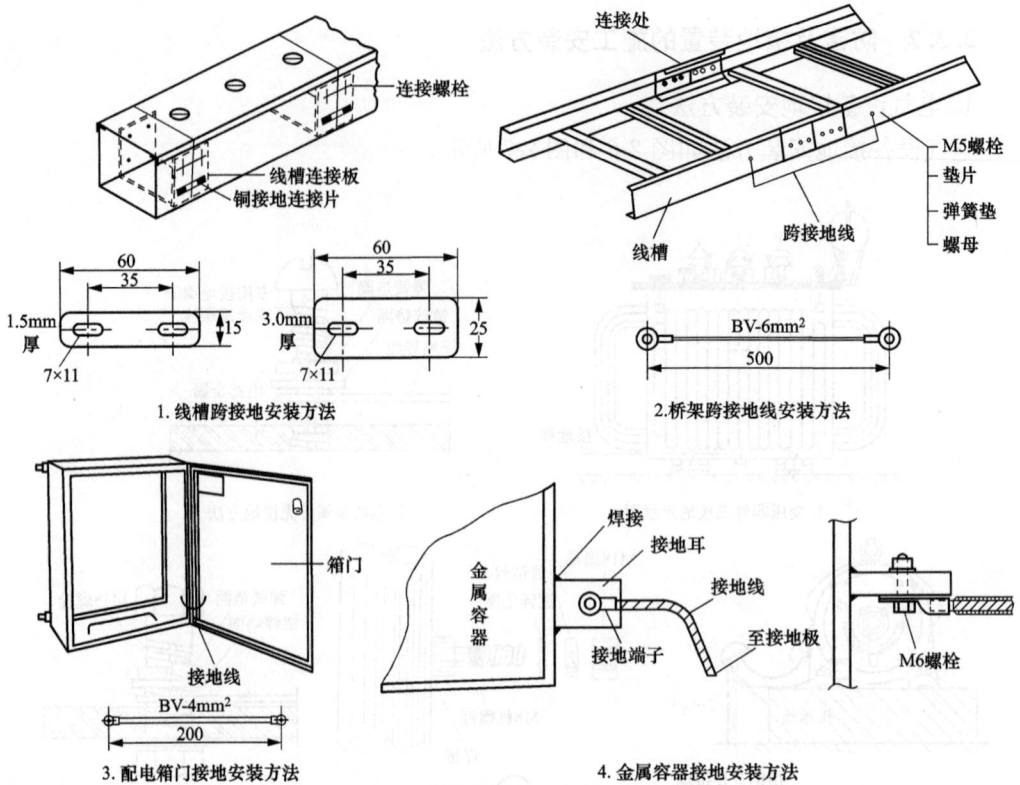

图 2-7　电气设备接地安装方法（二）

② 金属线槽不作设备的接地导体。当设计无要求时，金属线槽全长不少于 2 处与接地（PE）或接零（PEN）干线连接。

③ 非镀锌金属线槽间连接板的两端跨接铜芯接地线，镀锌线槽间连接板的两端不跨接接地线，但连接板两端不少于 2 个有防松动螺母或防松动垫圈的连接固定螺栓。

2. 电线管接地安装方法

电线管接地安装方法如图 2-8 和图 2-9 所示。

（1）看图 2-8 时注意事项如下：

① 镀锌的钢导管、可挠性导管和金属线槽不得熔焊跨接接地线，以专用接地卡跨接的两卡间连线为铜芯软导线，具截面积不小于 4mm² 。

② 当非镀锌钢管采用螺纹连接时，连接处的两端焊接接地线；当镀锌钢导管采用螺纹连接时，连接处的两端用专用接地卡固定跨接接地线。

（2）看图 2-9 时注意事项如下：

① 在 TN-S 和 TN-C-S 系统中，当金属电线保护管、金属盒（箱）、塑料电线保护管、塑料盒（箱）混合使用时，金属电线保护管和金属盒（箱）必须与保护地线（PE 线）有可靠的电气连接。

② 设备管线接地时可采用铜带、钢带作接地线，也可采用配管到设备管线处，内穿接地线进行接地。可用塑料绑扎带将接地告示牌安装在接地线上。

(a) 接地管卡外形图　(b) 安装示意图　　(c) 跨接地线

a. 在卡线槽内嵌入　　b. 用钢丝钳夹住　　c. 将咬合部左右
　跨接线，然后将　　　咬合处用力压紧　　　两端敲倒，卡子
　卡两前端相互咬合　　　　　　　　　　　牢牢收紧

(d) 安装方法

1.JC系列接地管卡安装方法

a. 单芯4mm²、6mm²导线（前端折成双线）

b. 6mm²、10mm²绞线（前端不可析）

M5螺栓、垫片、弹簧垫、螺母

(a) 安装方法　　　(b) 接地管卡

2.单边接地管卡安装方法

(a) 安装方法　　　(b) 接地管卡

BV-4mm²　250

3.双边接地管卡安装方法

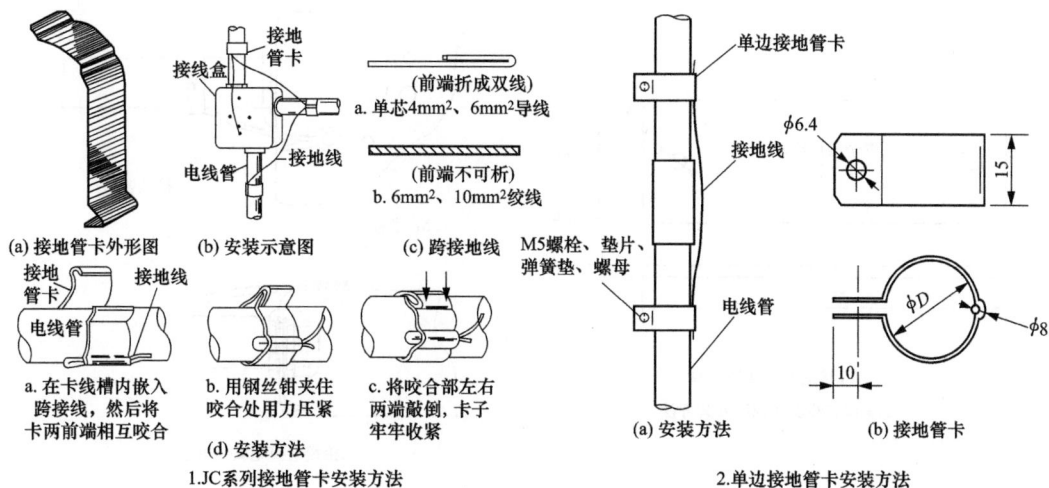

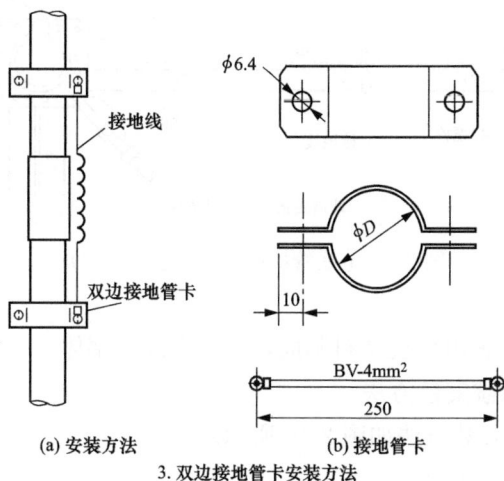

图 2-8　电线管接地安装方法一

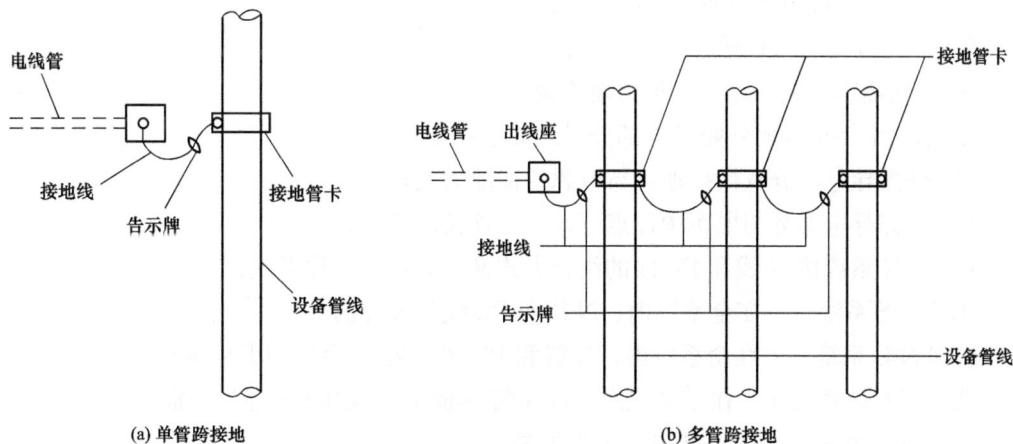

(a) 单管跨接地　　　　　　　(b) 多管跨接地

图 2-9　电线管接地安装方法一（一）

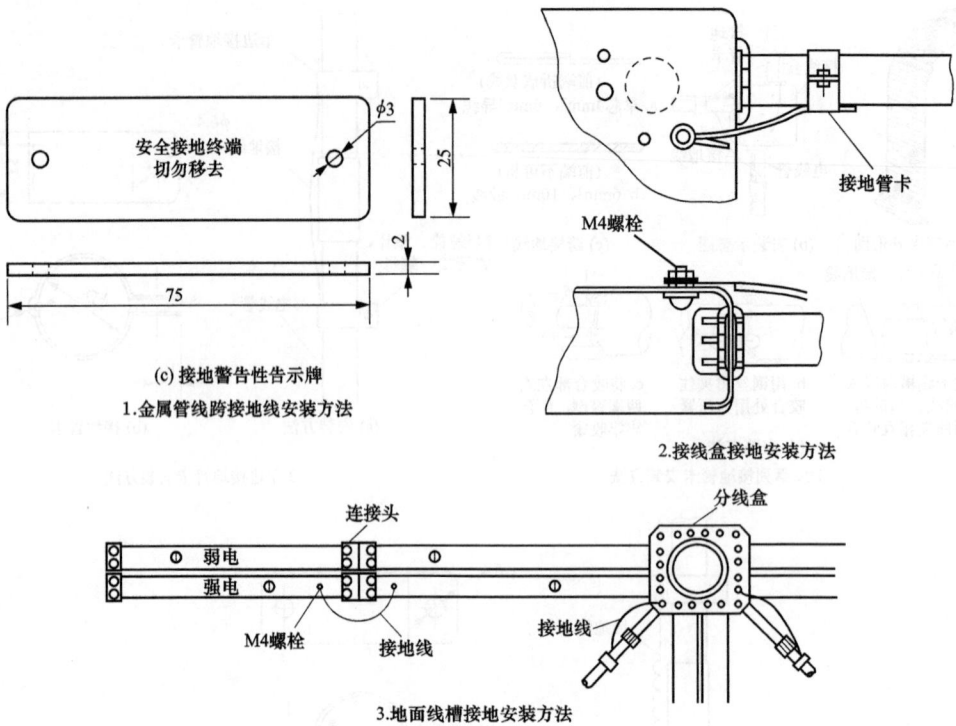

(c) 接地警告性告示牌

1. 金属管线跨接地线安装方法

2. 接线盒接地安装方法

3. 地面线槽接地安装方法

图 2-9　电线管接地安装方法一（二）

③ 接地警告性告示牌由白色塑料制成，上印有红色字体。

3. 电气装置接地系统安装方法

电气装置接地系统安装方法如图 2-10 所示。

看图 2-10 时注意事项如下：

（1）电气装置的接地系统分为 TN、TT、IT 三种形式，这些文字符号的含义如下所述。

① 第一个字母说明电源对地的关系：

T——点与地直接连接。

I——与地隔离，或一点经阻抗与地连接。

② 第二个字母说明外露导电部分对地关系：

T——外露导电部分直接接地，与电源的接地无关；

N——外露导电部分与电源中性点（N 点）连接而接地。

（2）TN 系统按 N 线和 PE 线的组合方式又分为以下 3 种形式：

① TN-S 系统——在全系统内，N 线和 PE 线是分开的。

② TN-C 系统——在全系统内，N 线和 PE 线合为一根线（PEN 线）。

③ TN-C-S 系统——在全系统内，仅在前一部分 N 线和 PE 合为一根线。

4. 高层建筑一、二类防雷装置安装方法

高层建筑一、二类防雷装置安装方法如图 2-11 所示。

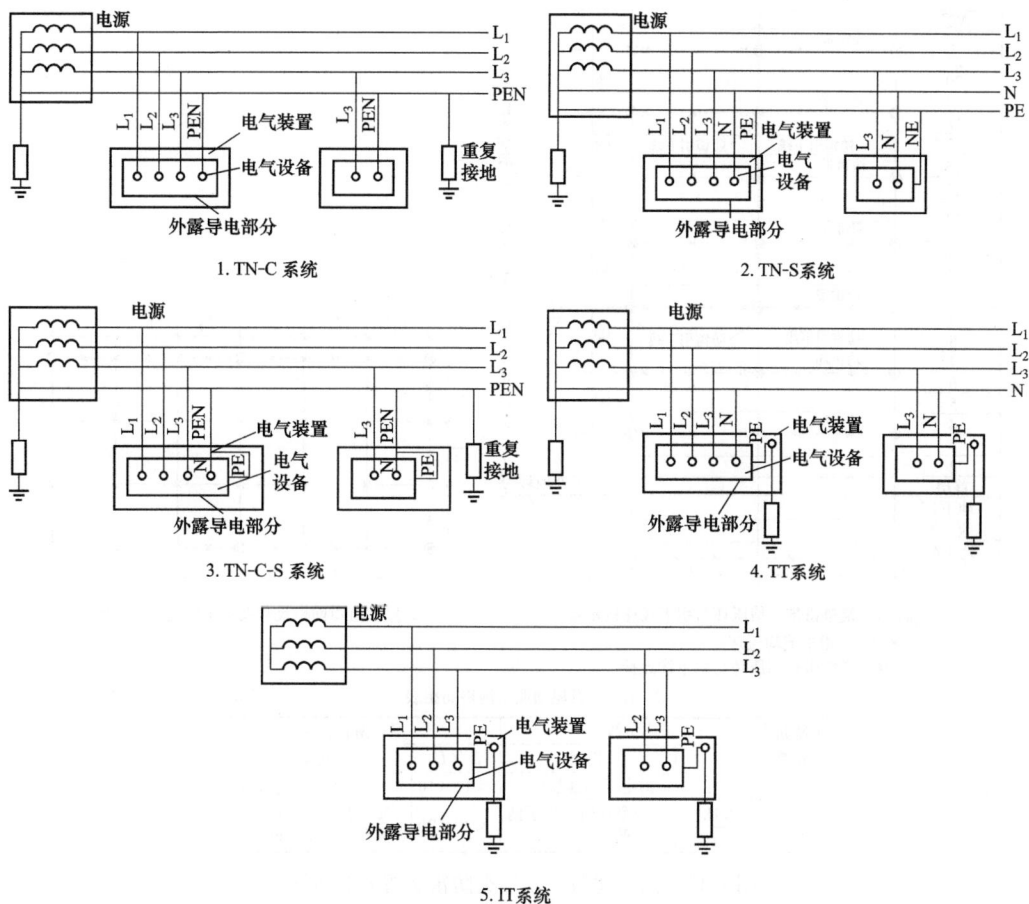

1. TN-C 系统

2. TN-S 系统

3. TN-C-S 系统

4. TT系统

5. IT系统

图 2-10　电气装置接地系统安装方法

看图 2-11 时注意事项如下：

（1）高层建筑应用其结构柱内钢筋作为防雷引下线。

（2）从首层起，每三层利用结构圈梁水平钢筋与引下线焊接成均压环，所有引下线、建筑物内的金属结构和金属物体等与均压环连接。

（3）从距地面 30m 高度起，每向上三层，在结构圈梁内敷设一条 25mm×4mm 的扁钢与引下线焊成一环形水平避雷带，以防止侧向雷击，并将金属栏杆及金属门窗等较大的金属物体与防雷装置连接。

5. 建筑物屋顶防雷安装方法

建筑物屋顶防雷安装方法如图 2-12～图 2-14 所示。

（1）看图 2-12 时注意事项如下：

① 避雷线、引下线及接地装置位置由设计决定。

② 平屋顶上所有凸起的金属构筑物、冷却塔、屋顶风机、管道等，均应与避雷线连接。

③ 屋顶面防雷网规格尺寸由工程设计决定。

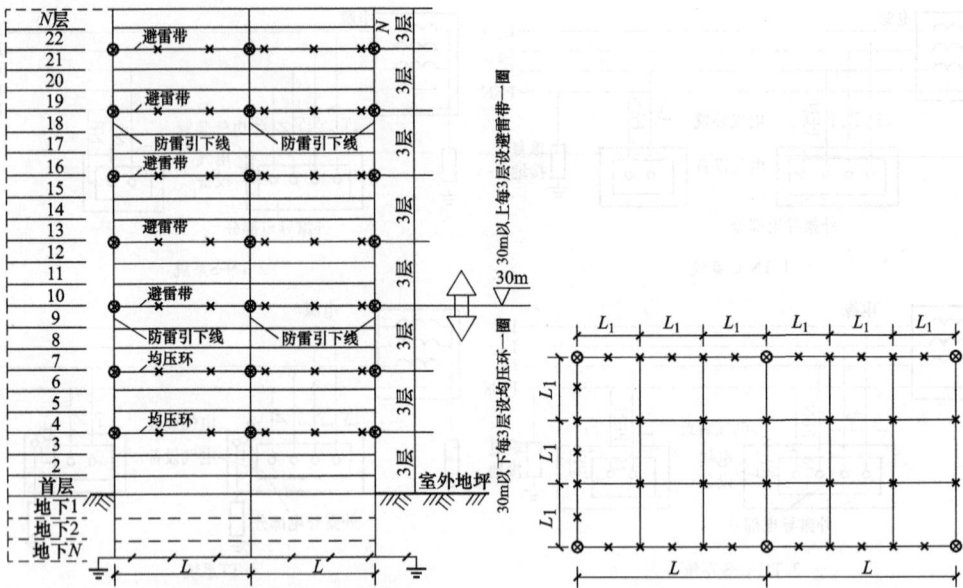

1. 高压建筑避雷带、均压环与引下线连接示意图

- **×—×** 避雷带或均压环
- **⊗—** 避雷带或均压环与引下线连接

2. 屋顶避雷网格尺寸及引下线连接示意图

3. 引下线及屋顶避雷网格间距表 （m）

建筑防雷分类	引下线		屋顶避雷网络	
	L	说明	$L_1 \times L_1$	说明
1	<12	雷电活动强烈区	<10×10	上人屋顶敷在顶板内5cm处；不上人屋顶敷在顶板上15cm处
	<18	一个柱内不少于两个钢筋	<20×20	
2	<24			

图 2-11　高层建筑一、二类防雷装置安装方法

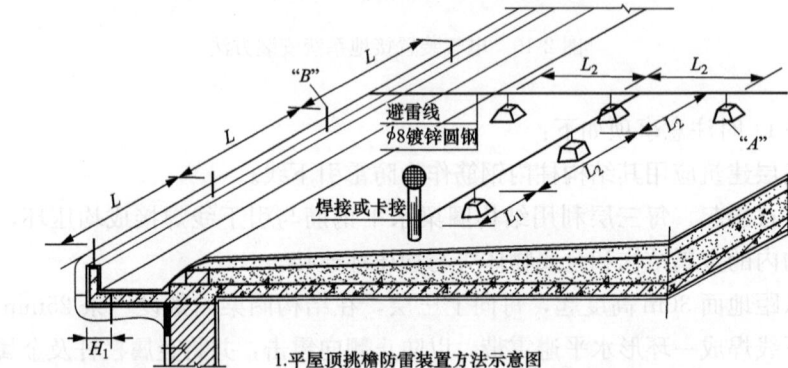

1. 平屋顶挑檐防雷装置方法示意图

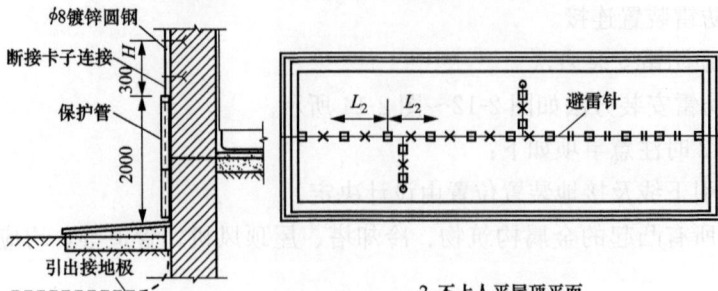

2. 不上人平屋顶平面

图 2-12　建筑物屋顶防雷装置安装方法一（一）

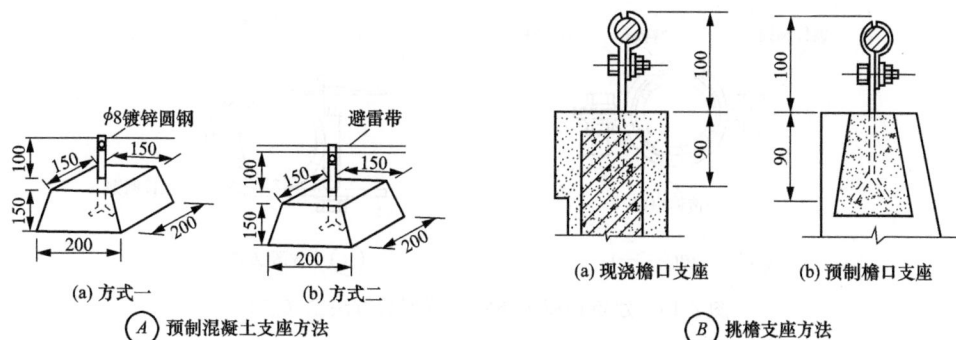

| (a) 方式一 | (b) 方式二 | (a) 现浇檐口支座 | (b) 预制檐口支座 |

Ⓐ 预制混凝土支座方法　　　　　Ⓑ 挑檐支座方法

3.各支架间最大尺寸表 (mm)

L	1000
L_1	500
L_2	2000
H	1500
H_1	150

图 2-12 建筑物屋顶防雷装置安装方法一（二）

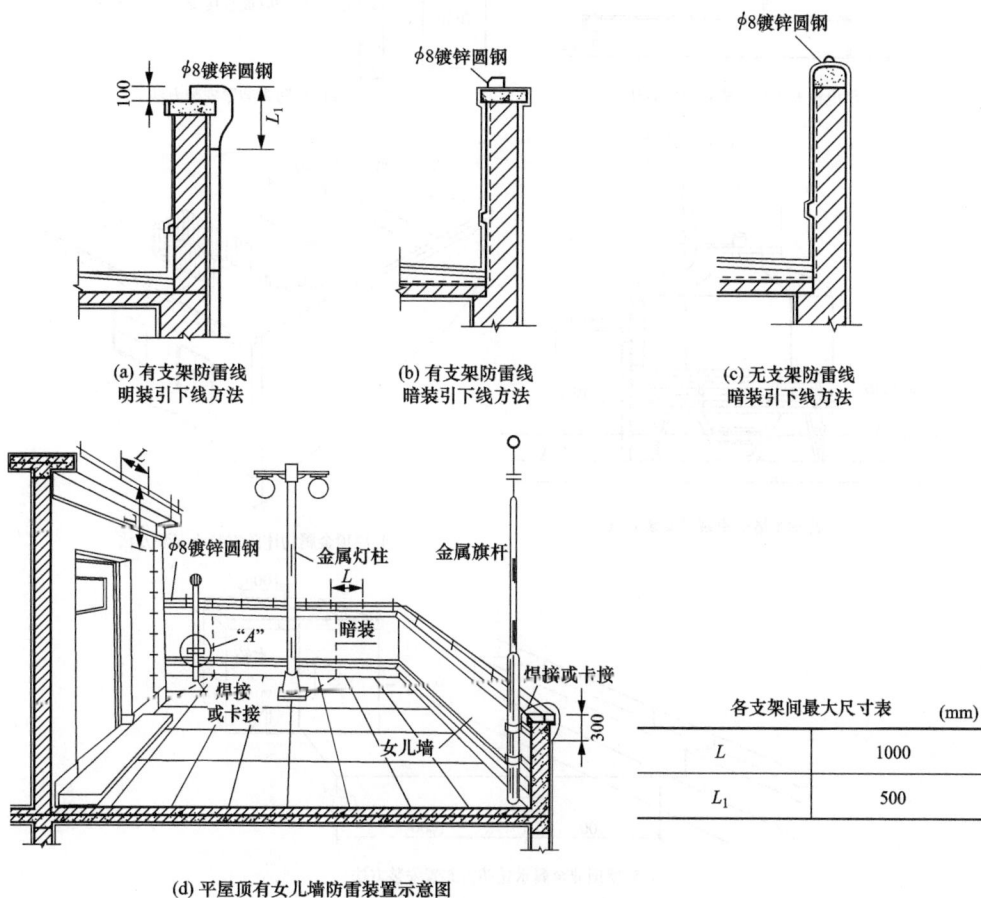

| (a) 有支架防雷线
明装引下线方法 | (b) 有支架防雷线
暗装引下线方法 | (c) 无支架防雷线
暗装引下线方法 |

(d) 平屋顶有女儿墙防雷装置示意图

各支架间最大尺寸表 (mm)

L	1000
L_1	500

图 2-13 建筑物屋顶防雷装置安装方法二（一）

33

A 大样图(方式一)　　　　　A 大样图(方式二)

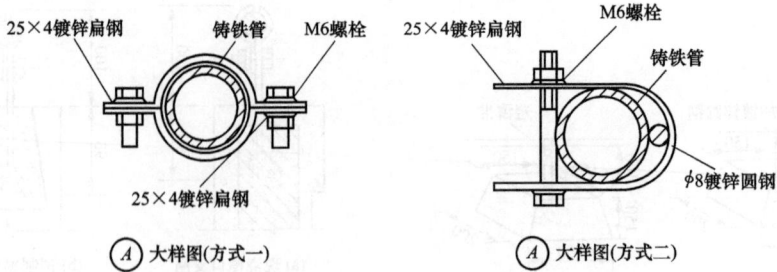

图 2-13　建筑物屋顶防雷装置安装方法二（二）

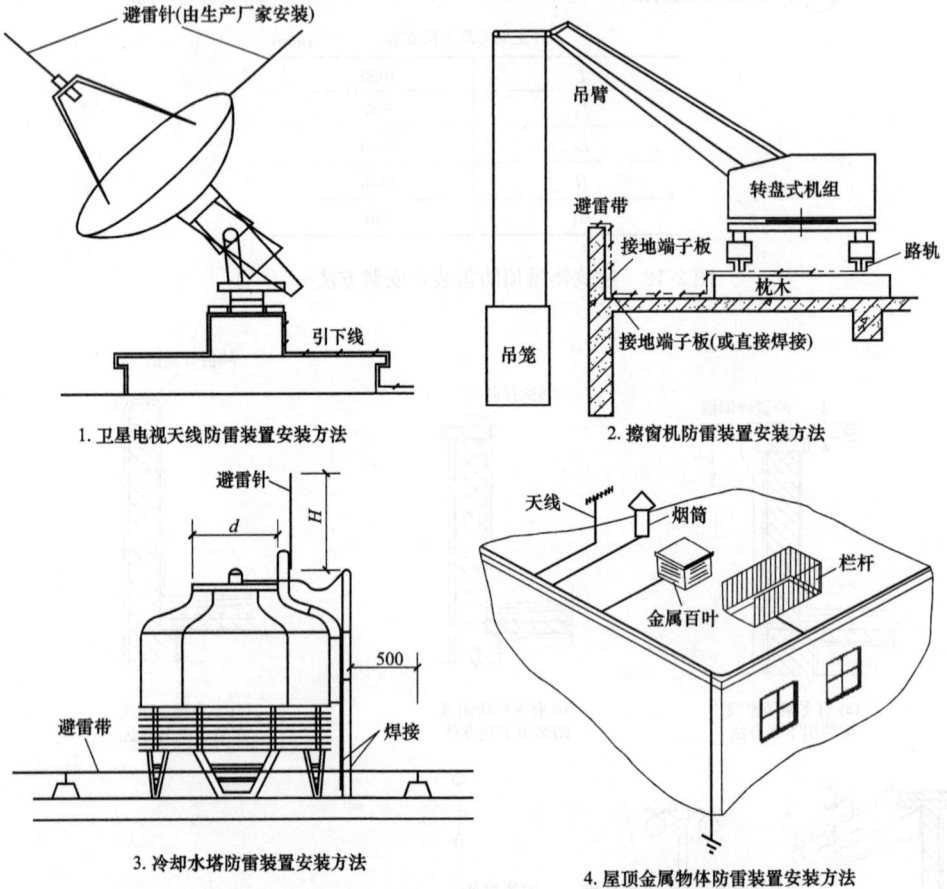

1. 卫星电视天线防雷装置安装方法　　　　2. 擦窗机防雷装置安装方法

3. 冷却水塔防雷装置安装方法　　　　4. 屋顶金属物体防雷装置安装方法

5. 屋顶非金属水箱防雷装置安装方法

图 2-14　建筑物屋顶防雷装置安装方法三

（2）看图 2-13 时注意事项如下：

① 避雷线、引下线及接地装置位置由设计决定。

② 平屋顶上所有凸起的金属构筑物或管道等均与避雷线连接。

（3）看图 2-14 时注意事项如下：

① 建筑物屋顶的金属物体及设备应作防雷接地。常见的物体及设备有屋顶围栏、金属爬梯、烟囱、水箱盖、金属门窗、天线、金属灯柱、航空障碍灯、旗杆、铝扣板、冷却水塔、排烟风机、擦窗机等。

② 导轨间距由工程选定每隔 18～24m 将 2 根导轨跨接一次。每组擦窗机导轨防雷接地连接点不少于 4 个。

③ 女儿墙上避雷带与利用柱子作避雷引下线的接地端子板应可靠连接，再将导轨接地连接线与该接地端子板可靠连接。

④ 接地端子板的型式由工程设计决定。

6. 避雷针安装方法

避雷针安装方法详如图 2-15 和图 2-16 所示。

（1）看图 2-15 时注意事项如下：

① 避雷针体及螺栓要求镀锌。

② 地脚螺栓要求安装双螺母。

③ DN 为钢管公称直径。

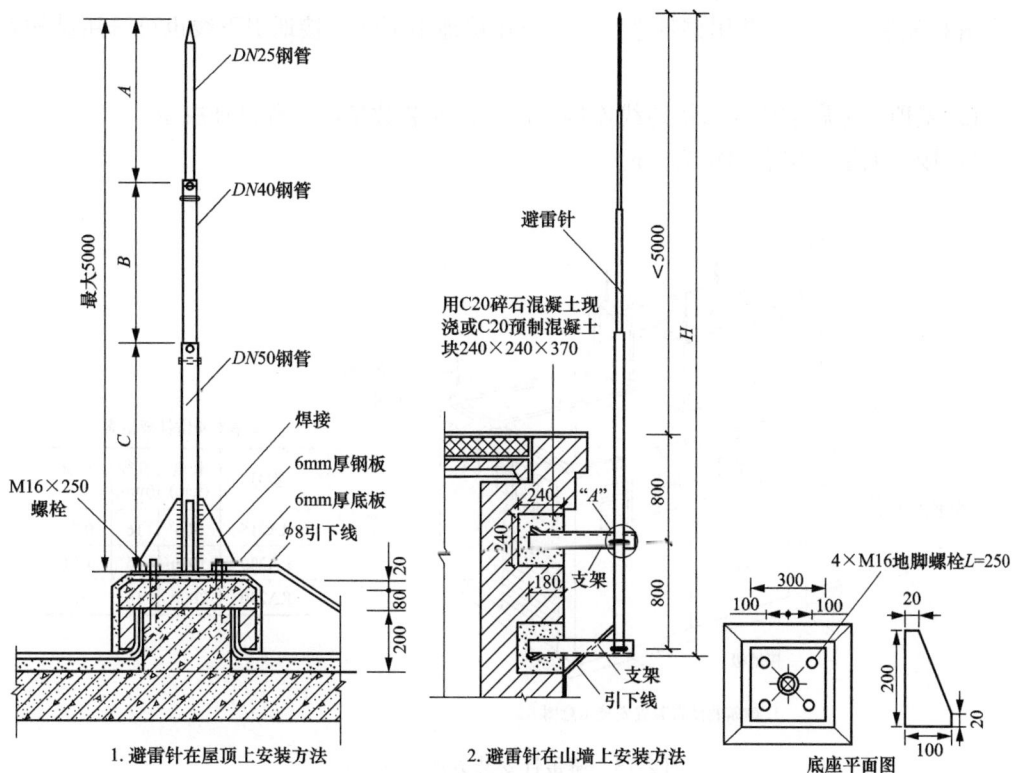

图 2-15　避雷针安装方法一（一）

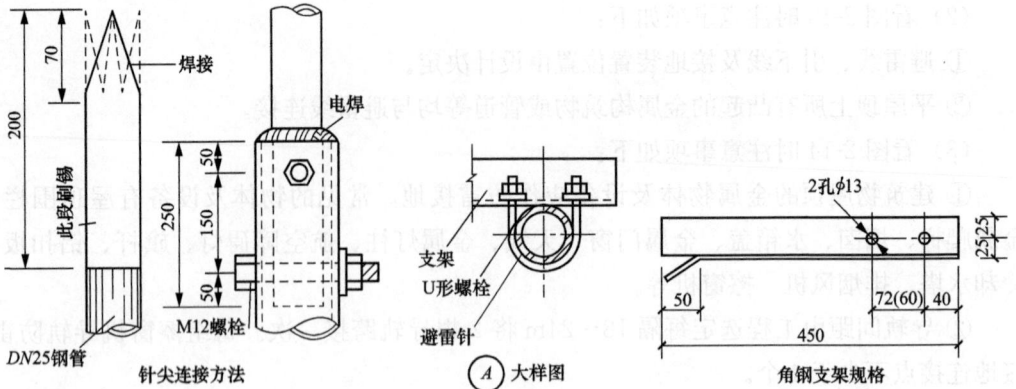

3. 避雷针规格表					(m)
针全高		1.0	2.0	3.0	4.0	5.0
各节尺寸	A	1.0	2.0	1.5	1.0	1.5
	B	—	—	1.5	1.5	1.5
	C				1.5	2.0

图 2-15　避雷针安装方法一（二）

（2）看图 2-16 时注意事项如下：

① 在建筑物屋顶上安装单支避雷针或三叉避雷针，避雷针通常安装在房角处。用膨胀螺栓安装避雷针，并用铜带进行连接及作接地引下线，接地引下线也可选用结构钢筋引下。

② 屋顶上金属物体要与接地线连接，避雷针安装数量由工程设计决定。

③ 接地铜带固定点间距为 1m。

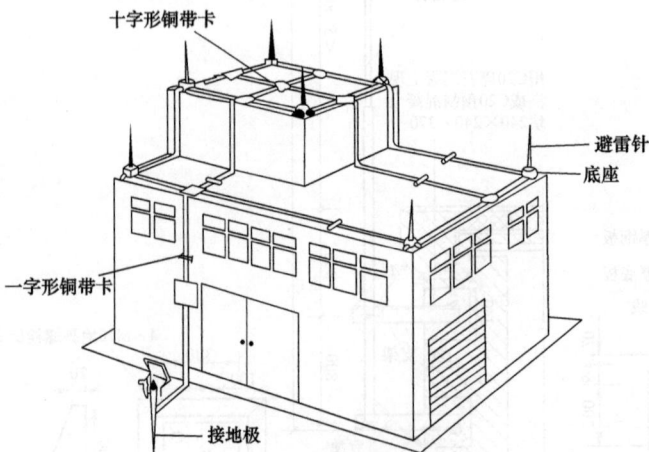

2. 单支避雷针规格表			
型号	长度(mm)	直径(mm)	质量(kg)
RA215	500	16	0.73
RA225	1000	16	1.51
RA240	2000	16	3.0

1. 建筑物防雷装置安装示意图

图 2-16　避雷针安装方法二（一）

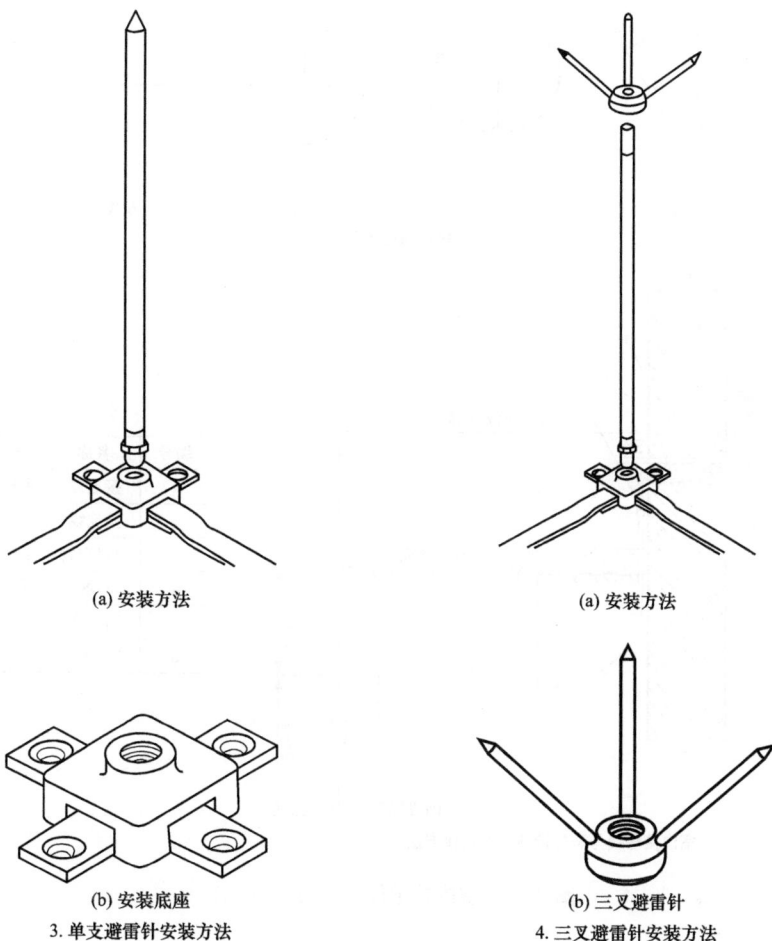

(a) 安装方法

(a) 安装方法

(b) 安装底座

3. 单支避雷针安装方法

(b) 三叉避雷针

4. 三叉避雷针安装方法

图 2-16　避雷针安装方法二（二）

7. 室内接地体安装方法

室内接地体安装方法如图 2-17 所示。

看图 2-17 时注意事项如下：

（1）接地极间距 L 由设计决定，一般为 5m。

（2）接地线截面除设计另有要求外，均采用 40×4 镀锌扁钢或 $\phi 6$ 圆钢。

（3）接地极与接地线连接处，均需电焊或气焊焊接。

（4）凡焊接处均刷沥青油防腐。

（5）为了便于测量，当接地线引入室内后，必须用镀锌螺栓与室内接地线连接。

（6）穿墙套管的内外管口用沥青麻丝或建筑密封膏封堵。

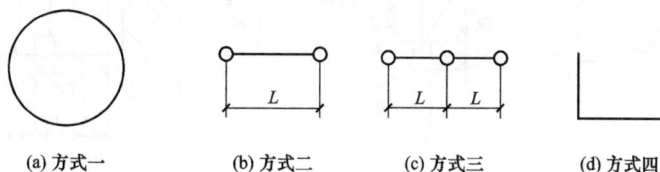

(a) 方式一

(b) 方式二

(c) 方式三

(d) 方式四

图 2-17　室内接地体安装方法（一）

(e) 方式五　　　　(f) 方式六　　　(g) 方式七　　　(h) 方式八

1. 接地网形状图

编号	名称	型号及规格
1	接地体	见工程设计
2	接地线	见工种设计
3	塑料套管	$\phi 50 L=B$
4	沥青麻丝(或建筑密封膏)	
5	固定钩	
6	断接卡子	

2. 室内接地线与室外接地体的连接方法

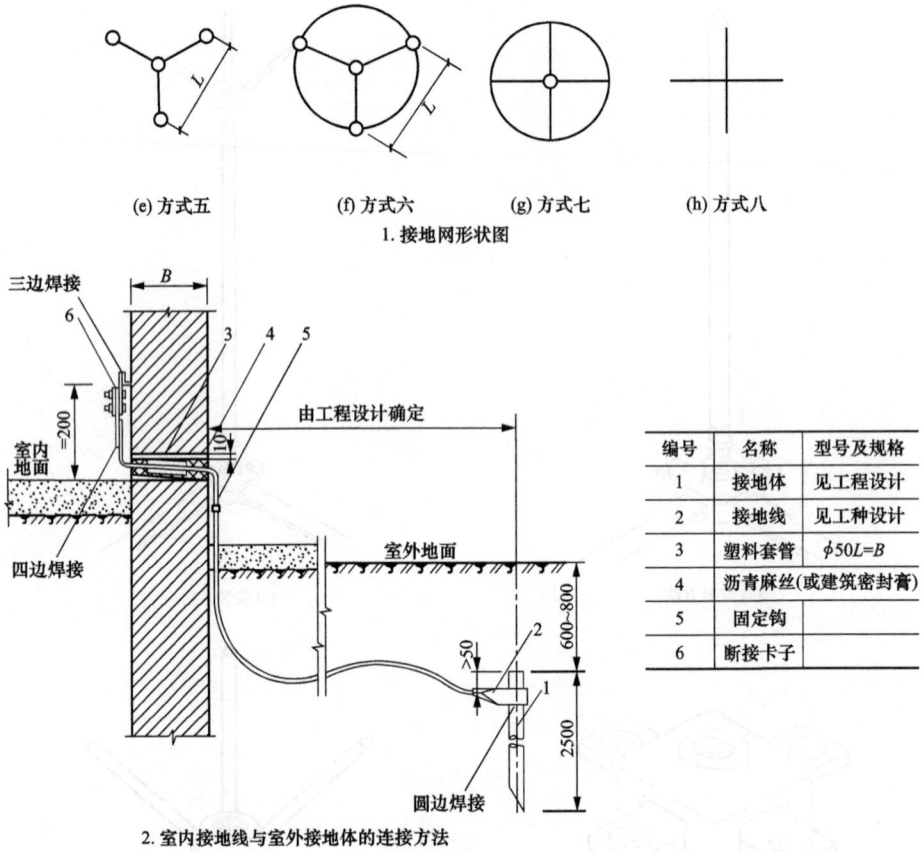

图 2-17　室内接地体安装方法（二）

8. 共同接地体安装方法

共同接地体安装方法详如图 2-18 所示。

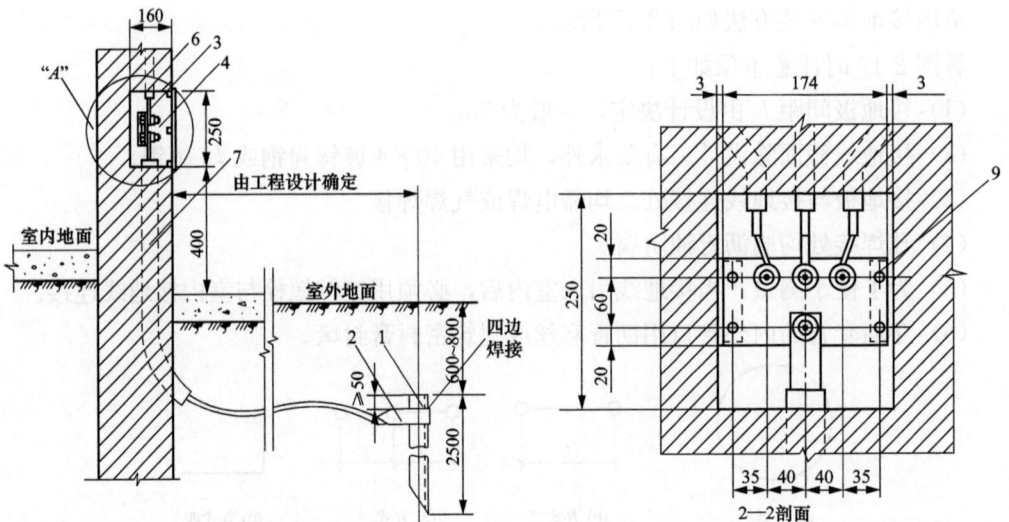

图 2-18　共同接地体安装方法（一）

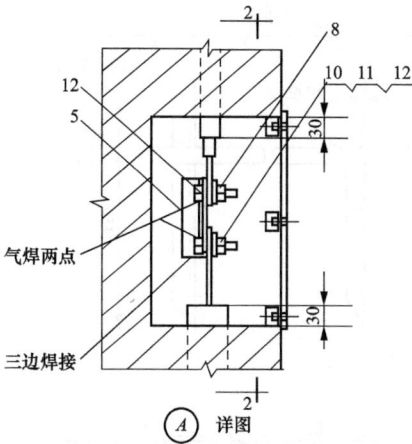

编号	名称	型号及规格
1	接地体	见工程设计
2	接地线	见工程设计
3	接地线	见工程设计
4	接地盒	钢板180×250×160/δ=1.5
5	端子板固定件	25×25×3/L=90
6	接地线保护管	见工程设计
7	硬塑料管	见工程设计
8	接地端子板	钢板174×100×3
9	沉头螺钉	M4×15镀锌
10	螺栓	M10×30镀锌
11	螺母	M10镀锌
12	垫圈	φ12镀锌

图 2-18　共同接地体安装方法（二）

看图 2-18 时注意事项如下：

（1）本图是按有接线盒设计的，如取消接线盒，应在洞壁上预埋洞盖的固定件，内壁用水泥砂浆抹光。

（2）盖板要求和外墙装修协调一致。

9. 角钢接地体安装方法

角钢接地体安装方法如图 2-19 所示。

看图 2-19 时注意事项：

接地体和连接线的规格有特殊要求时，由工程设计决定。

10. 钢管接地极安装方法

钢管接地极安装方法如图 2-20 所示。

看图 2-20 时注意事项：所有扁钢、钢管要采用热镀锌处理。

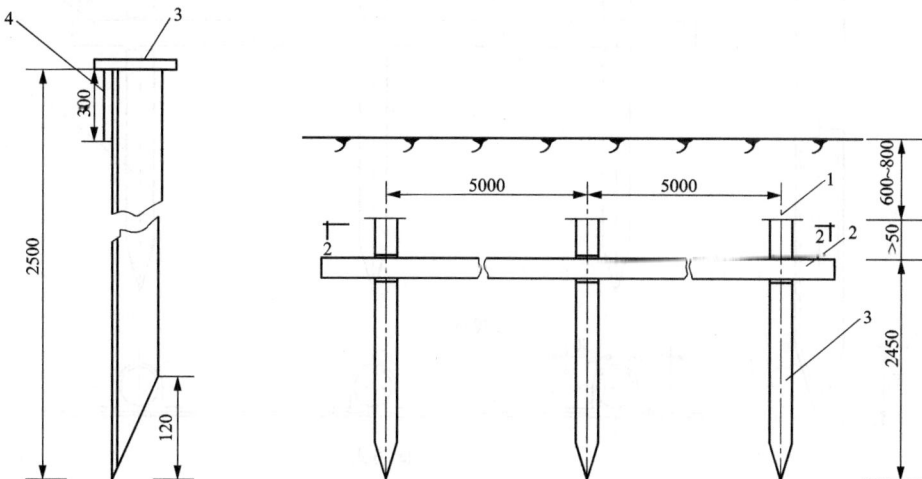

图 2-19　角钢接地体安装方法（一）

39

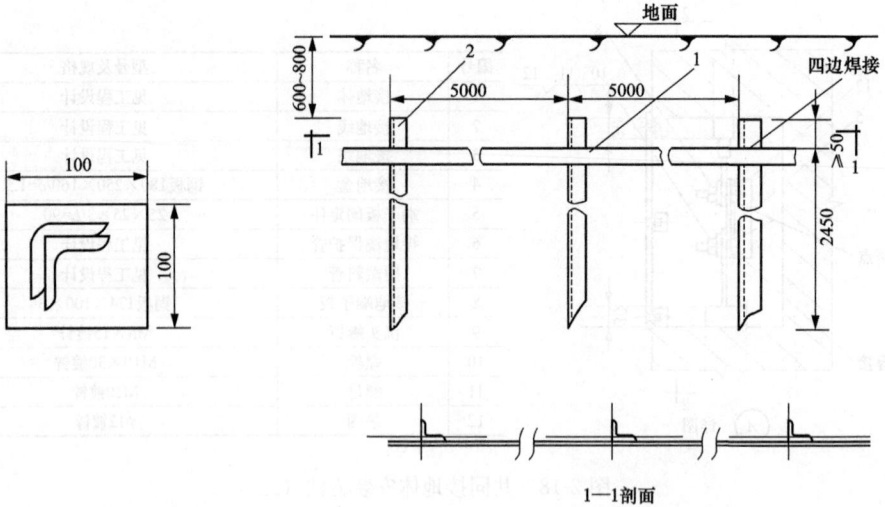

1．L50×50×5角钢接地极制作图

2．角钢接地极安装方法

编号	名称	型号及规格
1	镀锌扁钢	40×4
2	镀锌角钢	50×50×5
3	钢板	100×100×8
4	镀锌角钢	50×50×5

图 2-19　角钢接地体安装方法（二）

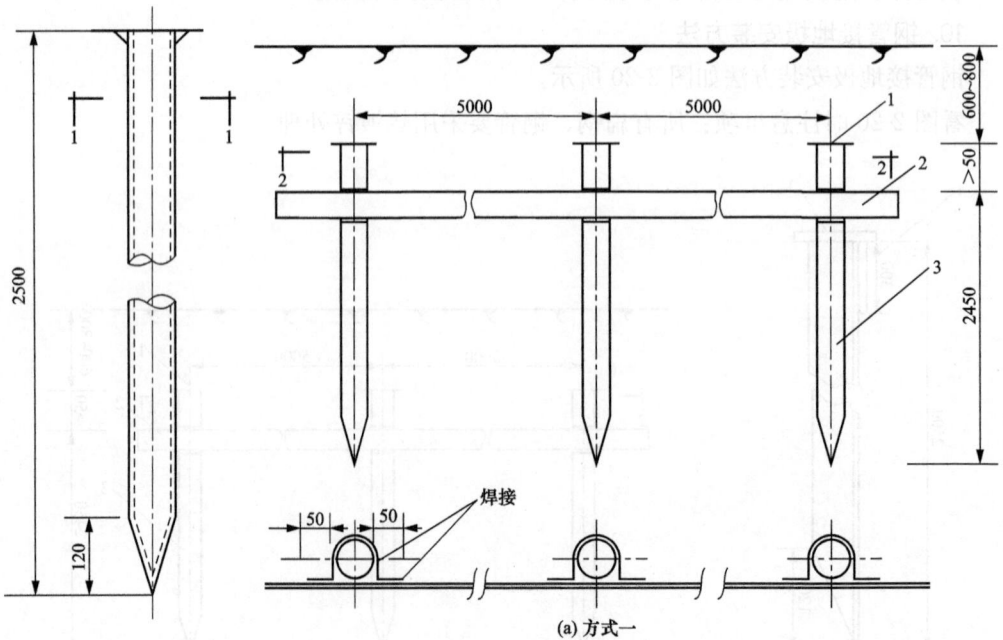

(a) 方式一

图 2-20　钢管接地极安装方法（一）

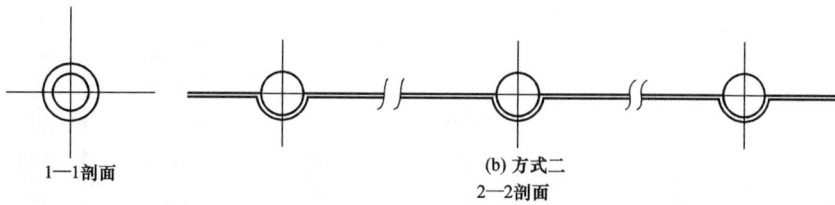

编号	名称	型号及规格
1	钢板	100×100×6
2	扁钢接地线	40×4
3	钢管	φ50

图 2-20　钢管接地极安装方法（二）

11. 接地线连接方法

接地线连接方法详如图 2-21 所示。

看图 2-21 时注意事项如下：

当设计无要求时，接地装置顶面埋设深度不应小于 0.6m。圆钢、角钢及钢管接地极应垂直埋入地下，间距不应小于 5m。接地装置的焊接采用搭焊接，搭接长度应符合下列规定：

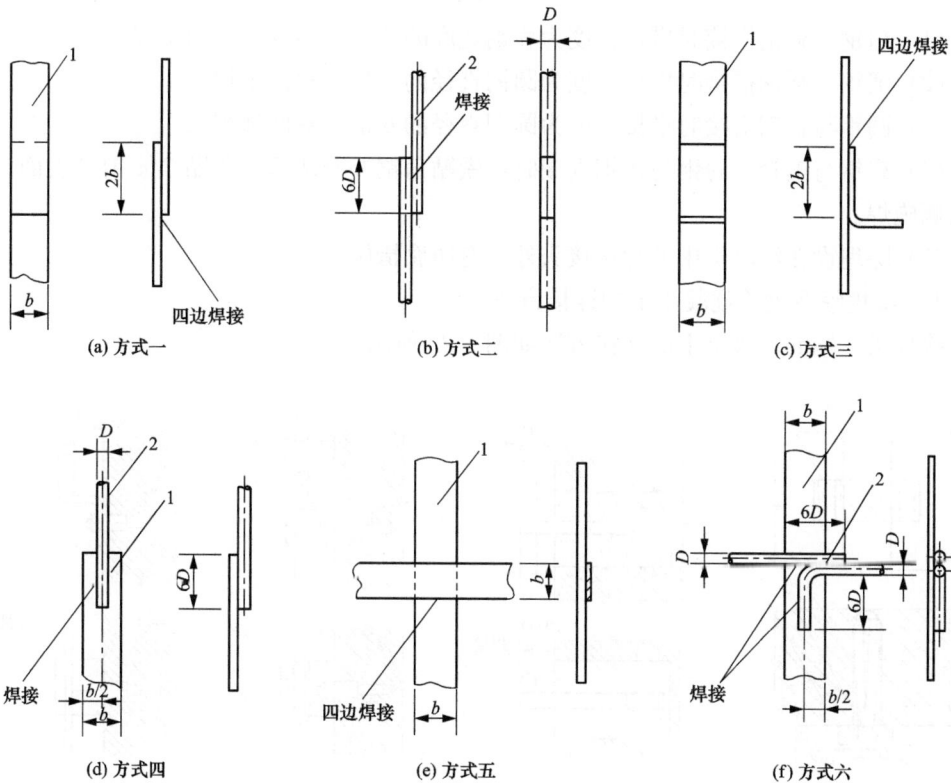

图 2-21　接地线连接方法（一）

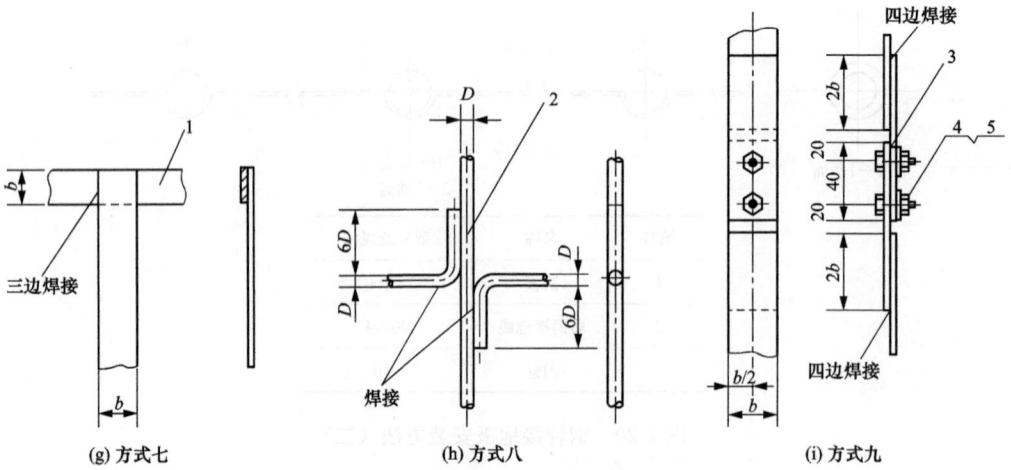

(g) 方式七	(h) 方式八	(i) 方式九

编号	名称	型号及规格
1	接地线	扁钢见工程设计
2	接地线	圆钢见工程设计
3	螺栓	M10×30镀锌
4	螺母	M10镀锌
5	垫片	φ10镀锌

图 2-21　接地线连接方法（二）

（1）扁钢与扁钢搭接时搭接长度为扁钢宽度的 2 倍，不少于三面施焊。

（2）圆钢与圆钢搭接时搭接长度为圆钢直径的 6 倍，双面施焊。

（3）圆钢与扁钢搭接时搭接长度为圆钢直径的 6 倍，双面施焊。

（4）扁钢与钢管、扁钢与角钢焊接时，紧贴角钢外侧两面或紧贴 3/4 钢管表面，上下两侧施焊。

（5）除埋设在混凝土中的焊接接头外，有防腐措施。

12. 接地线在钢筋混凝土上的连接方法

接地极在钢筋混凝土上的连接方法如图 2-22 所示。

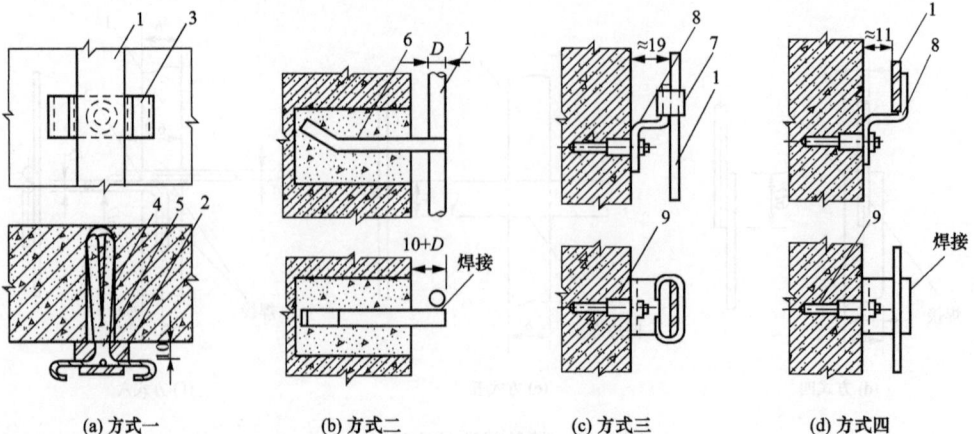

(a) 方式一	(b) 方式二	(c) 方式三	(d) 方式四

图 2-22　接地线在钢筋混凝土上连接方法（一）

(e) 方式五　　　　　　(f) 卡板安装后　　　　　　(g) 垫片　　　　　　(h) S形卡子

(i) 卡板　　　　　　(j) 圆钢固定钩

编号	名称	型号及规格
1	接地线	见工程设计
2	垫片	$-30\times10\ L=30$
3	卡板	$-30\times3\ L=88$
4	塑料胀管螺栓	$M9\times60$
5	沉头木螺钉	$M8\times70$
6	圆钢固定钩	$\Phi8\ L=75$
7	套卡	$-15\times2\ L=2b+b$
8	8形卡子	$-b\times4\ L=64$
9	射钉	$M8\ L=35\ d=8$

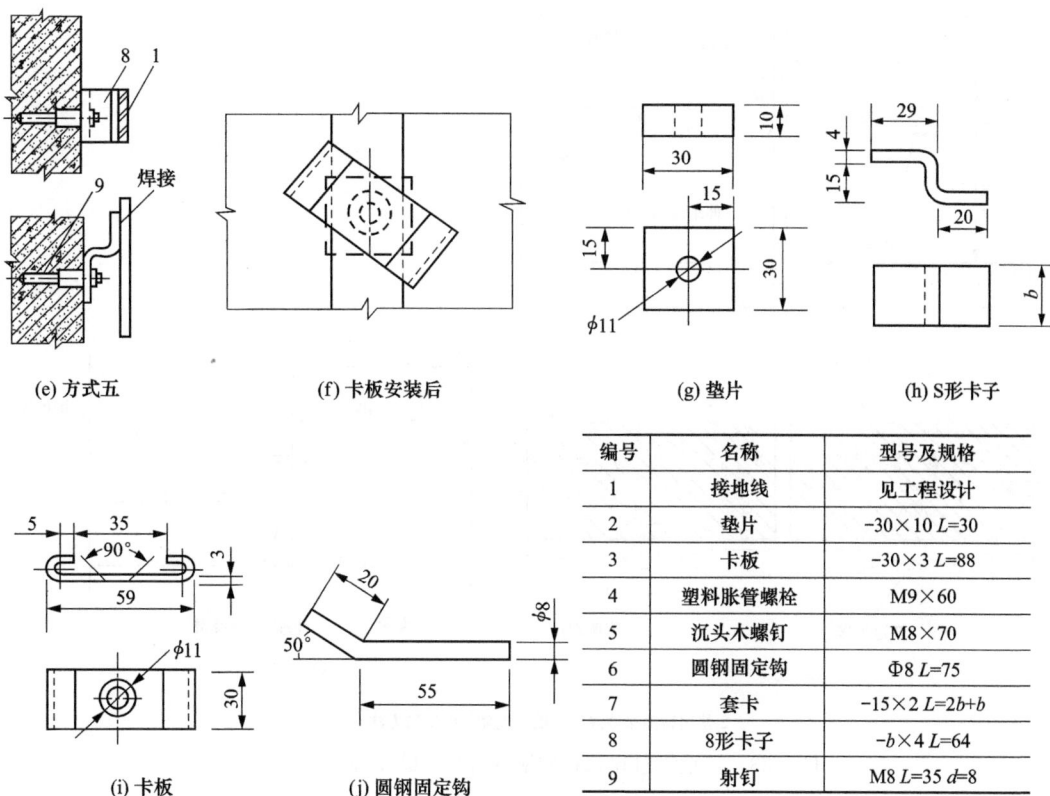

图 2-22　接地线在钢筋混凝土上连接方法（一）

看图 2-22 时注意事项如下：

当混凝土柱外加粉刷层时，接地线的安装位置亦加粉刷层的厚度。

13. 接地线过建筑物伸缩（沉降）缝安装方法

接地线过建筑物伸缩（沉降）缝安装方法如图 2-23 所示。

看图 2-23 时注意事项：接地线、卡子应作热镀锌处理。

14. 接地圆钢安装方法

接地圆钢安装方法如图 2-24 所示。

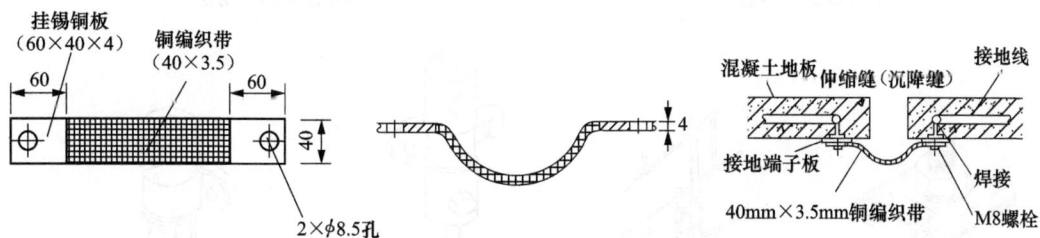

1. 使用JG、JFG系列接地端子板过伸缩（沉降）缝安装方法

图 2-23　接地线过建筑物伸缩（沉降）缝安装方法（一）

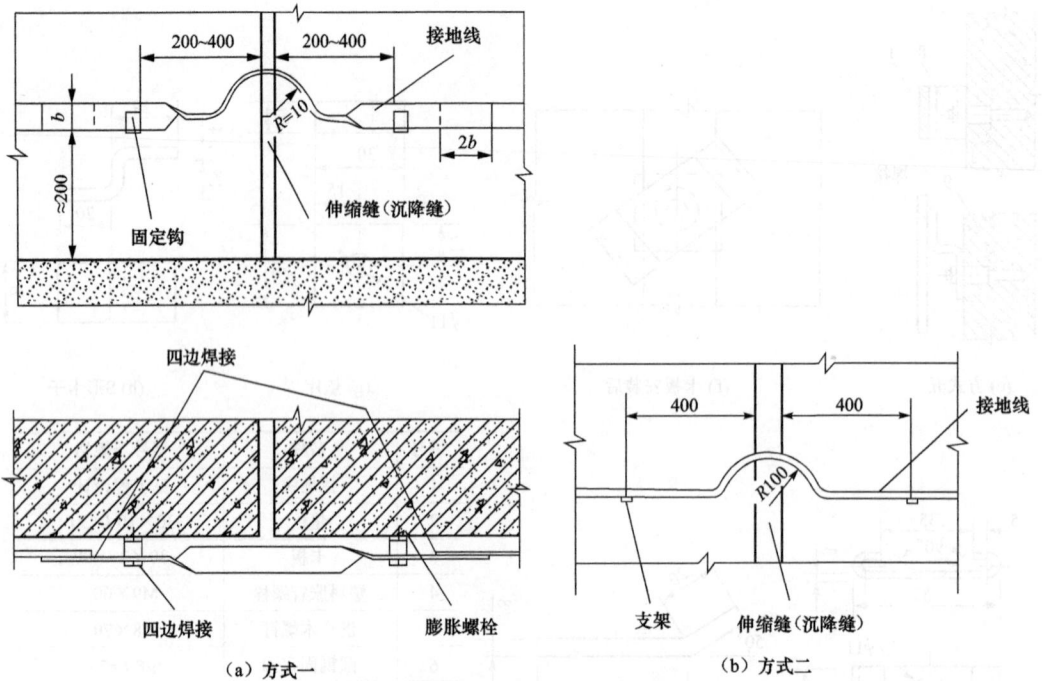

（a）方式一　　　　　　　　　　　　　　　　（b）方式二

2.使用扁钢接地线过伸缩（沉降）缝安装方法

图 2-23　接地线过建筑物伸缩（沉降）缝安装方法（二）

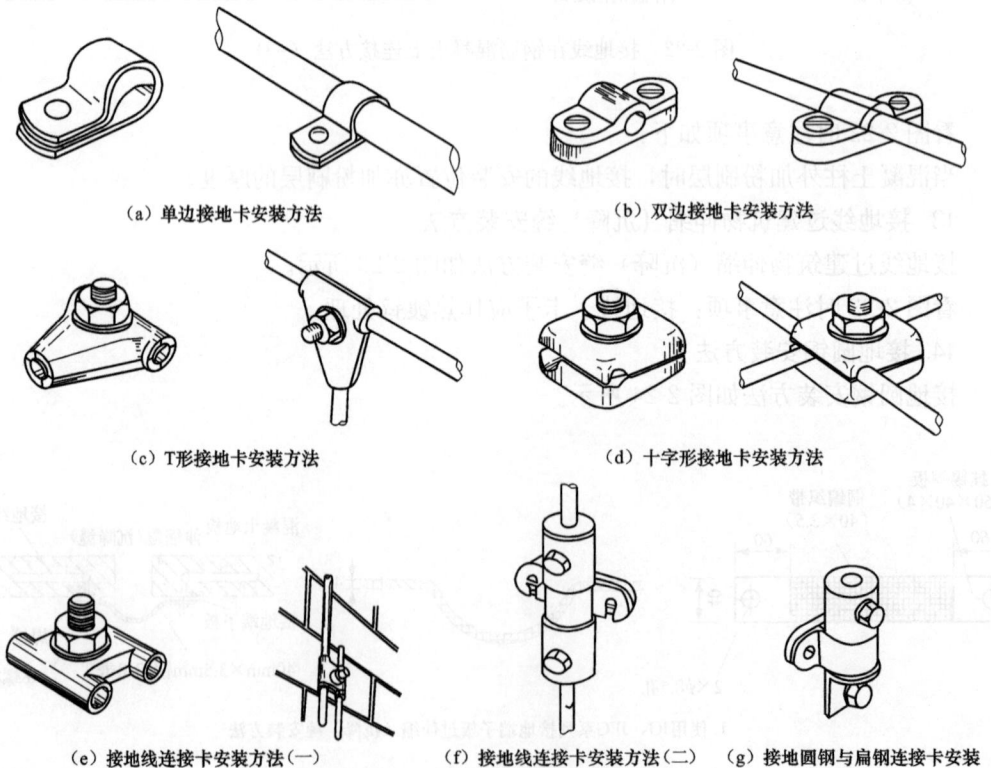

（a）单边接地卡安装方法　　　　　　　　　　（b）双边接地卡安装方法

（c）T形接地卡安装方法　　　　　　　　　　（d）十字形接地卡安装方法

（e）接地线连接卡安装方法（一）　　（f）接地线连接卡安装方法（二）　　（g）接地圆钢与扁钢连接卡安装

图 2-24　接地圆钢安装方法

看图 2-24 时注意事项如下：

接地圆钢固定点间距：水平直线段应为 0.5～1.5m；垂直安装宜为 1.5～2m，转弯为 0.3～0.5m。

15. 接地铜带安装方法

接地铜带安装方法如图 2-25 所示。

看图 2-25 时注意事项如下：

（1）接地铜卡安装时，先将卡底座用塑料胀管及螺钉等固定在墙上，再用卡面盖固定接地铜带，铜带接长及转角连接应十字形铜带卡安装。

（2）接地铜带固定点间距为 1m。

1. 接地铜带及铜带卡规格表（mm）

名称	型号	宽 X	厚 Y
接地铜带	TC030	25	3
	TC040	25	6
	TC080	50	6
一字形铜带卡	CP210	25	3
	CP220	25	6
	CP260	50	6
十字形铜带卡	CT105	25	3
	CT110	25	6
	CT115	50	6

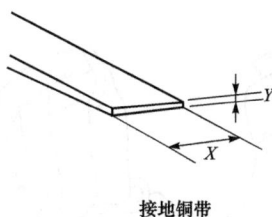

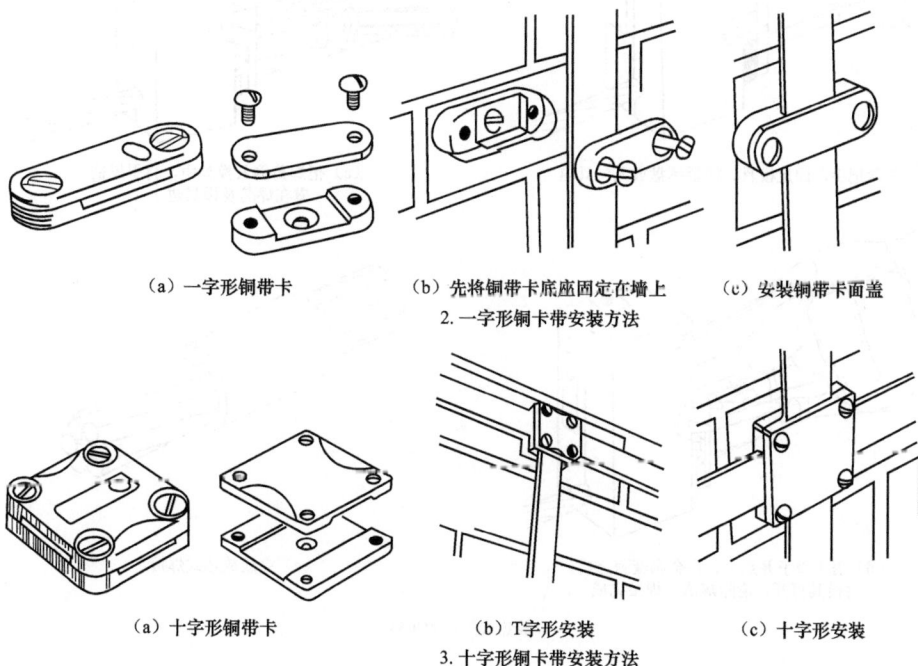

接地铜带

（a）一字形铜带卡　　（b）先将铜带卡底座固定在墙上　　（c）安装铜带卡面盖

2. 一字形铜卡带安装方法

（a）十字形铜带卡　　　（b）T 字形安装　　　（c）十字形安装

3. 十字形铜卡带安装方法

图 2-25　接地铜卡带安装方法

16. 放热式焊接接地安装方法

放热式焊接接地安装方法如图 2-26 和图 2-27 所示。

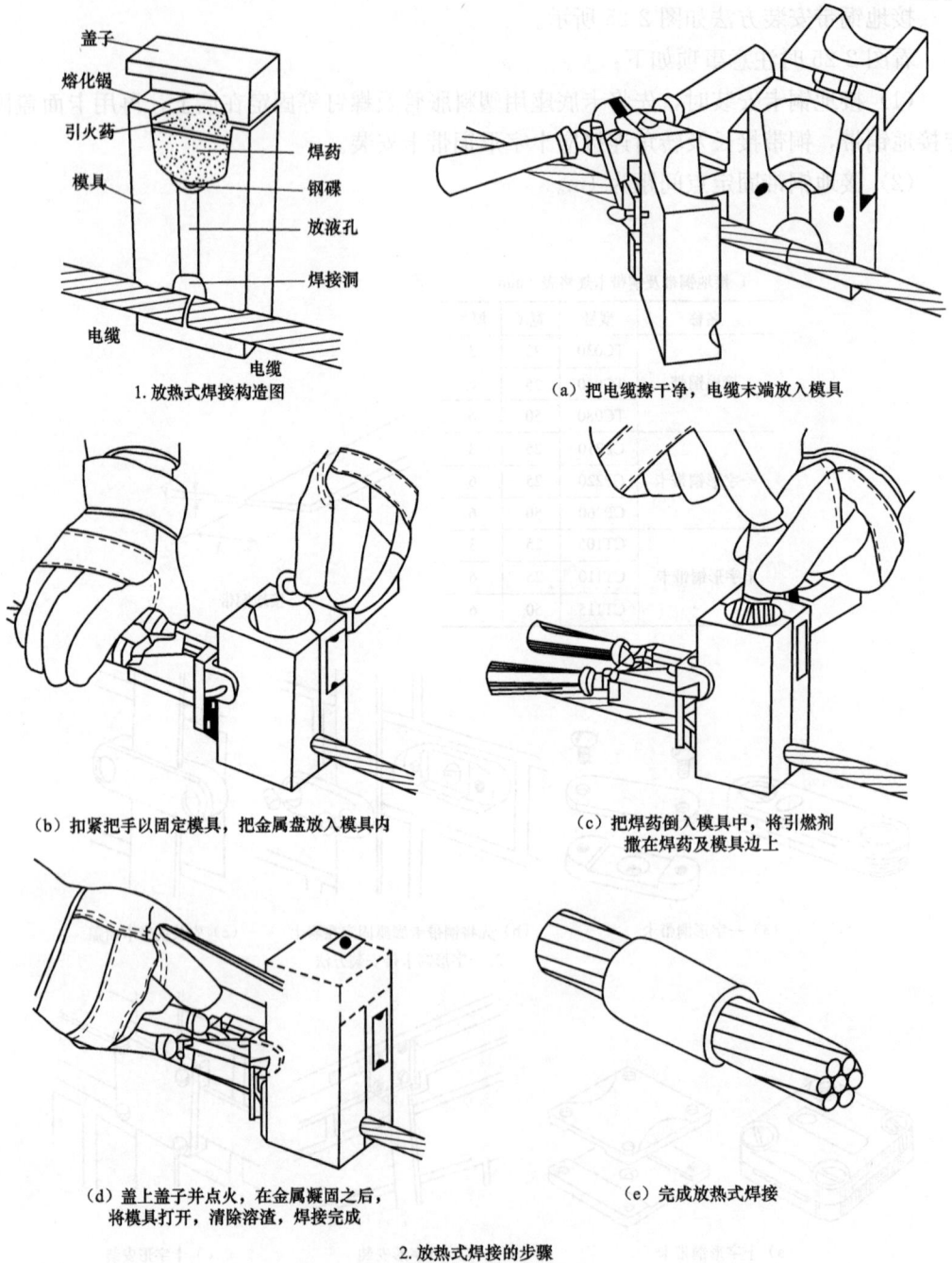

图中标注（左上构造图）：
- 盖子
- 熔化锅
- 引火药
- 模具
- 焊药
- 钢碟
- 放液孔
- 焊接洞
- 电缆
- 电缆

1. 放热式焊接构造图

（a）把电缆擦干净，电缆末端放入模具

（b）扣紧把手以固定模具，把金属盘放入模具内

（c）把焊药倒入模具中，将引燃剂撒在焊药及模具边上

（d）盖上盖子并点火，在金属凝固之后，将模具打开，清除溶渣，焊接完成

（e）完成放热式焊接

2. 放热式焊接的步骤

图 2-26　放热式焊接接地安装方法一

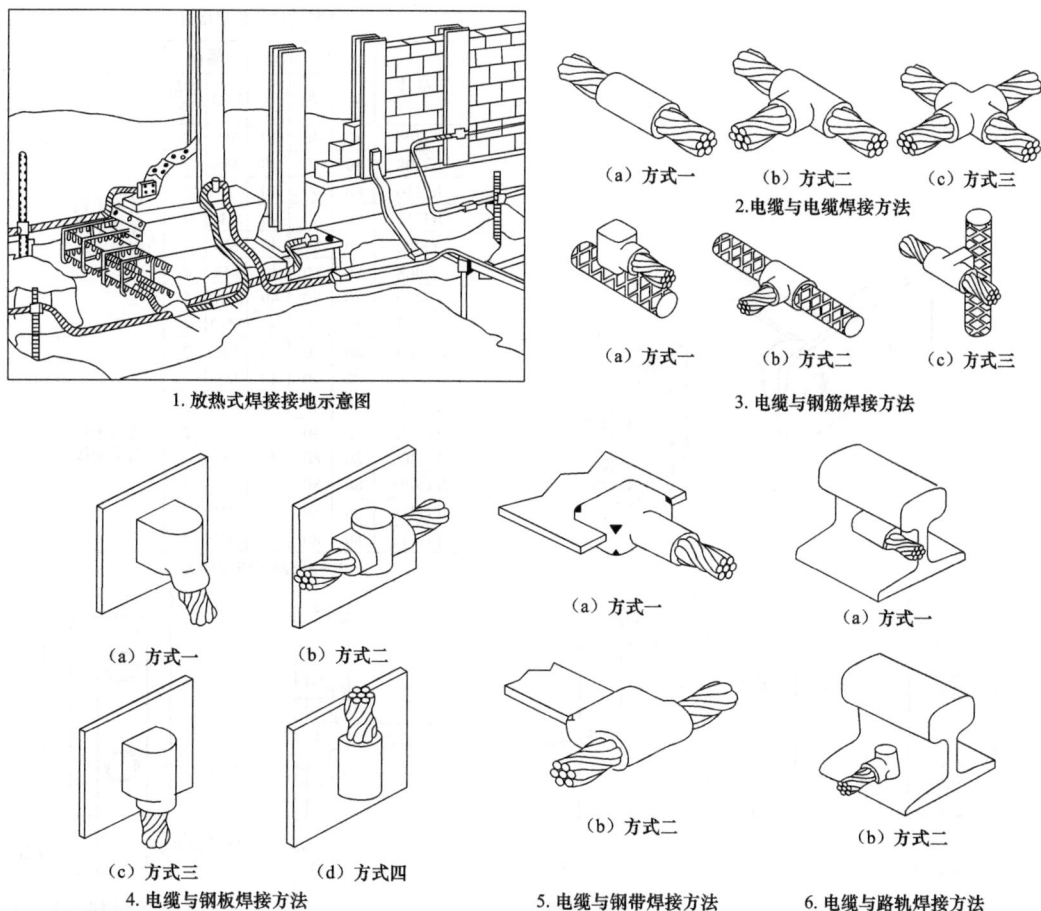

1. 放热式焊接接地示意图

（a）方式一　　（b）方式二　　（c）方式三
2. 电缆与电缆焊接方法

（a）方式一　　（b）方式二　　（c）方式三
3. 电缆与钢筋焊接方法

（a）方式一　　（b）方式二

（c）方式三　　（d）方式四
4. 电缆与钢板焊接方法

（a）方式一

（b）方式二
5. 电缆与钢带焊接方法

（a）方式一

（b）方式二
6. 电缆与路轨焊接方法

图 2-27　放热式焊接接地安装方法二

（1）看图 2-26 时注意事项如下：

放热式焊接可实现铜和铜、铜和钢铁之间的焊接。放热式焊接简单方便，易于操作，整个过程不需要外部的热源和动力。放热式焊接可用于接地电缆与电缆、电缆与接地极、电缆与钢筋、电缆与铸铁等的焊接。

焊接时通过焊药中的铝放热反应跟氧化铜的化学反应产生了液体铜和氧化铝渣。铝渣浮到表面，此时钢碟熔化，使得液体铜流进焊接洞，液体铜随之固化。拿掉模具焊接过程完成，这一过程只需数秒即可完成。

（2）看图 2-27 时注意事项如下：

① 放热式焊接有多种模具供选用，用于完成不同形式的焊接。

② 放热式焊接不用外部电力或热力，只需要材料、模具、焊接金属、工具和辅助设备，设备重量轻，携带简单，节省在现场作业时间。

③ 焊接处导电能力与该导线相同，不会随时间而老化和损坏。

17. 接地端子板安装方法

接地端子板安装方法如图 2-28 和图 2-29 所示。

1.接地端子板规格表

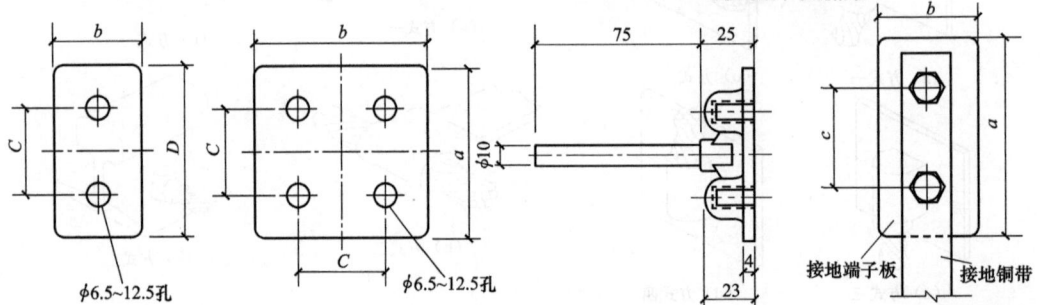

型号	尺寸（mm）			螺栓		备注
	a	b	c	规格	数量（个）	
JG206	80	40	40	M6	2	
JG208	80	40	40	M8	2	
JG210	80	40	40	M10	2	
JG212	80	40	40	M12	2	适用于铜线鼻子或铜排
JG406	80	80	40	M6	4	
JG408	80	80	40	M8	4	
JG410	80	80	40	M10	4	
JG412	80	80	40	M12	4	
JFG206	80	40	40	M6	2	
JFG208	80	40	40	M8	2	
JFG210	80	40	40	M10	2	
JFG212	80	40	40	M12	2	适用于扁钢接地线
JFG406	80	80	40	M6	4	
JFG408	80	80	40	M8	4	
JFG410	80	80	40	M10	4	
JFG412	80	80	40	M12	4	

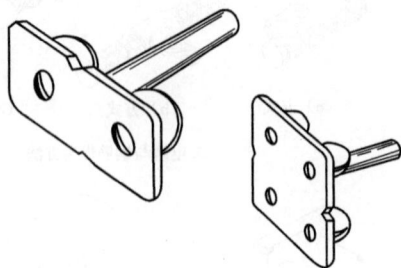

1. 接地端子板规格表

φ6.5~12.5孔   φ6.5~12.5孔

2. 接地端子板外形图

接地端子板　接地铜带

3. 接地铜带安装方法

图 2-28　接地端子板安装方法一

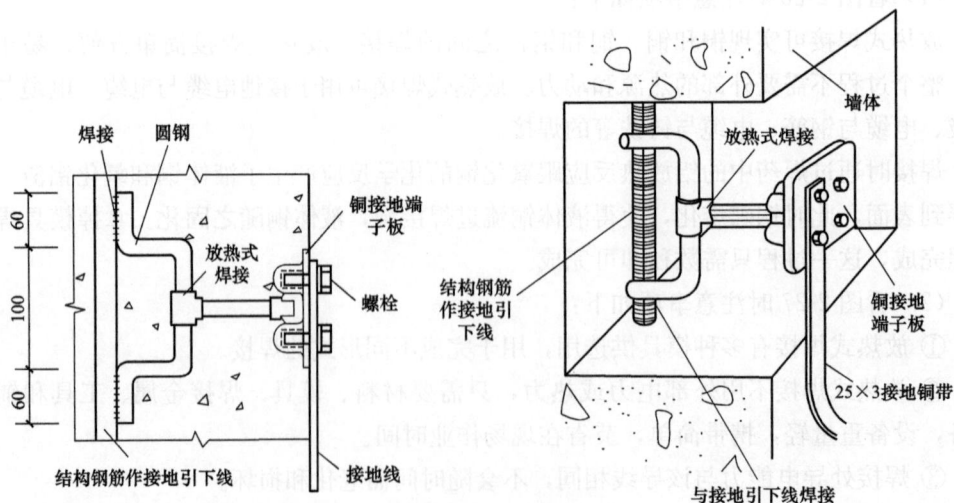

1. 接地端子板安装方法（一）

图 2-29　接地端子板安装方法二（一）

2.接地端子板安装方法（二）

3.接地端子板安装方法（三）

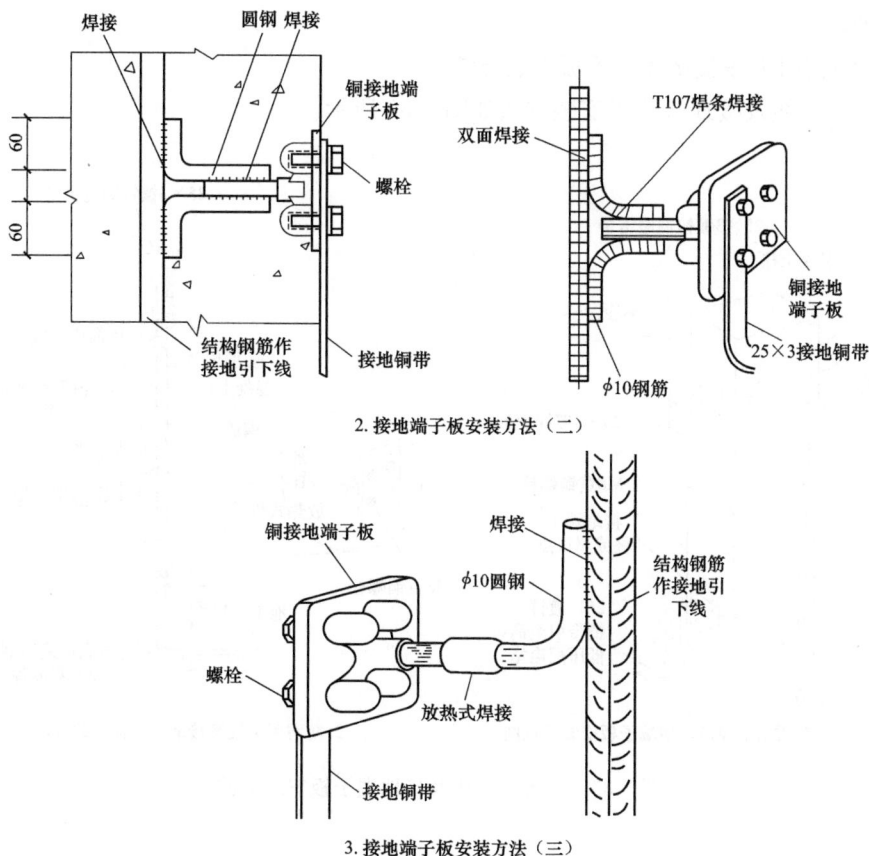

图 2-29　接地端子板安装方法二（二）

（1）看图 2-28 时注意事项如下：

① JG、JFG 系列接地端子板是适合螺栓连接的系列产品。

② JG 系列接地端子板采用黄铜铸造成形，电阻值小于 0.1Ω。端子板与接地线连接，预埋在墙（柱）中，作为接地端接点。

③ JG 系列端子板与接地引下线焊接可采用专用设备熔焊或用 T107 铜焊条焊接，施工时端子平面应用胶带等进行保护。

④ JFG 系列接地端子板采用钢铸造成形，电阻小于 0.1Ω。端子板与接地线连接，预埋在墙（柱）中，作为接地端接点。

⑤ JFG 系列端子板与接地引下线焊接可采用焊接，施工时端子平面应用胶带等进行保护。

⑥ JG 系列端子板配用铜螺栓及垫圈，JFG 型端子板配用钢螺栓及垫圈。

（2）看图 2-29 时注意事项如下：

① 接地端子板可采用铜质或钢质材料，配套的螺栓材质应与之对应。

② 接地端子板与柱内主筋焊接相连，同种金属材料之间连接采用普通焊接。

③ 接地端子板预埋在墙（柱）中，与墙面（或柱面）相平，施工时端子平面应用

胶膜保护。

18. 防雷引下线及接地端子板安装方法

防雷引下线及接地端子板安装方法如图 2-30 所示。

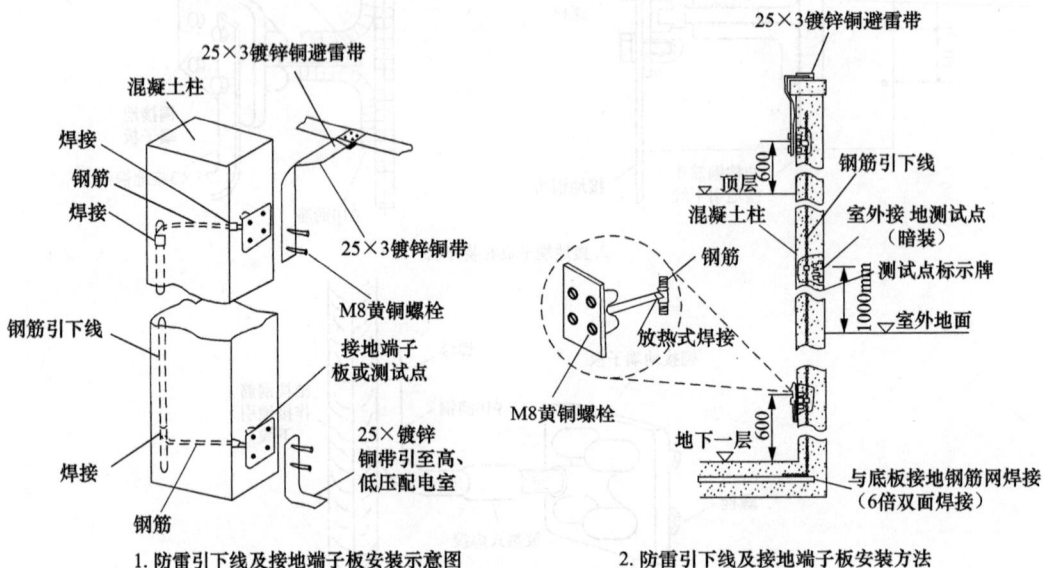

1. 防雷引下线及接地端子板安装示意图

2. 防雷引下线及接地端子板安装方法

图 2-30　防雷引下线及接地端子板安装方法

19. 管件防静电跨接地安装方法

管件防静电跨接地安装方法如图 2-31 和图 2-32 所示。

（1）看图 2-31 时注意事项如下：

① 设备管线可采用铜带或钢带作接地线，钢带及管卡应作热镀锌处理。

② 设备管线表面如有油漆等涂层，应将与接地线压接处的管道表面去掉涂层后再进行安装，以保证电气的可靠连通。

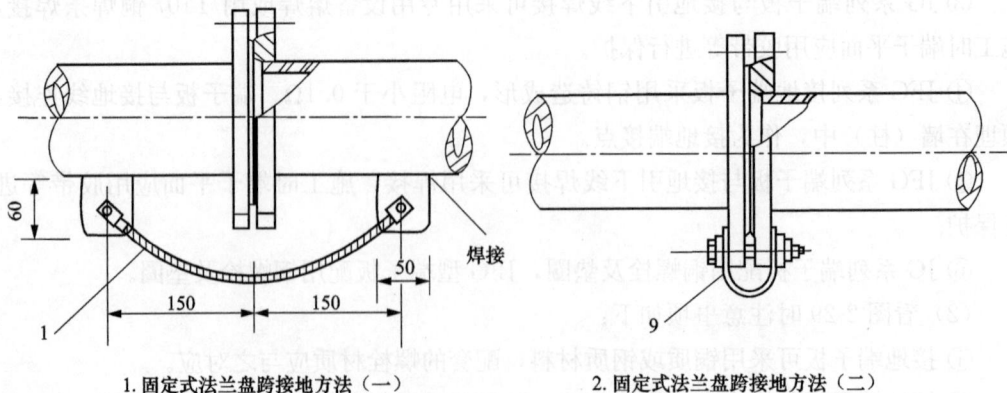

1. 固定式法兰盘跨接地方法（一）

2. 固定式法兰盘跨接地方法（二）

图 2-31　管件防静电跨接地安装方法一（一）

四边焊接

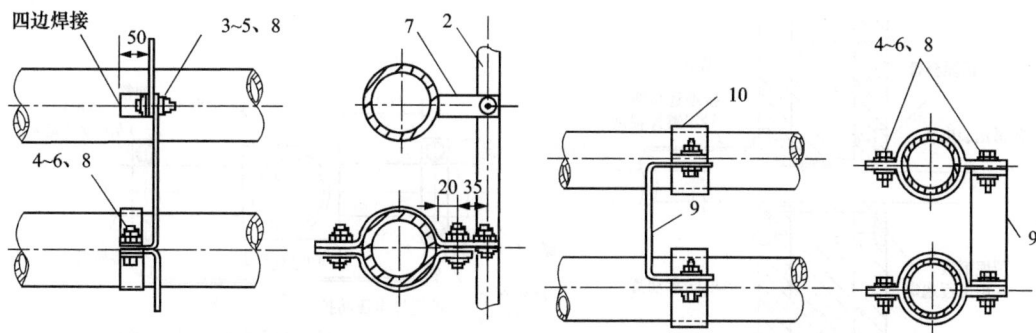

3. 钢管平行敷设跨接地方法（一）

4. 钢管平行敷设跨接地方法（二）

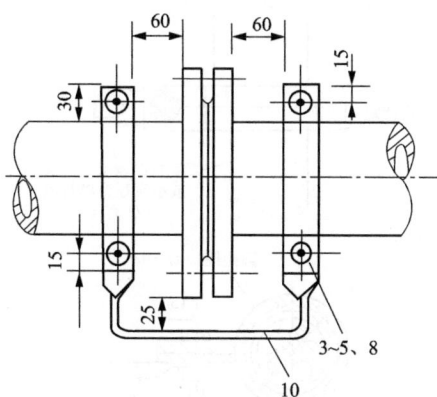

编号	名称	型号及规格
1	跨接线	RV-6mm²
2	接地线	见工程设计
3	螺栓	M10×30镀锌
4	螺母	M10镀锌
5	垫圈	φ10镀锌
6	螺栓	M10×35镀锌
7	连接片	−25×4
8	弹簧垫圈	φ10镀锌
9	跨接线	−25×4
10	跨接线和卡箍	−25×4

5. 不锈钢管法兰盘跨接地安装

图 2-31　管件防静电跨接地安装方法一（二）

（2）看图 2-32 时注意事项如下：

抱箍与管道接触处的接触表面需刮拭干净，安装完毕后刷防护漆。注意：抱箍内径等于管子外径。

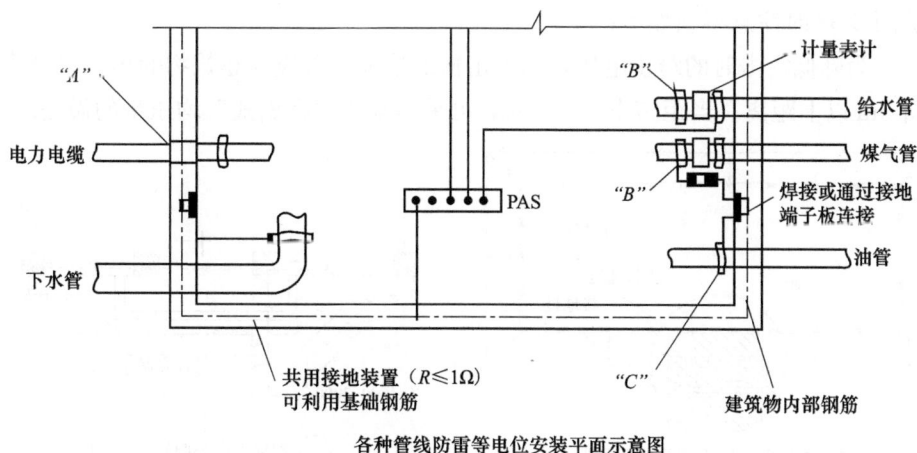

各种管线防雷等电位安装平面示意图

图 2-32　管件防静电跨接地安装方法二（一）

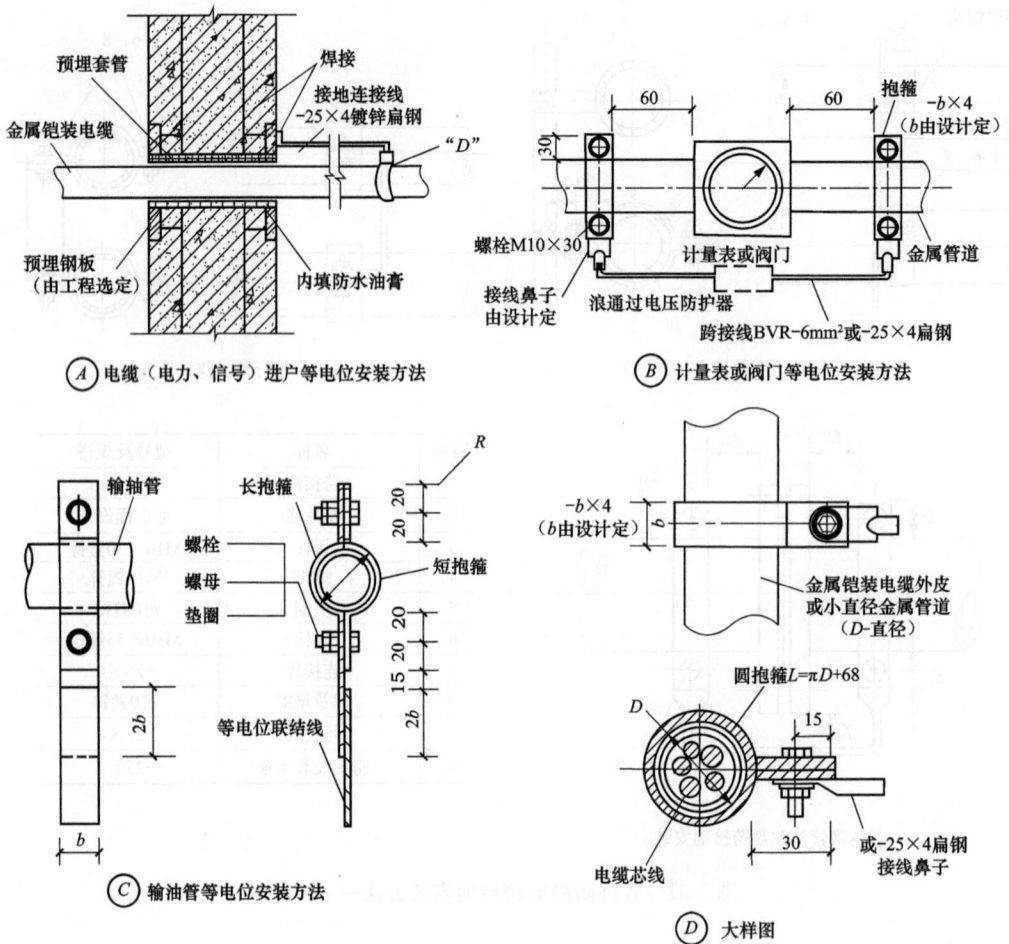

图 2-32　管件防静电跨接地安装方法二（二）

20. 建筑物人行通道均压带安装方法

建筑物人行通道均压带安装方法如图 2-33 所示。

看图 2-33 时注意事项如下：

（1）为降低雷击时的跨步电压，防直击雷的接地装置应与建筑物的出入口及人行通道保持 3m 以上距离；当距离小于 3m 时，可采用本图"帽檐式"均压带的做法。

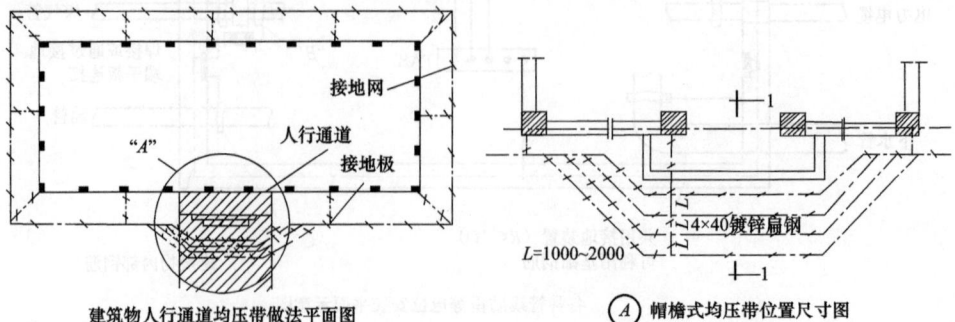

图 2-33　建筑物人行通道均压带安装方法（一）

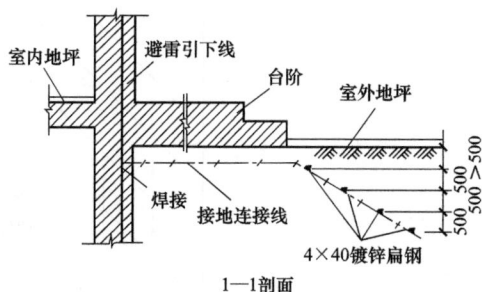

图 2-33　建筑物人行通道均压带安装方法（二）

（2）"帽檐式"均压带与柱内避雷引下线的连接应采用焊接，其焊接面应不小于截面的 6 倍，地下焊接点应作防腐处理。

（3）"帽檐式"均压带的长度可依建筑物的出入口宽度确定。

（4）当接地装置的埋设地点距建筑物入口或人行通道小于 3m 时，应在接地装置上面敷设 50～80mm 厚的沥青层，其宽度应超过接地装置 2m。

21. 金属门窗接地安装方法

金属门窗接地安装方法如图 2-34 所示。

看图 2-34 时注意事项如下：

（1）高层建筑按有关标准规定，30m 以上金属窗作接地。但是，有特殊要求时，所有金属都作接地（由工程设计决定）。

（2）由于金属窗型材几何尺寸繁多，具体接地线预留在何位置，几个点由工程设计决定。

（3）配合土建施工时，在接地干线焊出一根（数根）钢筋头即可。

（4）金属门框需与接地干线连接。

22. 暗接地线与暗检测点安装方法

暗接地线与暗检测点安装方法如图 2-35 所示。

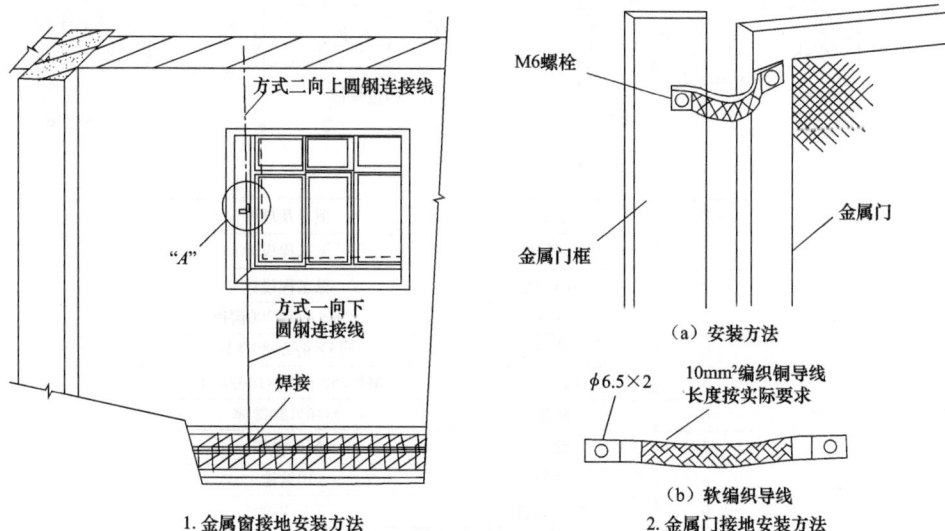

图 2-34　金属门窗接地安装方法（一）

53

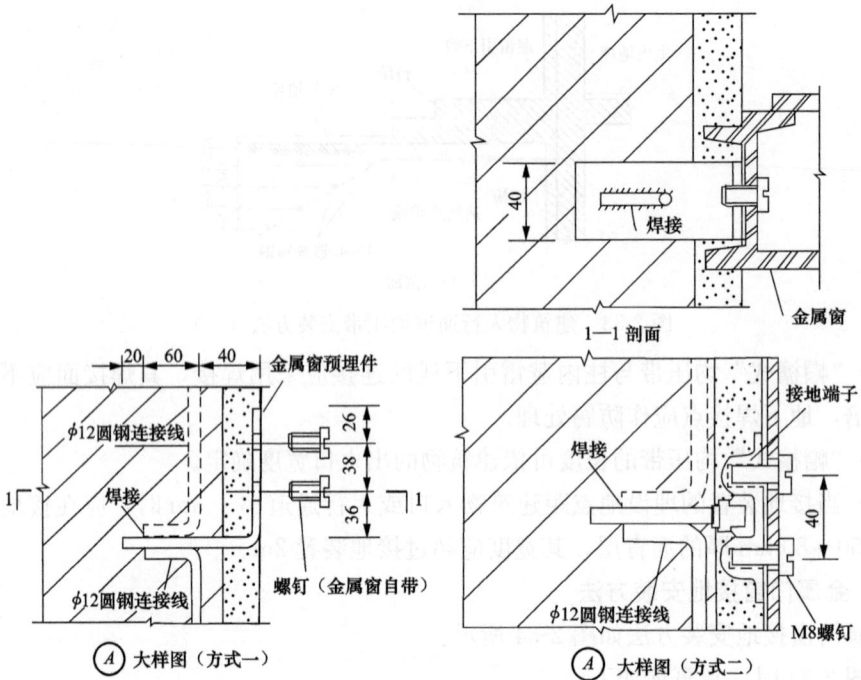

图 2-34　金属门窗接地安装方法（二）

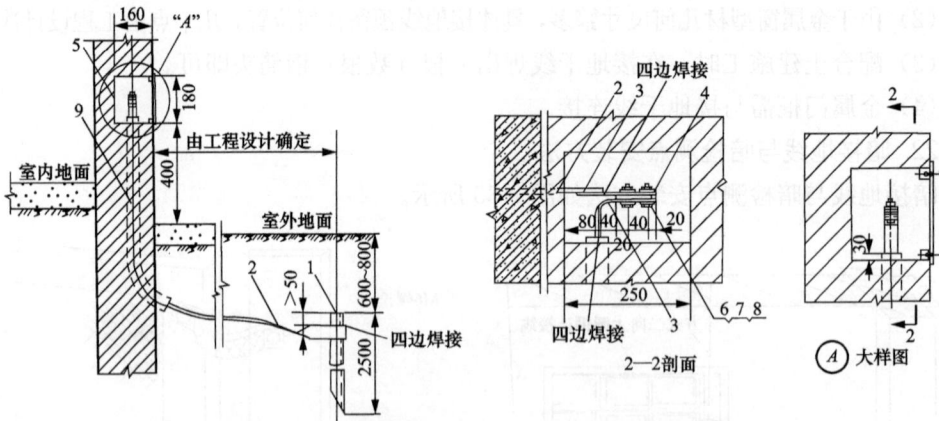

编号	名称	型号及规格
1	接地体	见工程设计
2	接地线	见工程设计
3	断接卡子	$-25 \times 4/L=200$镀锌
4	垫板	$-25 \times 4/L=80$镀锌
5	接线盒	钢板$250 \times 180 \times 160/\delta=1.5$
6	螺栓	$M10 \times 30$镀锌
7	螺母	$M10$镀锌
8	垫圈	$\phi10$镀锌
9	硬塑料管	见工程设计

图 2-35　暗接地线与暗检测点安装方法

看图 2-35 时注意事项如下：

（1）本图适用于利用钢筋混凝土柱内的钢筋作引下线，同时接地电阻检测点不允许在柱上留洞时，移在附近墙上安装。

（2）本图是按有接线盒设计的，如取消接线盒，应在洞壁上预埋洞盖的固定件，内壁用水泥砂浆抹光。

23. 有桩基础内接地钢筋安装方法

有桩基础内接地钢筋安装方法如图 2-36 所示。

看图 2-36 时注意事项如下：

（1）接地干线应在不同两点及以上与接地网相连接。自然接地体应在不同的两点及以上与接地干线或接地网相连接。

（2）若每一组桩基多余 4 根，只需连接其四角桩基的钢筋作为防雷接地体。

（3）在结构完成后，必须通过测试点测试接地电阻，若达不到设计要求，可在柱子预埋测试板处加接外附人工接地体。

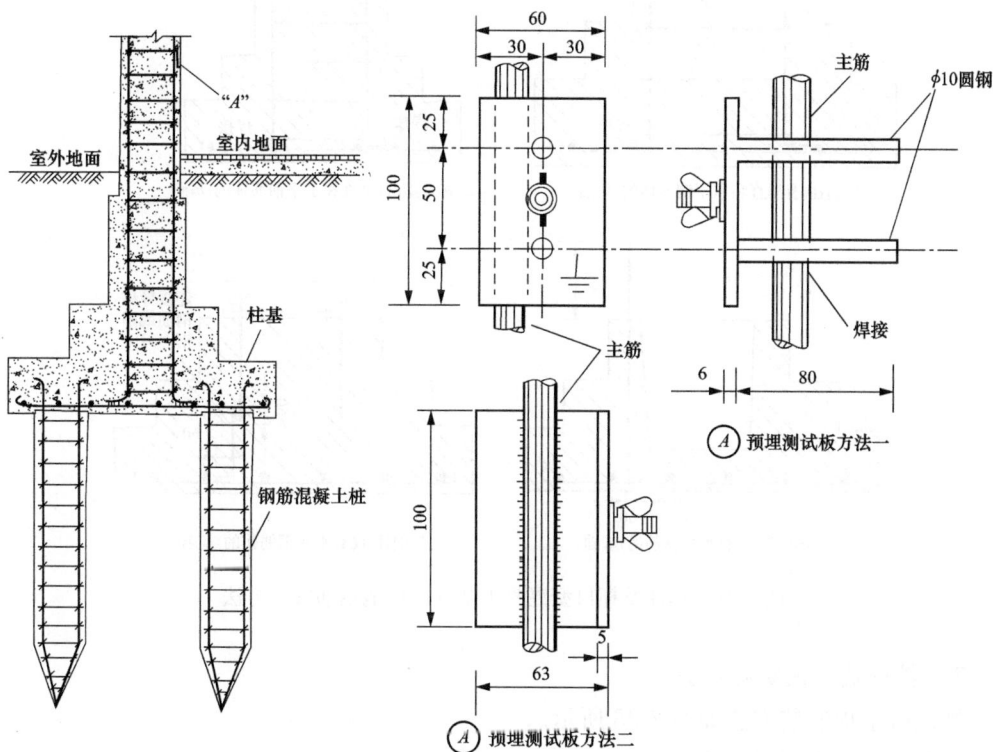

图 2-36　有桩基础内接地钢筋安装方法

24. 钢柱及杯口型混凝土基础内接地钢筋安装方法

钢柱及杯口型混凝土基础内接地钢筋安装方法如图 2-37 所示。

看图 2-37 时注意事项如下：

（1）在被利用的每个基础中，仅需一个地脚螺栓通过连接导体与钢筋体连接。

（2）连接导体与地脚螺栓和钢筋体的连接应采用焊接。

（3）当基础底有桩基时，将每一桩基的一根主筋与承台钢筋焊接。

（4）当不能利用地脚螺栓时，则钢柱基础中的连接导体引出基础的地方，应在钢柱就位边线的外面，并在钢柱就位后即焊接到钢柱底板上。

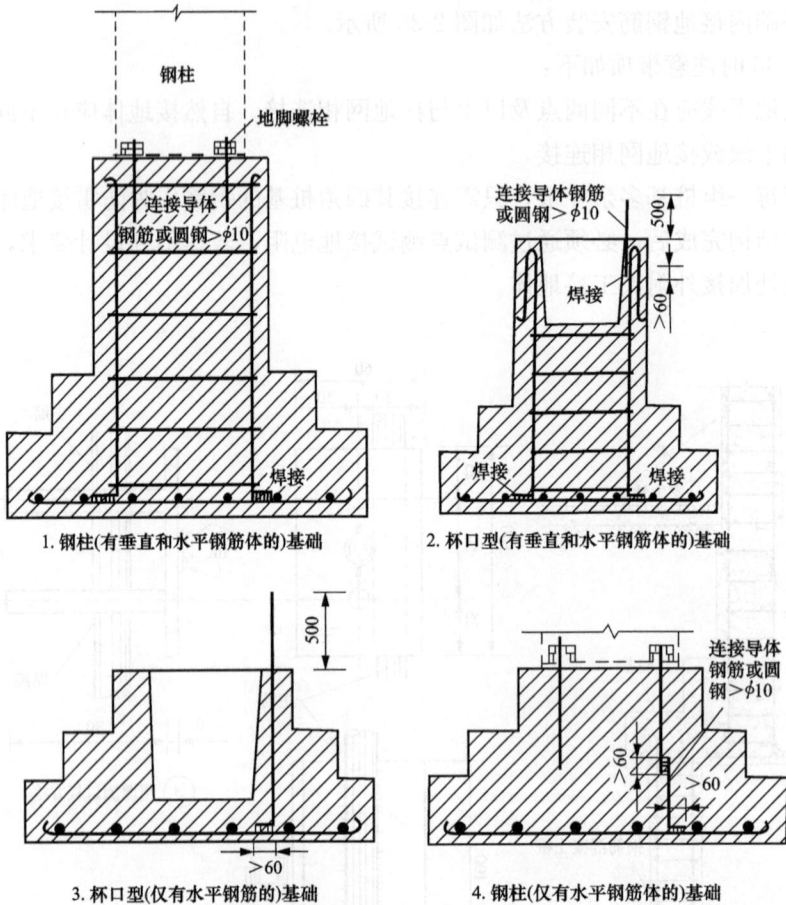

图 2-37　钢柱及杯口型混凝土基础内接地钢筋安装方法

25. 接地端子板安装方法

接地端子板安装方法如图 2-38 所示。

看图 2-38 时注意事项如下：

（1）接地端子板采用铜板，根据接地线数量和尺寸决定端子板长度及板上开孔大小。

（2）接地端子板用于墙上明装。

（3）接地端子板安装高度由设计决定，设计无要求时安装高度为 300mm。

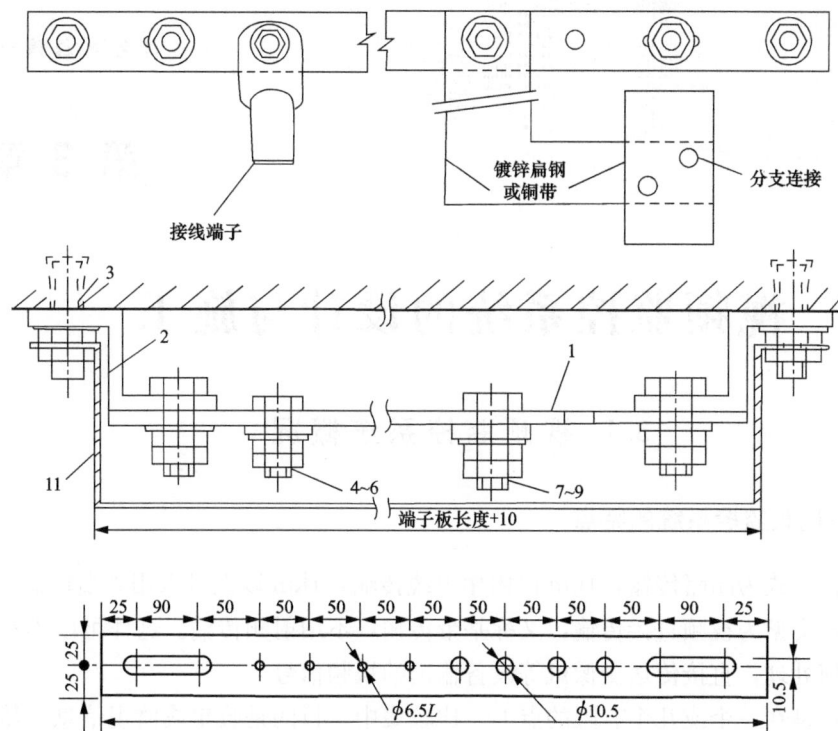

1. 接地端子板安装方法

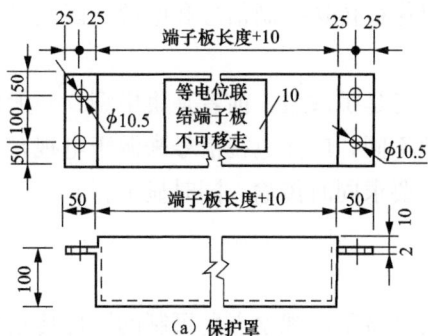

（a）保护罩

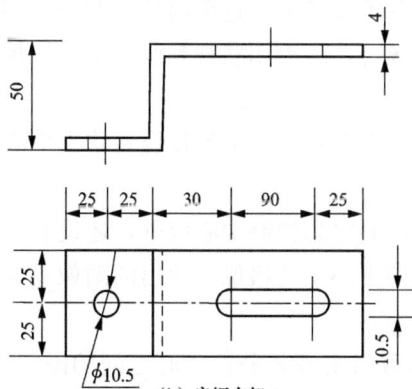

（b）扁钢支架

2. 端子板规格表

端子数	板长 L（mm）
2	380
3	430
4	480
5	530
每增一个	增加50

编号	名称	型号及规格
1	端子板	4mm厚铜板
2	扁钢支架	
3	膨胀螺栓	M10×30
4	螺栓	M6×30
5	螺母	M6
6	垫圈	$\phi6$
7	螺栓	M10×30
8	螺母	M10
9	垫片	$\phi10$
10	铬牌	150×150
11	保护罩	2mm厚钢板

图 2-38　接地端子板安装方法

第 3 章

视频监控系统的设计与施工

3.1 视频监控系统概况

3.1.1 视频监控系统的特点

（1）传输方式为闭路传输，1km 以内用电缆传输，1km 以上可以用光缆传输。

（2）传输类型为视频直接传输，又称基带传输，不用射频传输。这样可以不经过频率变换等任何处理，直接传送摄像机等设备输出的视频信号。

（3）用户是在一个或几个有限的点上，比较集中，目的是收集或监视信息。传输距离一般较短，多在几十米到几千米的有限范围内。

（4）除向接收端传输视频信号外，还要向摄像机传送控制信号和电源，因此是一种双向的多路传输系统。

（5）视频监控系统与广播电视系统不同，后者是扩散型，前者是集中型，一般供监测、控制、管理使用。除此之外，两者信息来源不同，广播电视信号来源于电视台；视频监控系统的信息来源于多台摄像机，多路信号要求同时传输、同时显示。

3.1.2 视频监控系统的分类

在我国，闭路视频监控系统的功能要求主要是将基层观察点所摄制的图像传送到中心控制室去，控制室可以对基层点的摄像机、云台等设备进行远距离控制调节。闭路视频监控系统一般应用于监视、调度和电视会议等场合。这类闭路视频监控系统按控制方式可以分为以下 3 类：

（1）单级控制。单级控制只有中心控制室一个控制点，全部受控设备均由中心控制室进行遥控。这种类型适用于小型系统。

（2）不交叉多级串并控制。不交叉多级串并控制除总控制中心以外，还设有一级或多级分控中心，各分控中心之间没有联系，即分控中心 1 的摄像机输出的图像不能调到分控中心 2 中去。

（3）交叉多级串并控制。交叉多级串并控制可以实现各分控中心之间的图像交换，即每一个控制中心都可以按照要求调用本系统的各种图像，控制所有的摄像机或其他受控设备。根据系统的要求，总控中心和分控中心可以是平等关系，也可以是主从关系。

3.1.3　视频监控系统要求

视频监控系统的要求分为特别要求和一般要求。

特别要求指特别的功能要求，如远距离多路信号、具有自动跟踪和锁定功能、带有声音拾取功能和与防盗报警系统联动功能等。

（1）远距离多路信号的视频监控系统。根据要求和实际情况不同，可以分为八种传输方式，即视频基带传输方式、射频传输方式、光纤传输方式、无线发射传送方式、无线发射并移动传输方式、"远端切换"的视频基带传输方式、"平衡式"视频传输方式、电话电缆传输方式。

（2）具有自动跟踪和锁定功能的视频监控系统。最先进的自动跟踪和锁踪系统采用"数字式视频监控系统"。数字式视频监控系统的核心是多媒体计算机及其配套的其他设施。该系统的工作方式是将入侵目标的图像及声音信号变为计算机文件，从中提取目标信号，然后反馈给摄像机及电动云台，以控制摄像机及云台进行跟踪锁定。另外，还将自动启动该摄像机附近其他关联的摄像机或报警装置，以便进行继续跟踪和锁定。

（3）带有声音拾取功能的视频监控系统。该系统可以把被监视地的图像和声音内容一起传送到控制中心。它的信号传输可以将声音信号调频到 6.5MHz 上，与图像信号一起传送到控制中心，再把声音信号解调出来，也可以将声音和图像分别传送。

（4）与防盗报警系统联动的视频监控系统。该系统由视频监控系统和防盗报警系统两部分组成，控制中心通过控制台将两部分合在一起进行联动运行。该系统在控制台上设有防盗报警的联动接口，在有防盗报警信号时，控制台上发出报警并启动录像机自动对有警报的场所进行录像。

一般要求的视频监控系统不能拾取声音信号，但是可以通过摄像机捕获监视场所的图像信号，采用视频基带传输方式，适用于距离较近的场合。这种系统由摄像机、镜头、终端解码器、视频传输线路及控制信号总线、电源控制器及监视器组成。一般要求的视频监控系统如图 3-1 所示。

3.1.4　视频监控系统的组成

视频监控系统由摄像、传输、控制和显示四部分组成，其结构如图 3-2 所示。

1. 摄像部分

摄像部分包括摄像机、镜头、防护罩和云台等。

（1）摄像机。摄像机是拾取图像信号的设备，相当于监控系统的眼睛。被监视场所通过摄像机将画面的光信号变为电信号（图像信号）。无论是彩色摄像机还是黑白摄像机，其光电转换的器件均采用 CCD 器件，即"电耦合"器件。摄像机布置在被监视场所的某一位置，使其视场角能覆盖整个被监视的各个部位。

（2）镜头。摄像机的镜头可以分为以下 3 类：

① 定焦距镜头。所谓定焦距镜头是指焦距不可变的，只能改变光圈的大小。它适用于拍摄焦距相对固定的目标。

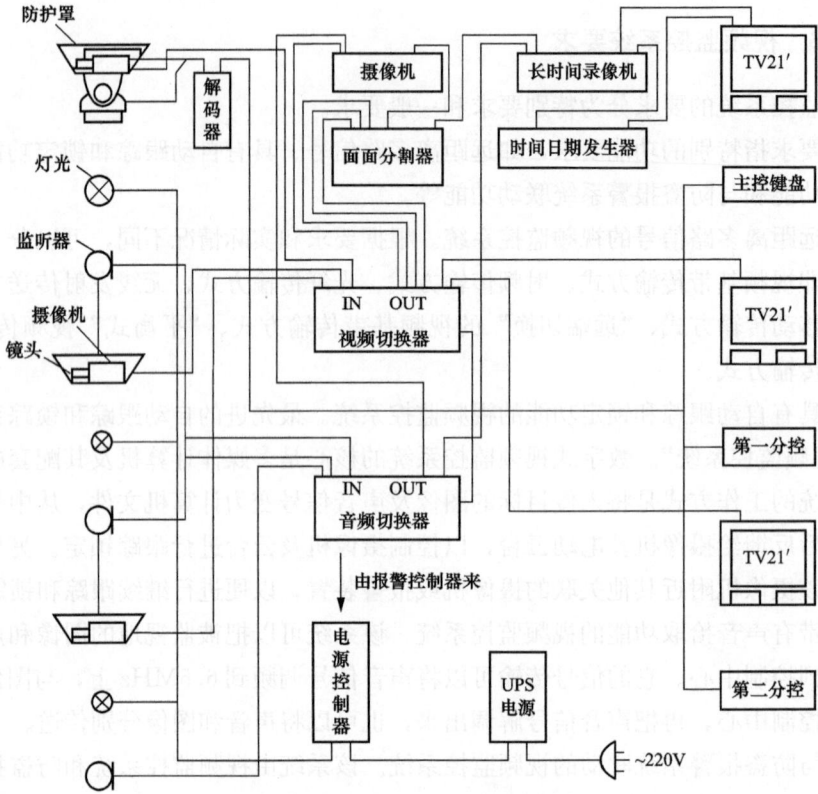

图 3-1　一般要求的视频监控系统

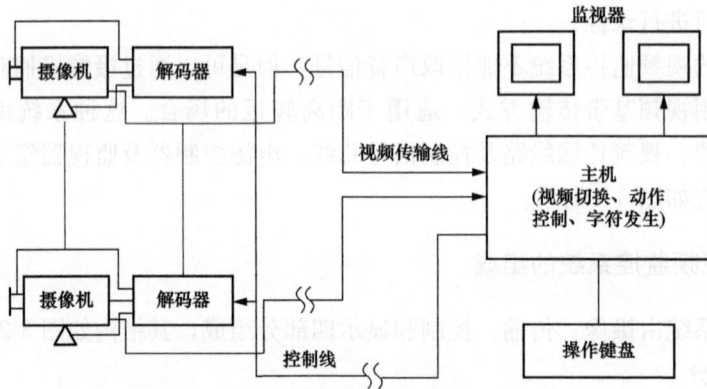

图 3-2　视频监控系统结构图

② 自动范围、电动变焦距镜头。常用的电动变焦距镜头有 6 倍、8 倍、10 倍几种，它的指标一般为焦距从多少毫米至多少毫米。例如，某变焦镜头的焦距为 8.8～88mm，即为 10 倍的变焦镜头。

③ 自动光圈、自动聚焦、电动变焦距镜头。使用这种镜头时，可通过云台和电动变焦改变拍摄方向和目标，不需要人工来调整对景物的聚焦。

（3）云台与防护罩。

① 云台。云台是承载摄像机进行水平和垂直方向转动的装置。

② 防护罩。防护罩是防护摄像机的装置，一般分为室内防护罩、室外防护罩。室内防护罩结构简单、价格便宜，其主要功能是防止摄像机落灰并起一定的安全防护作用，如防盗、防破坏等。室外防护罩具有降温、加温、防雨、防雷的功能，无论何种恶劣天气，均使摄像机在防护罩内正常工作。

2. 控制部分

控制部分是整个系统的核心，控制部分主要由主控制台和副控制台组成。主控制台也称总控制台，它是视频监控系统中的核心设备，对系统内各种设备的控制都是通过主控制台来指挥。主控制台中主要的功能有视频信号放大与分配、图像信号的校正与补偿、图像信号的切换。主控制台是多种设备的组合，而这种组合是根据系统的功能要求来确定的。

视频监控系统中有多个摄像机时，可以采用多画面分割器使多路图像同时在一台监视器上显示。常用的画面分割器有四画面、九画面和十六画面。

3. 传输部分

传输部分是指传输图像和声音信号。在电视监视系统中，由于传输方式的不同，在系统中采用的传输部件也不同。

(1) 远距离视频传输方式下的传输部件。远距离视频传输方式下的传输部件分为视频放大器和幅频或相频补偿器两类。

① 视频放大器是装在摄像机输出端之后、传输线之前。也就是说，从摄像机输出的视频信号经视频放大后再经线路送至监控中心。视频放大器要求其输出的电压是可调的，电压峰值一般为 $1.5\sim6V$；其中幅频特性曲线在 $2.5\sim6MHz$ 之间峰起，峰起的高度应为 $2.5MHz$ 以曲线的 2 倍以上。

② 幅频和相频补偿安装在总控制台上的视频信号端口，以补偿过送过来的视频信号由于传输而造成的高频信号幅度的相移失真。如果是传输黑白电视信号，一般不必进行相位补偿；如果是传输彩色电视信号，则必须要安装幅频和相频补偿器，否则会产生信号失真。

(2) 射频传输方式下的传输部件。射频传送方式下的传输部件有调制器、射频放大器、解调器等，这些器件与有线电视网使用的传输部件基本相同。

(3) 光纤传送方式下的传输部件。光纤传送方式使用的传输部件有光调制器、光放大器、光解调器等，与有线电视采用光纤传输时所使用的部件基本相同。光调制器与光解调器在工程应用上称为光发送端机和光接收端机。

(4) 电话电缆平衡传输方式下的传输部件。电话电缆传输方式下的传输部件有发送中继器、地沟中继器、接收中继器、视频变压器和信号检测传感器等。

4. 显示部分

显示部分通常由一台或多台监视器组成。它的主要作用是将传送过来的图像在监视器上显示出来。

监视器的选择要满足系统总的功能和技术指标的要求，对于非特殊要求的视频监控系统，监视器可采用有视频输入端子的普通电视机，而不必采用造价较高的专用监视器。如果采用了画面分割器，可选用较大屏幕的监视器。

通常在视频监控系统中，一般是多台摄像机的图像信号用一台监视器轮流切换显示。这是因为在被监视场所不太可能同时发生意外危险，当某个被监视场所发生意外时，可以通过切换器将这一路信号切换到一台监视器上显示，并通过控制台对其遥控跟踪记录。

一般情况下，摄像机对监视器的比例为 4∶1，即四台摄像机对应一台监视器，也可以采用 8∶1 或 16∶1 的设置方案。在摄像机较多的视频监控系统中，可以使用画面分割器把几台摄像机送来的图像信号同时显示在一台监视器上，这样可以节省监视器，并且观看起来比较方便。

3.2　对视频监控系统的设计要求

3.2.1　视频监控系统对设计人员的具体要求

（1）熟悉国家有关部门对建设单位在视频监控系统上的要求和有关的法律法规及有关的标准。

（2）具有较强的责任感和保密意识。

（3）全面了解并掌握视频监控系统技术设备和器材的性能、技术指标及发展动向。

（4）具有较全面的专业知识和熟练的设计技能。

（5）安防设计人员政治素质要高，要有高度的责任感和使命感。

（6）熟悉项目建设的设备安装、调试过程。

（7）了解视频信号的传输方式及其原理。

（8）了解与安防系统相关的其他弱电系统专业知识。

（9）设计的工程师们必须首先做到两清：

① 对视频监控系统设备及器材的特点（包括各种技术指标及其质量情况）、适用范围及其局限性要搞清楚。

②对被保护的场所所处的政治、经济、军事地位及其现场的地理位置、结构和环境情况要勘察清楚。

（10）熟练掌握常用的文字处理软件和绘图软件。

（11）具有较强的语言文字组织能力。

3.2.2　对视频监控系统功能的要求

（1）应根据各类建筑物安全防范管理的需要，对建筑物内（外）的主要公共活动场所、通道、电梯及重要部位和场所等进行视频探测、图像实时监视和有效记录、回放。对高风险的防护对象，显示、记录、回放的图像质量及信息保存时间应满足管理要求。

（2）系统的画面显示应能任意编程，能自动或手动切换，画面上应有摄像机的编号、部位、地址和时间、日期显示。

（3）系统应能独立运行。应能与入侵报警系统、出入口控制系统等联动。当与报警系统联动时，能自动对报警现场进行图像复核，能将现场图像自动切换到指定的监示器上显示并自动录像。

（4）视频监控系统应能实现自动化管理与控制。

3.3 视频监控系统设计

当前视频监控系统的结构可以分为模拟系统、数字系统以及模拟与数字混合系统，设计时要注意以下内容。

3.3.1 视频监控系统选型

视频监控系统选型时，一般要注意以下几点内容：

（1）视频监控系统的工程设计，除应执行规范外，应符合国家现行有关标准、规范的规定。

（2）视频监控系统的工程设计应在满足使用功能和可靠运行的前提下，努力降低工程造价，并便于施工、维护及操作。

（3）系统宜由摄像、传输、显示及控制等四个主要部分组成。当需要记录监视目标的图像时，应设置录像装置；在监视目标的同时，当需要监听声音时，可配置声音传输、监听和记录系统。

（4）系统的设备、部件、材料应采用符合现行的国家和行业有关技术标准的定型产品，进口产品至少应有商检合格证书。

（5）系统中各种配套设备的性能及技术要求应协调一致。

（6）视频监控系统宜采用黑白电视系统，在对监视目标有彩色要求时，可采用彩色电视系统。

（7）视频监控系统的工作环境温度要求，在寒冷地区室外工作的设施为$-40\sim35℃$，其他地区室外工作的设施为$-10\sim55℃$，室内工作的设施为$-5\sim40℃$。

（8）系统采用设备和部件的视频输入和输出阻抗及电缆的特性阻抗均应为75Ω，音频设备的输入、输出阻抗应为高阻抗或600Ω。

（9）在监视区域内，灯光照度应符合摄像系统的要求。

（10）整个监控系统的技术指标应满足下列要求（在摄像机的标准照度情况下）

① 视频信号输出幅度$=(1+0.3)V_{P-P}$。

② 黑白电视水平清晰度$\geqslant 350TVL$（电视线）。

③ 彩色电视水平清晰度$\geqslant 270TVL$。

④ 灰度$\geqslant 8$级。

⑤ 信噪比$\geqslant 38dB$。

（11）视频监控系统的图像质量可按五级损伤制评定，图像质量不应低于 4 级。相对应 4 级图像质量的信噪比应符合表 3-1 的规定。

表 3-1 **4 分图像质量的信噪比** （dB）

指标项目	黑白电视系统	彩色电视系统
随机信噪比	37	36
单频干扰	40	37
电源干扰	40	37
脉冲干扰	37	31

对于图像水平清晰度，黑白电视系统不应低于 400 线，彩色电视系统不应低于 270 线。图像画面的灰度不应低于 8 级。系统的各路视频信号，在监视器输入端的电平值应为 1V±3dBVBS。系统各部分信噪比指标分配符合表 3-2 的规定。

表 3-2 **系统各部分信噪比指标分配** （dB）

项目	摄像部分	传输部分	显示部分
连续随机信噪比	40	50	45

系统在低照度使用时，监视画面应达到可用图像，其系统信噪比不得低于 25dB。

（12）系统的设计方案应根据下列因素确定：

① 根据系统的技术和功能要求，确定系统组成及设备配置。

② 根据建筑平面或实地勘察，确定摄像机和其他设备的设置地点。

③ 根据监视目标和环境的条件，确定摄像机类型及防护措施。

④ 根据摄像机分布及环境条件，确定传输电（光）缆的线路路由。

（13）在摄像系统正常工作的条件下，监控系统的图像质量不应低于下述中的 4 级要求：

图像等级	图像损伤主观评价
5	不察觉
4	可察觉，但不令人讨厌
3	有明显察觉，令人感到讨厌
2	较严重，令人相当讨厌
1	极严重，不能观看

3.3.2 视频监控系统前端设备的选型

视频监控系统前端设备主要是摄像机，摄像机选型时要重点注意以下内容：

（1）应根据监视目标的照度选择不同灵敏度的摄像机。监视目标的最低环境照度应高于摄像机最低照度的 10 倍。

（2）所选摄像机满足的要求。

① 能满足系统最终指标要求。

② 电源变化适应范围≥±15%（必要时可加稳压装置）。

③ 温度、湿度适应范围满足现场气候条件的变化。

④ 监视目标照度不高，而要求清晰度较高时，宜选用黑白摄像机；监视目标照度

不高，且需彩色摄像时，需附加照明装置。

⑤ 监视目标亮度变化范围大或必须逆光摄像时，应选用具有自动电子快门和数字背景光处理摄像机。

⑥ 夜间需隐蔽监视时，宜选用带红外光源的摄像机（或安装红外灯作光源）。

⑦ 摄像机应由稳定牢固的支架（或电动云台）固定在建筑物上。

⑧ 摄像镜头应尽量避免逆光设置，必须逆光设置的场合，除对摄像机的技术性能加以要求外，还应设法尽量减小监视区域的对比度。

⑨ 室内外安装的摄像机均应加装防护罩。

⑩ 应选用体积小、质量轻、便于现场安装与检修的电荷耦合器件（CCD）型摄像机。

⑪ 当监视目标照度有变化时，均应采用光圈可调镜头。

⑫ 当需要遥控时，可选用具有光对焦、光圈开度、变焦距的遥控镜头装置。

⑬ 根据工作环境应选配相应的摄像机防护套，防护套可根据需要设置调温控制系统和遥控雨刷等。

⑭ 固定摄像机在特定部位上的支承装置，可采用摄像机托架或云台。当一台摄像机需要监视多个不同方向的场景时，应配置自动调焦装置和遥控电动云台。

⑮ 摄像机需要隐蔽时，可设置在天花板或墙壁内，镜头可采用针孔或棱镜镜头。对防盗用的系统，可装设附加的外部传感器与系统组合，进行联动报警。

⑯ 监视水下目标的系统设备，应采用高灵敏度摄像管和密闭耐压、防水防护套以及渗水报警装置。

⑰ 摄像机的设置位置、摄像方向及照明条件应符合下列规定。

a. 摄像机宜安装在监视目标附近不易受外界损伤的地方，安装位置不应影响现场设备运行和人员正常活动。摄像机安装的高度，室内宜距地面 2.5~5m；室外宜距地面 3.5~10m，并不得低于 3.5m。

b. 电梯厢内的摄像机应安装在电梯厢顶部、电梯操作器的对角处，并应能监视电梯厢内全景。

c. 摄像机镜头应避免强光直射，保证摄像管靶面不受损伤。在镜头视场内，不得有遮挡监视目标的物体。

d. 摄像机镜头应从光源方向对准监视目标，并应避免逆光安装；当需要逆光安装时，应降低监视区域的对比度。

3.4　视频监控系统的相关标准

GB 50198—2011《民用闭路监视电视系统工程技术规范》

GB 50115—2009《工业电视系统工程设计规范》

GA/T 75—1994《安全防范工程程序与要求》

GB 50314—2015《智能建筑设计标准》

CECS 119—2000《城市住宅建筑综合布线系统工程设计规范 CECS 119∶2000》

GB 50311—2016《综合布线系统工程设计规范》

JGJ 16—2008《民用建筑电气设计规范（附条文说明［另册］）》

GB 50198—2011《民用闭路监视电视系统工程技术规范》

GB 14050—2008《系统接地的型式及安全技术要求》

GA 308—2001《安全防范系统验收规则》

GA/T 74—2017《安全防范系统通用图形符号》

GB 50303—2015《建筑电气工程施工质量验收规范》

GB 50093—2002《自动化仪表工程施工及验收规范》

GB/T 15411—1994《防爆应用电视总技术条件》

GB/T 13953—1992《隔爆型防爆应用电视设备防爆性能试验方法》

GB 3836《爆炸性气体环境用电气设备》

GA 27—2002《文物系统博物馆风险等级和安全防护级别的规定》

第 4 章

广播音响系统的设计与施工

4.1 广播音响系统概况

4.1.1 广播音响系统的主要形式

广播响系统可以归纳为以下几种形式：报告厅扩音系统、多功能厅音响系统、会议室系统、公共广播系统、客房广播系统。

1. 报告厅扩音系统

报告厅扩音系统一般采用低阻值直接传输方式，这是因为演讲或演出用的传声器与扩声用的扬声器同处于一个厅堂内，容易出现声反馈问题，所以这些场所使用的音响设备要求具有功率较大的特点。室内扩声系统是一种专业性较强的厅堂扩声系统，主要面向体育馆、剧场、礼堂等场所。室内扩声系统往往有综合性多用途的要求，不仅可供会场语言扩声使用，还可供文艺演出。对音质的要求很高，受建筑声学条件的影响较大。对于大型现场演出的音响系统，要用大功率的扬声器系统和功率放大器，在系统的配置和器材选用方面有一定的要求。

2. 多功能厅音响系统

该系统主要面向歌舞厅、宴会厅、卡拉 OK 厅。这种系统应用于综合性的多用途群众娱乐场所。由于人流多、杂声或噪声较大，故要求音响设备要有足够的功率；此外，较高档次的还要求有很好的重放效果，故也应配置专业音响器材。在设计时，要注意供电线路与各种灯具的调光器分开。对于歌舞厅、卡拉 OK 厅，还要配置相应的视频图像系统。

3. 会议系统

会议系统包括会议讨论系统、表决系统和同声传译系统。这类系统一般也设置由公共广播提供的背景音乐和紧急广播两用的系统，因有其特殊性，常在会议室和报告厅单独设置会议广播系统。对要求较高的国际会议厅，还需另行设计同声传译系统、会议表决系统以及大屏幕投影电视。会议系统广泛应用于会议中心、宾馆、集团公司、大学学术报告厅等场所。

4. 公共广播系统

公共广播系统采用定压式传输方式，系统中的广播用的传声器（话筒）与向公共广播的扬声器一般不处在同一个房间内，故无声反馈问题。主要功能包括背景音乐和紧急广播功能，平时播放背景音乐和其他节目；当出现紧急情况时，强切转换为报警广播。公共广播系统的特点是服务区域面积大、空间宽旷，声音传播以直达声为主。面向公众区的公共广播系统主要用于语言广播，这种系统往往平时进行背景音乐广播，在出现灾害或紧急情况时，可切换成紧急广播。如果扬声器的布局不合理，因声波多次反射而形成超过 50ms 的延迟，会引起双重声或多重声，甚至会出现回声，影响声音的清晰度和声像的定位。

5. 客房广播系统

这种系统由客房音响广播和紧急广播组成。正常情况时，向客户提供音乐广播，包含收音机的调幅（AM）和调频（FM）广播波段和宾馆自播的背景音乐等多个可供自由选择的波段，每个广播均由床头柜扬声器播放。在紧急广播时，客房广播强行中断，只有紧急广播的内容强切换到床头扬声器，使所有客人均能听到紧急广播。

4.1.2 广播音响系统的传输方式

广播音响系统可以划分为数字音频网络广播、定压广播、调频广播 3 种传输方式。

1. 数字音频网络广播

数字音频网络广播要想实现广播的功能和要求，就必须将音频数据放在网上进行传输、播放。网络音频广播由一台 IP 网络广播控制主机、一套广播软件或服务器软件，将音频文件以 IP 流的方式发送给远端网络终端，每台终端都应该有一个固定的 IP 地址及网络模块、一个专业数字音频解码装置（软件或硬件）、功放控制单元。

该种广播具有五个优点：

第一，网络广播从节目的制作到传输全部实现了数字化、网络化，系统信噪比高，可以获得比较好的音质，也可以进行立体声传输。

第二，实现智能广播较为容易，以太网本身就是一套双向网络。在以太网上通过软件可轻而易举地实现智能广播的定时、寻址、分组等功能。

第三，在网络速度允许的情况下，可实现多路广播。

第四，实现交互方式广播。

第五，管理方便。

该系统也具有一定的缺点。例如，对于数字音频文件的解压，必须是 PC＋专用软件或者专用解压芯片，且每台终端都必须有自己的 IP 地址，技术含量比较高，且价格昂贵。当前国内没有专业的芯片级开发商，只能用嵌入式微机＋专用解压芯片来解码，所以导致产品价较高。

2. 定压传输方式

定压传输广播一般传输距离是几十米到几百米，主要是基于功率信号进行传输，是先将音频信号直接放大，然后再降低。为降低线路传输损耗，通过升压变压器将其 $4\sim16\Omega$ 匹配阻抗变换到 100V 定压方式进行传输，传输到终端后降压转换到 $4\sim16\Omega$ 的扬声器上。定压传输方式具有技术成熟、结构简单、性能稳定、维护容易、终端便宜等优点，目前广泛应用在车站、码头、学校、商业与民用建筑中。但是，定压传输受线路的变压器带宽、扬声器尺寸、电缆线径等因素影响，频响范围在 200Hz～12kHz，失真度≤10％，无法实现立体声传输。节目容量小，不能寻址控制，一条线只能传输一套节目。音源基本上采用模拟音源，不能播放数字格式音频文件，不能实现自动播放、自动控制。定压广播都是按照功率匹配和阻抗匹配的原则进行设计的，系统扩充的容量十分有限。

3. 调频广播

调频广播采用调频调制的办法，将音频信号传输到高频载波上，用高频载波的频率变化描述音频信号变化。不同的载波频率可以同时搭载不同的音频节目，我国将 87～108Hz 划分为调频广播频段。现阶段我国城市广播、闭路广播都采用 FM 调频广播的方式。

调频广播可与有线电视共缆传输。调频广播具有频响宽、高音丰富、抗干扰能力强、失真小、技术成熟、节目容量大、配套器材价格低廉、可兼容性好、可扩展性好等优点，并可进行立体声传输。调频广播的带宽是 16kHz，这一频段内可以同时传输 60 多套调频广播节目，可以满足多分区同时广播的要求。调频广播的音频范围为 30Hz～7kHz，失真度≤0.7％。但是，调频广播是基于弱信号方式传输，每个接收设备必须是有源设备，即每个音箱及终端必须外接 220V 电源。

4.1.3　广播音响系统的结构

广播音响系统由节目源设备、信号的放大和处理设备、传输线路和扬声器系统四部分组成。

1. 节目源设备

相应的节目源设备有 FM/AM 调谐器、电唱机、激光唱机和录音卡座等，此外还包括传声器（话筒）、电视伴音（包括影碟机、录像机和卫星电视的伴音）、电子乐器等。

2. 信号放大和处理设备

信号的放大就是指电压放大和功率放大，其次是信号的选择受理，即通过选择开关选择所需要的节目源信号。

3. 传输线路

对于厅堂扩声系统，由于功率放大器与扬声器的距离不远，采用低阻大电流的直接馈送方式。对于公共广播系统，由于服务区域广、距离长，为了减小传输线路引起的损耗，往往采用高压传输方式。

4. 扬声器系统

（1）扬声器的分类。扬声器是"能将电信号转换成声信号并辐射到空气中的电声换能器"，一般称之为喇叭。在弱电工程的广播系统中有着广泛的使用。由于使用场合、研究角度不同，对扬声器的分类方式有按辐射方式分类、按组合方式分类、按换能方式分类、按振膜方式分类、按用途分类和按工作原理分类。下面对扬声器的分类方式分别进行介绍。

① 按辐射方式分类。扬声器按辐射方式分类一般分为直接辐射式扬声器（该扬声器特点是振膜直接向空气中辐射，效率比较低）、号筒式扬声器（该扬声器振膜经号筒辐射声波。此扬声器效率较高，多用于扩声类扬声器）、耳机和海尔式扬声器。

② 按组合方式分类。扬声器按组合方式分类可分为单纸盆扬声器、组合纸盆扬声器、组合号筒扬声器、同轴复合扬声器，其中组合号筒扬声器可分为两分频扬声器、三分频扬声器和多分频扬声器。

③ 按换能方式分类。在扬声器中使用电声换能器有两类：可逆换能器、不可逆换能器。可逆换能器包括电动式、电磁式和静电式，不可逆换能器包括放电式和气流调制。

④ 按振膜形式分类。扬声器按振膜形式分类可分为纸盒式（单纸盒、双子盒）、球顶式（硬球顶、软球顶）、带式和平板驱动式。

⑤ 按用途分类。扬声器按用途分类可分为高保真、监听、扩声、影视、收音机用、报警用扬声器以及水中扬声器、汽车扬声器。

⑥ 按工作原理分类。扬声器按工作原理分类可分为电动式、电磁式、静电式、压电式、离子式、火焰式、气流式和磁致失真式。

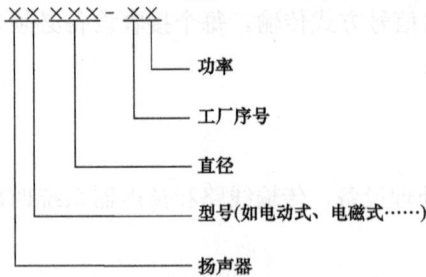

图 4-1 扬声器型号命名方式

（2）扬声器的型号命名方法。对于扬声器型号命名，国外的公司都是自成体系的，国内有严格的规定，如图 4-1 所示。

（3）扬声器的选用。在工程建设中，对扬声器的选用，有人主张用数字扬声器。数字扬声器还处于研究过程中，目前的研究成果仅仅证明数字扬声器是可以实现的。数字扬声器离真正实用化、商品化还有一段不短的距离，尚没有动摇和取代现在扬声器的迹象，正等待进一步的突破。

① 监听扬声器应用场合及性能要求。在工程建设中监听扬声器应用的场合较多，如监狱、看守所、银行、公安、娱乐、广播等。一般说来，以工程角度分为两种；一种是监听节目声音质量的扬声器（是一种高质量、高标准、高档次的高保真扬声器）；另一种是监听（复核）动静的扬声器（是一种声音清晰度高的扬声器）。

无论是监听节目还是监听复核使用的扬声器，在性能要求上要具有以下几点：

a. 最大输出声压级。在监听节目和监听复核时，一般要重放声与原声的声压级一致，否则在节目方面就得不到高低音的平衡或各音乐声的平衡感。要求在 1m 处监听扬声器有 110dB 的声压级；监听复核扬声器在 1m 处应有 80dB 以上的声压级。

b. 耐输入能力。要求有大的输出声压级，就要加大输入功率和提高扬声器的灵敏度。由于扬声器的灵敏度提高必然会影响失真，因此扬声器灵敏度不能过高。监听用的扬声器必须有很高的可靠性。耐输入功率的实际数值应为额定输入功率的 2 倍。

c. 失真率要小。

d. 输出声压频率尽可能平直。

② 高保真扬声器。高保真是指"用于评价高质量放声系统，如重现原有声源特性的术语，它力求准确而如实记录或重放节目的原有特性并在主观上不引起可分辨的畸变感觉"。高保真扬声器的性能要求如表 4-1 所示。

表 4-1   **高保真扬声器的性能要求**

阻抗曲线	在 20Hz～20kHz 频率范围内，阻抗模值的最低值不应小于额定阻抗的 80%
频率特性	在 50Hz～12kHz 频率范围内频率响应曲线不均匀度应符合规范的要求；若频率范围超过 50Hz～12kHz，仍可用＋4～－80dB 为允许差范围
有效频率范围	最低要求为 50Hz～12.5kHz
指向性响应	指向性指水平、垂直指向性，在 250Hz～8kHz 频率范围内，偏差在 4dB 以内
幅度/频响差	在 250Hz～8kHz 频率范围内，立体声左、右扬声器平均声压不大于 2dB
总谐波失真	(1) 在 250Hz～8kHz 频率范围内，失真小于或等于 2%。 (2) 在 1～2kHz 频率范围内，相对于对数频率坐标以小于或等于 2%线性下降 (3) 在 2～6.3kHz 频率范围内，失真小于等于 1%
高保真扬声器与监听扬声器的对比	(1) 高保真扬声器需要有修饰与美化的作用；监听扬声器需要如实地反映音乐的好坏 (2) 高保真扬声器更注重临场感，监听扬声器要求有适当的声像分解能力 (3) 高保真扬声器对造型、外观更为重视，监听扬声器对可靠性要求高 (4) 高保真扬声器着重左右的一致性，监听扬声器要求同一型号有很好的一致性

4.1.4 广播音响系统的相关国家标准

GB/T 17975.3—2002《信息技术 运动图像及其伴音信号的通用编码 第 3 部分：音频》

GB/T 4311—2000《米波调频广播技术规范》

GY/T 208—2005《广播电视高塔供电、防雷、给排水、通风和消防系统运行维护规程》

GY/T 206—2005《采用多音信号对调频广播进行测量的方法》

GY/T 205—2005《广播实况转播节目传输通路技术规范》

GY/T 202.1—2004《广播电视音像资料编目规范 第 1 部分：电视资料》

GY/Z 199—2004《广播电视节目资料分类法》

GY/T 196—2003《调频广播覆盖网技术规定》

GY/T 193—2003《数字音频系统同步》

GY/T 179—2001《广播电视发射台运行维护规程》

GY/T 178—2001《中、短波大馈线运行维护规程》

GY/T 176—2001《中、短波广播效果监测技术规程》

GY/T 169—2001《米波调频广播发射机技术要求和测量方法》

GY/T 168—2001《广播音频数据文件格式规范—广播波形格式（BWF）》

GY/T 154—2000《调频同步广播系统技术规范》

GY/T 142—1999《米波分米波地面电视广播监测技术规程》

GY/T 106—1999《有线电视广播系统技术规范》

4.1.5 广播音响系统设备介绍及相关配置

1. 调谐器

调谐器分为调幅调谐器和调频调谐器，调幅调谐器接收调幅（AM），调频调谐器接收调频广播信号（FM）。调谐器由高频放大器、本地振荡器、混频器、中频放大器、检波器组成。在不同场合选择不同的检波器：对调幅（AM）使用幅度检波器，对调频接收机使用频率检波器。

调谐器的技术性能分为两类：一类是调谐器选择电台的能力，例如灵敏度、选择性和捕获率；另一类是输出信号的保真度，例如谐波失真、信噪比和立体声分离度。

调谐器的性能直接影响音响设备的质量，在工程中选用时要考虑灵敏度、50dB 静噪、信噪比、捕获率、频率响应、立体声分离度、静噪阀、频抑制、中频抑制、假响应等因素。灵敏度的数值越低，效果越好。50dB 静噪的信号强度越低，性能就越好。信噪比以 S/N 表示的，S/N 比值越高越好，立体声大于 65dB。捕获率有时也称为选择性，它是在指定频率电台的影响下的工作能力，捕获率的数值越低越好。频率响应适当频率调制范围在 30Hz～15kHz 范围内进行的，频率响应的数值越低越好。立体声分离度是表示调谐器立体声解码器能够把左声道和右声道进行隔离的程度，它的值越大越好。

2. 前置放大器

前置放大器的任务是把各种弱信号进行放大，一般考虑的因素有音量控制、音调控制、响度控制、带宽控制。

3. 传声器

传声器也称为送话器、微音器、麦克风或话筒，它是将声音转换成信号的换能器。考虑的因素有频响（频率响应）、灵敏度、阻抗、方向性、信噪比。影响性能的参数有频率范围、额定频响、瞬态特性。灵敏度是声电转换能力的重要参数，其特性有开路灵敏度、有载灵敏度、声场灵敏度、电压灵敏度。传声器的阻抗分为输出阻抗和负载阻抗。输出阻抗为内阻，其值越小越好。负载阻抗即输入阻抗，其值越大越好。方向性也称指向性，表现为单向性、全向性和双向性。

传声器应用非常普遍，有线的、无线的品种也很多，应用时应结合其特点和条件才能取得满意的效果，在工程中要注意在不同应用场合选择不同的传声器。

（1）语音节目。像会议、码头、车站、广播、新闻频道、朗诵、电影对白等属于语音节目。如果环境条件差、嘈杂声大，应选择清晰度高、可靠性好、频响为 300～800Hz 单向型窄频带动圈式传声器。如果是报告会需要反映会场气氛时，可选择全向性窄频带动圈式传声器。如果是声音扩散、噪声等较好环境，使用者与传声器之间的距离稳定（30～50cm），要能够准确反映频响效果，可选择中等灵敏度的传声器。

（2）文艺节目的录制。文艺节目的录制对传声器要求高，选择时应注意：如果是通俗唱法，可选用声压级较高的近讲动圈式传声器；如果是美声或民歌唱法，可选用电容式传声器；如果是歌舞、乐器演奏时的录制，可选用高保真频响在 40～160Hz、最高声压级至少在 120dB、本底噪声级可在 20dB 以下电容式传声器。

（3）实况录制。远距离操作可选用单向型电容传声器，足球等球赛节目应选用超指向型传声器；近距离操作可选用灵敏高的电容传声器。

（4）家用传声器的选择。家用传声器一般选用驻极体电容传声器。

（5）无线传声器。无线传声器按接收方式可分为单接收机单频道接收型、单接收机多频道接收型、双接收机单频道接收型和双接收机多频道接收型，按载波频率可分为 FM 型（调频波段 88～108MHz）、VHF 型（低频段 30～50MHz，高频段 150～250MHz）和 UHF 型（低频段 300～600MHz，高频段 700～1000MHz），按振荡回路方式可分为调谐振荡回路式、石英晶体控制电路式和锁相环频率合成式。

4. 电唱机

电唱机是利用机械方法进行声音信号记录的。它由电唱盘、音臂、拾音头、唱针和附件组成。

5. 录音机

录音机应用的场合多，品种也多，但从总体上讲，分为盘式和盒式两类录音机。盘式录音机又分为台式、立式、便携式。盒式录音机又分为单声道、双声道、立体声。在技术和性能指标方面，由于品种多，各种性能指标也多，从工程角度认为比较重要的指标有信噪比、频率响应、谐波失真、抖晃率、灵敏度和选择性。

磁带录音机是利用磁带进行录音和放音的电声设备，它是一种常用的节目源设备。磁带录音机进行选择时主要考虑外观、机械性能、音质性能、收音效果四方面因素。录音机的外观应美观大方、式样新，机壳塑料电镀件的表面应光滑无毛刺、机壳平整、无裂缝、无硬物划伤的痕迹和无机械性的损伤。录音机上的各种按钮、旋钮和插座要便于操作。机械性能要考虑操作性能、抖晃率、带速误差。音质性能要考虑录音性能、放音性能、声道平衡、串音检查、检查立体声录音机声道、检查伴音效果。有意识地选择高、中、低端频率的电台，观察其频率和频率覆盖面、灵敏度、选择性、失真度是否满足收听要求。

6. 激光唱机

激光唱机也称为 CD（Compact Disc）唱机，它是光电结合的产物。激光唱机具有电声指标高、面板按键和遥控操作的功能的特性。电声指标高表现在信噪比高（一般在 90～130dB 范围内）、动态范围大、分离度好、失真度小、频率范围、抖晃率小。

激光唱机按技术性能分为 A、B、C 3 级，各等级激光唱机的电性能如表 4-2 所示。

表 4-2　　　　　　　　　　各等级激光唱机电性能指标

序号	项目	性能等级		
		A	B	C
1	基准输出电压	2V±1.7dB	2V±3dB	2V±3dB
2	1kHz 通道不平衡度	≤0.8dB	≤1.2dB	≤1.5dB
3	串音（L-R，基波）	≥95dB（1kHz）	≥85dB（1kHz）	≥70dB（1kHz）
		≥90dB（125Hz～10kHz）	≥75dB（125Hz～10kHz）	≥60dB（125Hz～10kHz）
4	频率响应	±0.5dB（4Hz～20kHz）	±1.5dB（16Hz～20kHz）	±3.0dB（31.5Hz～16kHz）

序号	项目		性能等级		
			A	B	C
5	去加重频率响应		±0.5dB（125Hz～16kHz）	±2.0dB（125Hz～16kHz）	±3.0dB（125Hz～16kHz）
6	信噪比		≥100dB	≥90dB	≥80dB
7	动态范围		≥95dB（1kHz）	≥85dB（1kHz）	≥75dB（1kHz）
8	失真加噪声		≤−100dB（1kHz）	≤−80dB（1kHz）	≤−60dB（1kHz）
			≤−90dB（31.5Hz～20kHz）	≤−70dB（31.5Hz～20kHz）	—
9	互调失真		≤−80dB	≤−60dB	≤−50dB
10	频率误差		±0.005%	±0.01%	±0.02%
11	通进间相位		1°	—	
12	位读取时间	短	2.0s	2.5s	5.0s
		长	2.5s	4.0s	10.0s
13	电平非线性		±1dB	±4dB	—
14	最大功耗		由产品标准规定		

激光唱机选择时考虑的因素如下：

（1）普通型。普通型结构简单、操作功能较少、价格便宜，适应一般家庭使用。

（2）专业型。专业型具有节目检索的精度高，控制功能齐全、音像质量好。能够直接输出数字信号，应用于要求很高的娱乐场所。

除了上述两种类型外还派生出兼容型、组合型、伴唱型、自动换电型、专用型、录放型等。选择时考虑因素有电气性能、功能发挥、性价比。电气性能要注意频率响应、信噪比、动态范围、失真度、抖晃率。功能发挥一般表现在 CD 功能和卡拉 OK 功能。工程中常用的激光唱机有 CD（Compact Disc）唱机、DAT（Digital Audio Tape recoder）数字化唱机、DCC（Digital Compact Cassette）数字化盒式磁带录音机、MD（Mini Disk）唱机，对于这 4 种激光唱机选择时要考虑性价比。

7. 耳机

耳机也称为听筒，是音频电信号转换成声波的设备。它的种类很多，如果按换能原理来分，有电磁式耳机、电动式耳机、电压式耳机、静电式耳机；如果按传导方式分，有全导式耳机和骨导式耳机；如果按使用方式来分，有头戴式耳机、插入式耳机、耳挂式耳机；如果按性能来分，有密闭式耳机、半开放式耳机、全开放式耳机；如果按结构来分，有高阻耳机、低阻耳机。耳机的主要性能体现在频率响应、灵敏度、额定阻抗、功率、工作电压、互调失真。

8. 调音台

调音台是播控中心的重要设备，用以传送、处理和分配音频信号、监听输出通道等。调音台有多种，可分为 4 种类型，按节目种类可分为音乐台和语音台，按使用场合可分为携带式调音台和固定式调音台，按输出方式可分为单声道调音台、双声道调音台、立体声调音台、四声道调音台和多声道调音台，按信号处理方式可分为模拟式调音台和数字式调音台。

调音台的功能主要考虑以下 5 点：

（1）电平及阻抗分配，设计时输出阻抗应为负载阻抗的 1/5。

（2）信号放大与频率均衡。

（3）动态处理。

（4）信号分配与混合。

（5）提供特殊效果。

由于场所、对象不同，对调音台的功能要求和规模也不同，实际应用中使用的产品有同期对白台、后期配音台、外景调音台、外出调音台、音乐台、转录台和混录台等。对于上述的产品规格和用途如表 4-3 所示。

表 4-3　　　　　　　　　　　调音台的名称、规格和用途

名称	工作场所	形式	路数	声道	用途
同期对白台	摄影棚	可移动	2～4	1～2	同期对白效果录音
后期配音台	对白效果棚	半固定	4～5	1、2、4	配音
外景调音台	外景同期现场	便携式	2～4	1～2	外景对白效果录音
外出调音台	剧场或排演厂	便携式	6～12	2	外出录制音乐
音乐台	音乐录音棚	固定式	12～36	2～24	音乐录音
转录台	转录室	半固定	4～6	1～4	转录混合
混录台	混录棚	固定式	6～24	2～4	混合录音

调音台是专业音响系统的中心控制设备，它的任务是对各种输入信号进行匹配放大、混合、处理和分配控制等。调音台选择时要考虑的因素：

（1）满足使用功能要求。由于扩声系统的规模不一，节目内容和音响效果要求各不相同，必须根据系统的要求配置相应功能和档次的调音台。

调音台的输入通道和输出通道的数量除了能满足正常工作需要外，还要考虑若干数量的备用通道，以适应系统扩充、临时增加和工作备份的需要。根据系统使用的周边设备的类型和数量确定必需的辅助输出（AOX）的数量和需要的特种输入功能。

（2）优良的技术性能指标。调音台是在微弱输入信号电平上工作，容易引入噪声和交流噪声，其等效输入噪声电平特别小。

第一个主要技术参数是调音台的等效输入噪声，一般的调音台应小于 126dBμ，好的调音台达到 −130～−129dBμ 的水平。

第二个主要技术参数是调音台的增益，必须具有 60dB 的电压增益，好的调音台具有 70dB 的电压增益。

第三个主要技术参数是输出电平的动态余量，一般调音台的动态余量为 15dB，好的调音台达到 20dB 以上。

第四个主要技术参数是通道之间的串音。一般要求能大于 80dB。

第五个主要技术参数是完善的操作指标系统，能正确指示调音台各部分的工作状态。

（3）操作使用方便。调音师的操作通过各种电位器和切换按钮进行，各通道的主音量推子电位器操作更是频繁。因此操作方便、维护简单是选择调音台的重要条件。

（4）最好的性价比。在购买调音台时，要充分考虑调音台的功能、技术特性和优良

的音质，必须以其性价比来全面衡量。

9. 功率放大器

向负载提供信号功率的放大器称为功率放大器，它的作用是对前置放大器输出的音频电压信号进行放大。功率放大器正常工作时，信号电压和电流都比较大。一般内部由三部分组成：①接收前置放大器送来的输入信号的输入级；②产生输出电流的功率放大级；③驱动功率放大级的驱动级。

选择功率放大器时可考虑以下方案：

（1）低频部分可占所需总功率的 2/3。

（2）中频可占所需总功率的 1/3。

（3）高频作为附加部分约占总功率的 1/3。

具体考虑的技术指标有如下几点：

（1）输出功率。

额定输出功率：在一定的谐波失真指标内，功率放大器输出的最大功率。

最大输出功率：功率放大器所能输出的最大功率称为摄大输出功率。

音乐输出功率：功率放大器工作于音乐信号时的输出功率，在输出失真度不超过规定值的条件下，功率放大器对音乐信号的瞬间最大输出功率。

峰值音乐输出功率：将功率放大器的音量和音调电位器调至最大时，功率放大器所能输出的最大音乐功率。峰值音乐输出功率不仅反映了功率放大器的性能，还反映了功率放大器直流电流电源的供电能力。

（2）频率响应。

幅度频率响应：功率放大器的工作频率范围及幅度是否均匀和不均匀的程度。例如，某一高保真功率放大器的工作频率范围及不均匀度表示为：20Hz～50kHz，±1dB。

相位频率响应：功率放大器输出信号与原有信号中各频率之间相互的相位关系。

家用功率放大器的频响范围：20Hz～20kHz。

专用功率放大器的频响范围：0～40kHz。

高级功率放大器的频响范围：0～80kHz。

（3）谐波失真。谐波失真与频率有关。通常在 1000Hz 附近，谐波失真量较小；在频响的高低端，谐波失真量较大。谐波失真还与功率放大器的输出功率有关，当接近额定最大输出功率时，谐波失真急剧增大。一般的功率放大器的谐波失真小于 0.1%，优质功率放大器的谐波失真在 0.03%～0.05% 之间。

（4）信噪比。信噪比是功率放大器放输出的各种噪声电平与输出信号电平的比值。信噪比值越高，说明功率放大器的噪声越小，性能越好。一般要求在 50dB 以上，优质功率放大器在放唱片时的信噪比大于 72dB。

10. 频率均衡器

频率均衡器在音频信号处理或设备系统中，利用滤波处理方式对放大器频率响应进行调整，减小信号畸度，使得音频频段内频谱得以平衡。

频率均衡器的品种很多，如果按用途可分为相位均衡器和幅度均衡器。在工作中常用的有相位均衡器、搁架形均衡器、峰谷形均衡器、图示均衡器、房间均衡器、参数均衡器、实用均衡器和高保真均衡器等。

选择频率均衡器时应参照的要素有：

（1）对音响有一定的主观评价能力。

（2）调节房间声学特性，控制声反馈。

（3）最佳频点的调整。

（4）能够熟练地掌握声源音域。

（5）作音调控制，美化音色。

11.　压缩器和限幅器

压缩器和限幅器简称压限器。压缩器实际为可变增益放大器，弱信号时按正常增益放大，当输入信号达到某一额定值时增益减小。限幅器则不同，不管输入电平如何变化，必须使输出恒定，来防止强信号使放大器过载。压缩器和限幅器有以下几种用途：

（1）限制了音乐信号中极大的峰值信号，保护功率放大器和扬声器系统免受损坏。

（2）使扩声系统获得更大的声音增益。使节目信号中其他幅度较小的信号可得到充分的提升。

（3）使节目中的小信号不会落到传输通道的底部噪声中去，提高了节目信号的信噪比。

（4）在多话筒扩声系统中，利用噪声门的作用，可自动开放讲话话筒/关闭没有使用的话筒，提高了系统的传声增益。

（5）通过对压限器四个参数（门槛电平、压缩比、动作时间和释放时间）适当调整，产生特殊的音响效果。

压限器的众多用途，使它越来越被人们重视并被广泛采用，前景十分看好。但如果对门槛电平、压缩比、动作时间和释放时间调整得不恰当，其结果会适得其反。如何选好、用好这四个参数是关键。

① 门槛电平：压缩器的门槛电平是不受压缩影响的最高输入信号电平。门槛电平以上的信号会受到增益减小的压缩，一般的可调范围是 $-40\sim+20$dB。

② 压缩比：压缩比是一种增益减小的量度。2∶1 的压缩比是指输入信号超过门槛电平时若输入信号增加 2dB，允许输出电平仅增加 1dB。

③ 动作时间：发生信号过载时，压限器需经多长时间才能控制信号，这段时间称为动作时间。它的调节范围在 $10\sim500$ms 之间。快的动作时间会产生"咯哒"声，慢的动作时间会使过多的过载峰值信号通过而不能保护设备免受冲击。

④ 释放时间：过载信号结束后，压限器需要用多长时间才能消除控制信号。释放时间是影响音质的一项重要参数，一般调节范围是 100ms～3s；释放时间太短时，会使声音发生不连贯和增加信号失真。如果释放时间太长，限幅器会发生短暂的呼吸声。但释放时间越长，产生的信号失真越小。

12.　延迟器和混响器

混响是与回声紧紧联系在一起的，当声源停止发音时，由于边界面或障碍物使声波多次反射，或散射产生延续的效果成为混响。混响会使音频信号性质得到改善，主观听觉感到自然、丰满。目前常用混响设备有磁混响器、钢板混响器、金箔混响器、弹簧混响器、电子混响器、多功能混响器和适用时混响器等。

延迟就是滞后的意思，延迟器主要用于多轨录音的后期制作，与声音场中声音传播的状态密切相关。不同节目形式延迟时间的经验数据如表 4-4 所示。

表 4-4　　　　　　　　　　不同节目形式的延迟时间　　　　　　　　　　（ms）

节目形式	延迟时间
唱诗班合唱	120
大型管弦乐	30～35
戏曲	40～60
独唱	15～20
吹奏乐	50～70
中小型管弦乐	20～25
曲艺	30～50
广播剧特殊效果	1～300

延迟器的作用是将声音信号延迟一段时间再传送出去，混响器的作用是调节声音的混响效果。延迟器和混响器都是用电子技术方法对声音进行加工，产生人为的立体声效果和混响效果的设备。延迟器和混响器在扩声系统中的应用如下：

（1）提高扩声系统的清晰度。在扩声系统中，用来消除回声干扰，提高扩声系统的清晰度。在一个较大的厅堂中，除原声声源外，还设有不少扬声器箱，各扬声器箱与听众的距离不同，后排的听众首先听到最靠近的后场扬声器箱发出的声音，然后听到前场扬声器箱发出的声音，最后还可能听到来自舞台上传来的原始声。这几种不同时间到达后排听众的声音，若时间差大于 50ms，则会破坏声音的清晰度。如果在后排功放之前加入一个延迟器，并精确地调整延迟量，就能使前后场扬声器箱发出的声音同时到达后排听众，从而获得好的声音清晰度。

（2）延迟器和混响器混合使用。延迟器和混响器混合使用时，利用延迟器来产生早期反射声的效果，再加上混响器产生的混响声，可获得室内声场中的混响声，然后再通过调音台与输入的原始声混合。只要把它们三者之间的比例调整恰当，就可使原来比较单调的原始声获得像在音乐厅那样的演出临场感效果。

4.2　厅堂扩声音响系统及其设计

4.2.1　声场的传播

在音乐声学设计中讨论的是近场、远场、室内声场。

（1）近场。近场也称菲涅尔区（Fresnel Zone），它指的是声源附近区域。在此区域内声场设定的最大直径为 d，波长为 λ，延场的区域为

$$r \leqslant \frac{d^2}{\lambda}$$

（2）远场。远场也称费朗和费区，它是指均匀、各向同性媒质远离声源的区域，远场区范围为

$$r \leqslant \frac{d^2}{\lambda}$$

声源产生的声波通过媒质向周围自由场辐射时，声源四周均称声场。

（3）室内声场。室内声场主要包括直达声、近次反射声、混响时间、反射板、扩散体和吸声体在场内的布置、噪声干扰的抑制措施等。在室内，声音传播形成的声场比较复杂。房间对声音的主要影响有：①引起一系列的反射声；②由房间的共振或声聚焦引起室内声音在某一频率的加强或减弱；③使室内空间声场的分布发生变化。

室内的声波以球面波方式向四周传播扩声。当声波传播到周围墙面时，就会被反射，先后到达听众耳朵的声音由直达声、近次反射声和混响声三部分组成。

① 直达声。直达声是由声源直接传播到达的声音，它是声音最主要的信息。在传播过程中，直达声不受室内界面的影响，直达声的声强按离声源距离的平方成反比衰减。

② 近次反射声。近次反射声是指在直达声之后 50ms 内到达的反射声。这些短延迟的一次、二次和少数三次反射后到达的声波对直达声起到加强的作用，使人感觉到空间的大小和声音的洪亮效果。近次反射声与直达声之间的时间间隔代表房间空间的大小。近次反射声和直达声对于人耳来说是难以分开的。

③ 混响声。混响声是在近次反射声后陆续到达的、经过多次反射的声音。声波每反射一次，其能量就衰减一次，混响声的衰减率与周围界面对声音吸收的能力有关。通常用混响时间 T_{60} 来表示，即声源停止发声后，室内声压级衰减 60dB 所需的时间，单位为 s，与声波的频率有关。混响时间对音质有着重要的影响，T_{60} 太大时会使声音拖尾，T_{60} 太小时会使声音发干。

4.2.2　音质设计要求

音质的评价包括主观、客观两个方面，最终要看是否满足使用者的听音要求。音质设计的总体要求有以下几个方面：

（1）有合适的响度。合适的响度是音质设计的基本要求，与响度密切相关的客观指标是声压级。对于语言声，要求声压级在 $50 \sim 55$dB 之间，信噪比 $\geqslant 10$dB；对于音乐声，要求声压级在 $75 \sim 96$dB 之间。

（2）丰满度和清晰度之间有适当的平衡。语言和音乐都要求声音清晰，而语言的声音清晰度要求较高，音乐则要求更高的丰满度。与此密切相关的物理指标是混响时间。如果混响时间过长，则导致清晰度下降；如果混响时间过短，会影响丰满度。对于以语言声为主的演讲厅，混响时间为 1s 左右；对于以听音乐为主的音乐厅，混响时间为 $1.5 \sim 2$s。

（3）具有良好的音质。音质设计时要考虑具有良好的音质，即低音、中音、高音要适度平衡，不失真。与此相关的物理参量主要是混响时间的频率特性。用于语言清晰度

为主的演讲室需用较短的混响时间，并采用平（或接近平直）的混响时间频率特性；用于音乐演出的厅堂需用较长的混响时间，混响时间频率特性曲线采用中音、高音平直，低频高于中频，就可使演唱和音乐富有低音感，起到美化音色的作用。

（4）低噪声。室内外的噪声都会对听音有妨碍。连续的噪声，尤其是低频噪声会掩蔽语言和音乐；不连续出现的噪声会破坏室内的气氛。所以要尽最消除干扰，并控制在允许的范围内。

（5）具有一定的空间感。对于音乐厅，要求观众厅的侧墙距离不要过大，侧墙宜修建成坚硬的声反射面或布置专用反射板。最好使反射声在垂直于听众两耳连线的中间成 $\pm(55°\pm20°)$ 的角度范围内到达听众。对于室内立体声，由于立体声的空间感是由扬声器组经立体声效果处理后提供的，故对室内声学的要求有所不同。

室内音质设计的具体要求如下：

（1）混响时间。设计时，以 1000Hz 时 T_{60} 值为参考点，推荐值为：

① 多声道录音室为 0.3～0.4s。

② 试听室（听音评价房间）为 0.4～0.5s。

③ 企事业单位礼堂（兼顾语言、音乐）为 0.8～1.1s。

④ 一般家庭 0.4～0.6s。

混响还与空气吸声系数、混响时间有关，如表 4-5 和表 4-6 所示。

表 4-5 　　　　　　　**空气吸声系数的 4m 值（室温 20℃）**

频率（Hz）	室内相对湿度（%）				
	30	40	50	60	70
1000	0.005	0.004	0.004	0.004	0.003
2000	0.012	0.010	0.010	0.009	0.009
4000	0.038	0.029	0.024	0.022	0.021
6300	0.084	0.062	0.050	0.43	0.040
8000	0.120	0.095	0.077	0.065	0.057

表 4-6 　　　　　　　　　　　**混响时间推荐值（500Hz）**

厅堂用途	混响时间（s）
电影院、会议厅	1.0～1.2
立体声宽银幕电影院	0.8～1.0
演讲、戏剧、话剧	1.0～1.4
歌剧、音乐厅	1.5～1.8
多功能厅、排练室	1.3～1.5
声乐、器乐练习室	0.3～0.45
电影同期录音摄影棚	0.8～0.9
语言录音（播音）	0.4～0.5
音乐录音（播音）	1.2～1.5
电话会议、同声传译室	小于 0.4
多功能体育馆	小于 2
电视、演播室、室内乐	0.8～1

（2）本底噪声。

① 演播室≤25dB（A）［（A）表示总吸声］。

② 影剧院≤35dB（A）。

③ 会议室≤40dB（A）。

④ 居民区：白天≤55dB（A），夜间≤45dB（A）。

如果本底噪声高，可采用隔声、隔振办法或在室内铺一定吸声材料进行吸声。

4.2.3　吸声材料

常用的吸声材料有多孔吸声材料。多孔吸声材料包括纤维材料和颗粒材料。纤维材料有：玻璃棉，超细玻璃棉，矿棉等无机纤维及其毡、板制品，棉、毛、麻等有机纤维织物。颗粒材料有膨胀珍珠岩、微孔砖等板、块制品。

多孔吸声材料一般有良好的中高频吸声性能。通常，多孔材料的吸声能力与其厚度、容重有关，随着厚度增加，中低频吸声系数显著增加，高频变化不大。增加材料的密度也可以提高中低频吸收系数，但比增加厚度的效果小。因此在使用同样材料时，宁愿采用结构密度松散、厚度大的多孔材料。

多孔材料背后有无空气层，对吸声性能有重要影响。其吸声性能随着空气厚度的增加而提高。

帘幕也是一种很好的多孔吸声材料，就吸声效果而言，丝绒最好，平绒次之，棉麻织品再次，化纤类帘幕最差。通过调节帘幕与墙面或玻璃的间距可调节吸声效果。

4.2.4　厅堂扩声系统的分类

厅堂扩声系统的种类很多，可以按照工作环境、声源性质、工作原理、扬声器布置方式等进行分类。

（1）按工作环境分类。按工作环境可将扩声系统分为室外扩声系统和室内扩声系统两类。

① 室外扩声系统。室外扩声系统的特点是反射声少，有回声干扰，扩声区域大，条件复杂，干扰声强，音质受气候条件影响等。

② 室内扩声系统。室内扩声系统的特点是对音质要求高，有混响干扰，扩声质量受建筑声学条件影响较大。

（2）按声源性质分类。按声源性质可将扩声系统分为语言扩声系统、音乐扩声系统、语言和音乐兼用的扩声系统。

（3）按工作原理分类。按工作原理可将扩声系统分为单通道系统、双通道立体声系统和多通道扩声系统。

（4）按扬声器布置分类。按扬声器布置方式可将扩声系统分为集中布置方式、分散布置方式和混合布置方式。

扬声器各种布置方式的特点和设计考虑如表 4-7 所示。扬声器的布置是电声系统设计的关键，它与建筑处理的关系也较密切。室内扬声器的布置要考虑到观众席上的声场分布是否均匀,多数观众席上的声源方向感觉是否良好,即声像一致性好,是否有良好的声反馈抑制能力,避免产生回声干扰。

表 4-7 扬声器各种布置方式的特点和设计考虑

布置方式	扬声器的指向性	优缺点	适用场合	设计注意事项
集中布置	较宽	(1) 声音清晰度好 (2) 声音方向感好且自然 (3) 有引起啸叫的可能性	(1) 设置舞台并要求视听效果一致者 (2) 受建筑体型限制不宜分散	应使听众区的直达声较均匀,并尽量减少声反馈
分散布置	较尖锐	(1) 易使声压分布均匀 (2) 容易防止啸叫 (3) 声音清晰度容易变差 (4) 声音从旁边或后面传来,有不自然感觉	(1) 大厅净高较低、纵向距离长或大厅可能被分隔几部使用 (2) 厅内混响时间长,不宜集中布置	应控制靠近讲台第一排扬声器的功率,尽量减少声反馈;应防止听众区产生双重声现象,必要时采取延时措施
混合布置	主扬声器应较宽,辅助扬声器应较尖锐	(1) 大部分座位的声音清晰度好 (2) 声压分布较均匀,没有低声级的地方 (3) 有的座位会同时听到主、辅扬声器两方向来的声音	(1) 跳台过深或设楼座的剧院等 (2) 对大型或纵向距离长的大厅堂 (3) 各方向均有观众的视听大厅	应解决控制声程差和限制声级的问题;必要时应加延时措施,避免双重声现象

集中布置方式是在观众区的上方或左右两侧设置指向性较强的扬声器组合,使扬声器组合中的各扬声器的主轴线分别指向观众区的中部和后部。这是剧场、礼堂及体育馆等常采用的布置方式。其优点是声能集中,直达声强,清晰度高,观众的方向感好,声像较一致。

分散布置方式适用于面积很大、天花板很低的厅。这种方式可使声场分布非常均匀,观众听到的是距离自己最近扬声器发出的声音,所以方向感不佳。如果设置延迟器,将附近的扬声器的发声推迟到一次声源的直达声到达之后,方向感可以明显改善。扬声器分散布置覆盖区域的计算如图 4-2 所示。

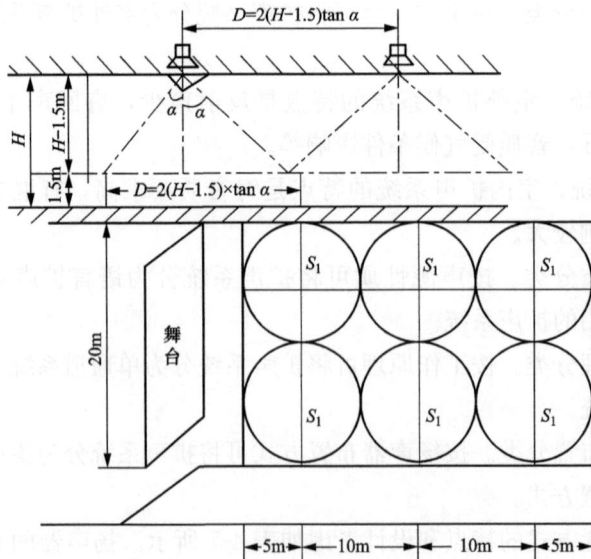

图 4-2 天花板扬声器的覆盖区计算

图中计算公式为

$$D = 2(H - 1.5)\tan\alpha \text{(m)}$$

式中：H 为天花板的高度；α 为扬声器的覆盖角。

扬声器的覆盖区面积 S_1 的计算公式为

$$S_1 = \frac{\pi D^2}{4} = 0.785[2(H - 1.5)\tan\alpha](\text{m}^2)$$

在集中式供声的剧场中，扬声器在舞台上部，靠近舞台的观众感到声音来自头顶，方向感较差。在这种情况下，必须在台口前或舞台两侧布置若干只小功率扬声器，以改善声像定位。这是采用混合式布置方式的一种情况。

采用混合布置方式的另一种情况是在较大型的剧场中，前面的扬声器不能使大厅的后部有足够的音量。后排观众区收听不到直达声，影响音质效果。在这种情况下，必须在适当的位置补装一些补声扬声器。这些辅助扬声器还需适当加些延迟量，以便与主扬声器传播来的声音同时到达这部分观众区。

还有其他情况，例如在电影院中，为了增加环绕声效果，必须在后排和两侧面后部的位置增加若干数量的环绕声扬声器。这些以主扬声器供声为主，结合辅助扬声器的布置称为混合布置方式。

4.2.5　厅堂扩声系统的技术指标

厅堂扩声系统中使用的有关技术指标如下：

（1）最大声压级。最大声压级是扩声系统在厅堂听众席处所产生的最高稳态准峰值声压级。而准峰值声压级是对于非简谐波形的声音用与它具有相同峰值的稳态简谐信号声压的有效值表示的声压级。

（2）传输频率特性。当扩声系统达到最高可用增益时，厅堂内各听众席处稳态声压的平均值相对于扩声系统传声器处声压或扩声设备输入端电压的幅频响应。

（3）传声增益。传声增益是指当扩声系统达到最高可用增益时，厅堂内各听众席处稳态声压级平均值与扩声系统传声器处声压级的差值。

（4）声场不均匀度。声场不均匀度是厅堂内有扩声时，各听众席得到稳态声压级的差值。对于厅堂扩声系统的技术指标规范，应依据建设部颁布的 JGJ 16—2008《民用建筑电气设计规范（附条文说明）》的技术标准，该标准给出了厅堂扩声系统的声学特性分类等级指标，如表 4-8 所示。

表 4-8　　　　　　　　　　厅堂扩声系统的声学特性分类等级指标

级别	音乐扩声系统一级	音乐扩声系统二级	语言和音乐兼用扩声系统一级	语音和音乐兼用扩声系统二级	语音扩声系统一级	语音和音乐兼用扩声系统三级	语言扩声系统二级
最大声压级（空场稳态准峰值声压级）	100～63009Hz 范围内平均声压级≥103dB	250～4000Hz 范围内平均声压级≥95dB		250～4000Hz 范围内平均声压级≥90dB		250～4000Hz 范围内平均声压级≥85dB	

级别	音乐扩声系统一级	音乐扩声系统二级	语言和音乐兼用扩声系统一级	语音和音乐兼用扩声系统二级	语音扩声系统一级	语音和音乐兼用扩声系统三级	语言扩声系统二级
传输频率特性	50～10000Hz 以 100～6300Hz 的平均声压级为 0dB，允许＋4～12dB，且在 100～6300Hz 内允许 ≤±4dB	63～8000Hz 以 125～4000Hz 的平均声压级为 0dB，允许±4～12dB，且在 125～4000Hz 内允许 ≤±4dB	100～6300Hz 以 250～4000Hz 的平均声压级为 0dB，允许±4～12dB，且在 250～4000Hz 内允许＋4～－6dB			250～4000Hz，以其平均声压级为 0dB，允许＋4～10dB	
传声增益	100～63001Hz 的平均值≥－4dB（戏剧演出），≥－8dB（音乐演出）	125～4000Hz 的平均值≥－8dB	125～4000Hz 的平均值≥－12dB			250～4000Hz 的平均值≥－14dB	
声场不均匀度	100Hz ≤ 10dB，1000Hz≤8dB，6300Hz≤8dB	1000Hz≤8dB，4000Hz≤8dB	1000Hz≤10dB，4000Hz≤10dB			1000Hz ≤ 10dB，4000Hz≤10dB	
舞厅用级别		星级宾馆，室内舞厅参考之	普通舞厅（多功能厅）参考之				

4.3 公共广播系统的设计

4.3.1 公共广播系统的特点与分类

公共广播（Public Address，PA）系统具有服务区域大、传输距离远、信息内容以语言为主兼用音乐等特点。传声器与扬声器不在同一房间，故没有声反馈问题。为了减小传输线功率损耗，通常采用 70V 或 100V 的定电压传输，或用调频方式进行多路广播传输。按用途来分类，可分为业务性广播系统、服务性广播系统和消防广播系统。业务性广播系统是以业务宣传、时事、新闻、通知等类的广播系统，可用于办公楼、大学院校、车站等场合。服务性广播系统是以欣赏音乐或背景音乐为主、时事新闻为辅的广播系统，可用于大型公共活动场所和旅馆等场合。消防广播系统是用于火灾事故和突发性事故的紧急广播。

业务性广播系统、服务性广播系统和消防广播系统，这些通用性极强的广播系统具备以下各项功能和技术要求。

1. 播放背景音乐

背景音乐（Back Ground Music，BGM）的主要作用是掩盖噪声并创造一种轻松愉快的气氛。背景音乐不是立体声，而是单声道音乐，这是因为立体声要求能分辨出声源方位，并具有纵深感（而背景音乐是指不专心听意识不到声音从何处来）。背景音乐服务区的平均声压级要求不高（在 60～70dB），但声场要求均匀，频响为 100～6000Hz。

背景音乐系统设计时，首先要注意背景音乐系统的音质设计。以背景音乐系统的音质作为设计目标，室内声压级要均匀，平均声压级最大为 60～70dB。频带在 100～6000Hz 重放特性比较平直，频带外希望急剧下降。噪声较好的房间，需把 200～300Hz 以下的低音提升 3～6dB，这比立体声音乐的指标要低（立体声音乐的频响为 40～15000Hz，平均声级为 80～85dB）。

其次要注意节目源及其设备的选择。背景音乐的节目源设备包括磁带、唱片和广播三方面的放音设备。磁带是最常用的节目源设备。与普通音响使用的录音机不同，在选择背景音乐使用的磁带录音机或放音机时，要求具有能长期而连续重放的功能。利用唱片重放设备或激光唱片机来播放背景音响，随着 CD 技术和软件的发展，激光唱片在背景音乐方面的应用将进一步扩大。在无线电广播节目中，调幅接收机所接收的信号因在广播时缺少 5kHz 以上的高音信号，噪声干扰显著，音质欠佳，故作为背景音乐的信号源不合适。调频接收机所接收的信号在技术性能上可以满足要求，由于节目内容多样，不一定是理想的节目源。

最后要注意功率放大器与扬声器的配接。在公共广播中，由于所需功率大、传输距离长，广泛采用定压式功率放大器。定压式功率放大器的特点是，当负载电阻改变时，输出电压的变化很小，输出电压较稳定。由于机内采用了深度负反馈，从而改善了频率响应特性。定压式功率放大器多为大功率机。定压式功率放大器的输出多采用 70、100、120V 或 240V 高压输出，而扬声器的工作电压要低得多，因此在其间必须利用变压器来变换阻抗和电压进行配接，这种变压器称为线路匹配变压器，或称为线间变压器。

定压式功率放大器与扬声器配接方式有直接配接和用线间变压器配接两种。直接配接时，扬声器不能接在功率放大器输出电压比扬声器工作电压高的两端，例如 10W/8Ω 扬声器需 9V，就不能接在功率放大器 20V 的输出上，否则扬声器过载。

如果扬声器与功率放大器距离较远或无适当输出电压供直接配接，就要用线间变压器配接。这种配接方式要求选用变压器的功率要能满足输给扬声器的要求，线间变压器初级接功率放大器（或线路）上时，一般要使两者相等。其电压要求和功率计算与直接配接方式相同。

2. 火灾事故时的紧急广播

火灾事故的紧急广播系统具备优先广播权功能、选区广播功能、强制切换功能、广播分控台功能。发生火灾时，消防广播信号具有最高级的优先广播权，即利用消防广播信号可自动中断背景音乐和寻呼找人等广播。当发生火灾报警时，仅向火灾区及其相邻的区域进行紧急广播，即向 $n\pm1$ 层选区广播。这个选区广播功能应有自动选区和人工选区两种，确保可靠执行指令。播放背景音乐时，各扬声器负载的输入状态各不相同，有的处于小音量状态，有的处于关断状态；在紧急广播时，各扬声器的输入状态都将转为最大全音量状态，即通过遥控指令进行音量强制切换。消防值班室必须备有紧急广播分控台，它的功能是遥控公共广播系统的开机、关机，分控台话筒具有优先广播权，分控台具有强切权和选区广播权等。

4.3.2 公共广播系统的传输方式

公共广播系统按传输方式可分为音频传输方式和调频射频传输方式。

（1）音频传输方式。音频传输方式常见的有定压式和终端带功放的有源方式。采用定电压音频传输方式，系统设备简单，收听端设备为扬声器，传输线路为一对双芯电线，一个节目源需用一副传输线，传输距离受频响特性变差及线路损耗限制，音频信号质量较好，被广泛使用。

（2）调频射频传输方式。调频射频传输方式是将音频信号经过调制器转换成被调制的高频载波，经同轴电缆传送至各个用户终端，并在终端经解调还原成声音信号。采用调频射频传输方式，系统设备复杂，收听端设备为调频接收机＋功率放大器＋扬声器，传输线路为低损耗同轴电缆，可与CATV兼用网络，多个节目源可共用一根同轴电线，传输距离不受频响特性变差及线路损耗限制，可以远距离传输，音频信号质量受多波段FM接收机频源的影响，在特殊情况下使用。

4.3.3 公共广播系统的工程设计

1. 公共广播系统的工程设计原则

（1）先进性。对公共广播系统设计时，保证这些场地的声学技术指标达到招标文件中规定和国家标准规范的要求，使各个场地的音响系统设计体现当今广播技术的发展水平，在技术上适度超前，符合今后的发展趋势，在今后相当长的一段时间内可保持其技术的领先地位。

（2）实用性。在公共广播系统工程设计中，要达到招标文件中规定所要求的功能和水准，符合工程实际需要和国内有关规范的要求，实现容易，操作方便，维护简单，便于管理，使系统具有良好的灵活性、兼容性、扩展性。

2. 公共广播系统工程设计的内容

（1）确定系统方式。公共广播系统是业务性系统、服务性系统、消防广播系统。系统拟采用何种传输方式，是系统工程设计时首要考虑的问题。

（2）系统音质的要求。声音的传播将遵循室内声学的规律，系统的音质设计从以下两方面考虑。

① 声学性特。声学特性最低限度要达到：

最大噪声声压级≥85dB（250～4000Hz内平均声压级）。

传输频率特性为250～4000Hz内以其平均声压级为0dB，允许偏差为－10dB～＋4dB。传音失真率以设计使用功率，在≤4000Hz的传输频率特性范围内≤15％。

② 音质评价。公共广播系统的音质与室内环境噪声有关，该噪声级越低越好，一般控制在50～552dB以下。

（3）分区广播设计。对于智能大厦、宾馆、饭店等建筑物来说，公共广播系统应分区设计。

① 每一分区配置一台独立的功率放大器。

② 在扬声器与功率放大器匹配的情况下，若干个分区可以共用一台功率放大器，并在功率放大器和各分区扬声器之间安装扬声器分区选择器，以便选择和控制这些分区扬声器的接通或断开。

③ 由于功率放大器最大输出功率为 240W 或 300W，一个分区扬声器的总功率不应超过 240W。

④ 分区一般以楼层为单位。在大厦中不应串楼层，或几个楼串阶楼在一分区。

⑤ 扬声器间隔应为 20～30m。

⑥ 扬声器应选 3W 以上的功率。

（4）广播控制室设计。依据国家标准，广播控制室设计时要考虑以下因素：

① 广播控制室设置原则。当消防值班室与广播控制室合用时，要符合消防安全的有关规定。对于旅馆类建筑，服务性广播应与电视播放合并设置控制室。对于车站、码头类建筑，广播控制室设置在调度室附近。

② 广播控制室内设备放置要求。功放设备立柜的前面净距不应小于 1.5m。功放设备立柜的侧面与墙、柜背与墙的净距不应小于 0.8m。立柜之间距离不应小于 1m。单用电子管的功放设备单列布置时，立柜之间距离不应小于 0.5m。

③ 有线广播交流电源的配置。仅有一路交流电源供电的工程，要有照明配电箱专路供电。功放设备容量在 250W 以上时，广播控制室应配置电源配电箱。具有两路交流电源供电的工程，要采用两回路电源在广播控制室互投供电。交流电源电压偏移值一般不应大于±10%。当电压偏移不能满足设备的限制要求时，应设 UPS 电源。

④ 广播控制室的工作接地与保护接地。广播控制室应设置保护接地与工作接地，单独设置专用接地装置，接地电阻不应大于 4Ω。系统接地网接地电阻不应大于 1Ω。

（5）系统的布线要求。

① 室内广播线路的布线。对于旅馆类的服务性广播线路，采用双绞线电缆。对于其他广播线路，采用实铜芯绞合线，广播线路需穿管或线槽敷设。

② 室外广播线路的敷设。在室外布线时遇到的情况较为复杂，限于篇幅不再叙述。

3. 公共广播系统工程的设计步骤

（1）系统的具体要求。根据广播音响系统的基本功能、规模布局，明确该系统的具体要求，一般要考虑以下 5 点：

① 确定广播服务区域。

② 确定播节目源的种类。

③ 确定客房广播的节目。

④ 确定报警广播要求及应急电源等措施，是否需要紧急广播功能，在交流电源停电时是否需要保证紧急广播的供电设施。

⑤ 确定广播控制室的位置和布局。

（2）系统工程设计。系统设计的内容主要有如下 9 点：

① 对广播区域进行分区，确定扬声器的数量、型号、所需电功率。

② 确定功率放大器的型号和数量。

③ 选定节目源设备及相关的前级放大器或信号切换放大装置。

④ 设计系统图，考虑信号流的安排，做好信号流的切换、优先权安排等信号切换，并配齐监听器、电源开关盒、接线箱、直流电源等。

⑤ 选择安装设备的机架及控制台，设计或选择有关的安装附件。

⑥ 确定控制中心室的位置，估算各种设备所需电源的容量。

⑦ 确定管线的走向、型号、接线盒和接线箱，并考虑照明、空调、动力、土建和结构是否妥当，最后在建筑平面图上绘制管线图。

⑧ 根据系统所需的设备及工程实施中所需的材料列出设备、材料清单和工程预算表。

⑨ 系统接地。

（3）编制设计文件。

① 系统工程说明文件。

② 系统方框图。

③ 管线布置图。

④ 控制中心室设备布局图。

⑤ 设备材料清单及工程预算表。

4.4 广播音响系统的施工

广播音响系统施工重点是线路敷设、扬声器安装、设备安装。

4.4.1 线路敷设

由于传输距离较远，为了保证信号在线路上不产生太大的衰减。主干线采用≥2×2.5mm² 多股线，支线用 2×1mm² 多股线，穿管或线槽敷设。自功率放大设备输出至最远扬声器的导线或衰减不应大于 0.5dB。为了达到消防要求，线管采用阻燃线槽或阻燃线管。每一接线点及分支点都设分线盒。为便于检查故障，拉好线后，要用万用表在始端测量。检查线路是否有断路、短路、漏电问题。每装好一处线要立刻检查，然后按照设计图装好设备、检查每一区到消防中心的阻抗等设计是否有出入。最后接上功率放大器，试听每一区的声音是否正常。传声器线路应采用四芯金属屏蔽绞线（对角线对接）并穿金属管敷设。调音台（或前级控制台）的进出线路均应采用屏蔽线。

4.4.2 扬声器安装

扬声器应安装牢固，避免产生共振噪声。扬声器需要明装时，箱底安装高度不宜低于 2.2m。扬声器的输出，宜就地设置音量调节装置或分路控制开关。与火灾应急广播合用的背景音乐扬声器相比，现场不宜装设调节器或控制开关，否则应采取快速强制措施接通并全音量广播措施。

同一供声范围的不同分路扬声器不应接至同一功率单元，避免功率放大器故障时造成大范围失声。大宴会厅（或多功能厅）、礼堂、报告厅等均应采用独立扩声系统，并可向每一个可分隔或独立的地区单独广播。

扩声系统宜兼作火灾应急广播或与火灾应急广播的联网，其广播分路应满足火灾应急广播和分区广播的需要。功率馈送回路应采用二线制。

4.4.3　设备安装

设备安装时要注意以下几点：

（1）所有设备在安装前均进行全面检查，并确认其符合设备安装条件方可进行安装。

（2）所有设备的安装均符合图纸及有关规范要求。

（3）及时解决设备安装中出现的技术问题，做好现场安装质量区的管理。

第 5 章

防盗报警系统的设计与施工

5.1 防盗报警系统基础知识

5.1.1 防盗报警系统的组成

安全防盗报警器是指当窃贼侵入防范区时引起报警的装置。它是用来发出出现危险情况信号的。安全防盗报警系统的组成如图 5-1 所示。

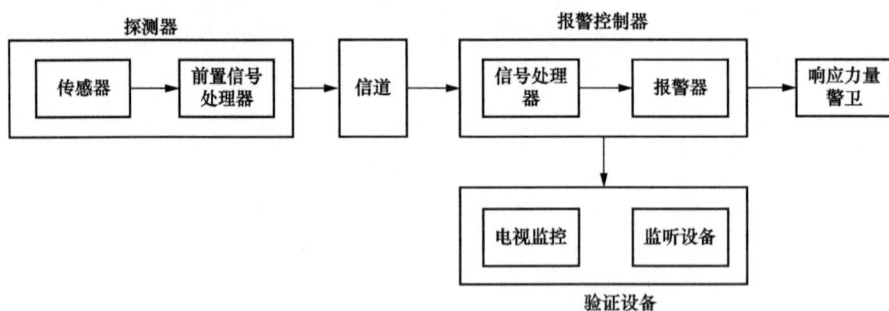

图 5-1 安全防盗报警系统组成框图

1. 探测器

探测器通常由传感器和信号处理器组成。有的探测器只有传感器，没有信号处理器。

传感器是探测器的核心部分，它是一种物理量的转换装置。在入侵探测器中，传感器把测到的物理量（如压力、位移、振动、温度、声音、光强等）转化成容易处理的电量，如电流、电压、电阻、电容等。

传感器是一种能量转换装置，是将被测的物理量（如力、压力、质量、应力、位移、速度、加速度、振动、冲击、温度、声响、光强等）转换成相应的、易于精确处理的电量（如电流、电压、电阻、电感、电容等），该电量称为原始电信号。

设传感器的输出量为 y，传感器输入量为 x，那么 $y=f(x)$ 称为转换函数，它表示传感器的输入-输出特性。在理想情况下，转换函数应为一元函数。但在实际应用时，由于测量对象和测量环境的干扰，如气压、温度、噪声、振动、辐射等的影响，转换函数则是多元函数 $y=f(x, Q, A\cdots)$。当然，通常在设计和选用传感器时，总是使干扰对输出量 y 的影响限制在最低水平上。

前置信号处理器将原始电信号进行加工处理，如放大、滤波等，使之成为适合在信道中传输的信号，称之为探测电信号。

传感器有以下几种类型：

（1）开关传感器。开关传感器是一种简单、可靠的传感器，也是一种最廉价的传感器。它将压力、磁声或位移等物理量转化成电压或电流、广泛应用在安防技术中。

（2）压力传感器。压力传感器是把压力变化转换成相应的电量，进行放大处理成探测电信号的传感器。

（3）声传感器。声传感器是把声信号（例如说话声、走动声、打碎玻璃声、锯钢筋声等）转换成一定电量的传感器。

声音是一种机械波，声音的传播是机械波在媒介中传播的过程。频率在 20～2000Hz、人耳能接收到的声波称为可闻波。频率低于 20Hz、人耳听不到的声波称为次声波。频率高于 20000Hz 的声波称为超声波。

（4）光电传感器。光电传感器是一种将可见光转换成某种电量的传感器。光敏二极管是最常见的光传感器。光敏二极管的外形与一般二极管一样，只是它的管壳上开有一个嵌着玻璃的窗口，以便于光线射入（为增加受光面积，PN 结的面积做得较大）。光敏二极管工作在反向偏置的工作状态下，并与负载电阻相串联。

光敏三极管除了具有光敏二极管能将光信号转换成电信号的功能外，还有对电信号放大的功能。

（5）热电传感器。热电传感器是一种将热量变化转换成电量变化的能量转换器件。热释电红外线元件是一种典型的热量传感器，一般的热释电材料为钽酸锂（$LiTaO_3$）。当受到红外线的照射时，热释电材料的温度发生变化，同时其表面电荷也会产生变化。当以钽酸锂（$LiTaO_3$）为代表的热释电材料处于自极化状态时，吸收红外线入射波后，结晶的表面温度改变，自极化也发生改变，结晶表面的电荷变得不平衡，把这种不平衡电荷的电压变化取出来，便可测出红外线。热释电材料只有在温度变化时才产生电压，如果红外线一直照射，则没有不平衡电压。一旦无红外线照射时，结晶表面电荷就处于不平衡状态，从而输出电压。

（6）电磁感应传感器。电磁场也是物质存在的一种形式，电磁场的运动规律由麦克斯韦方程组来表示。当入侵者入侵防范区域时，使原先防范区域内电磁场的分布发生变化，这种变化可能引起空间电场的变化，电场畸变传感器就是利用此特性。同时，入侵者的入侵也可能使空间电容发生变化，电容变化传感器就是利用此特性。

2. 有线信道与无线信道

信道是传输探测电信号的通道，也即媒介。根据信道的范围有狭义和广义之分，把仅指传输信号的媒介称为狭义信道；把除包括传输媒介外，还包括从探测器输出端到报警控制器输入端之间的所有转换器（如发送设备、编码发射机、接收设备等）在内的扩大范围的信道称为广义信道，如图 5-2 所示。在广义信道中，不管中间过程如何，它们只不过是把探测电信号进行了某种处理而已。只需关心最终传输的结果，而无须关心形成这个最终结果的详细过程。

图 5-2 广义信道框图

（1）有线信道。在报警器中常用的有线信道有专用线和借用线。

① 专用线。专用于连接每个探测器和报警接收中心的线路，只作为传输该系统的探测信号用，不作他用。一般常用的双绞线、电话线、电缆，通信电缆，专用线是我国目前大量采用的信道。专用线有并行传输的多线制和串行传输的总线制两种。总线制有树形布线和环状布线两种形式，线数最少有 2 根线，既作电源传输用又作信号传输用。常用的是 4 根线，电源线和信号线分开用。也有 6 根线或更多一点的。串行总线制比并行传输的多线制对线制对整个报警工程系统多，尤其是对的设计、施工和节省导线线上都优越得多，尤大中型工程来说优越性就更加显著。

② 借用线。一些已建筑好的建筑物内，已有了各种传输线网络，如 220V 的照明线路、电话及电视共用的天线线路等。如果能借此来传输报警系统的探测信号，这也是报警系统的设计者和施工者们所盼望的。人们已根据实际需要研制出能利用已有的线路传输报警探测信号的相关设备，像电话报警器，平时作电话用，有情况时作报警器用，用自动交换台自动控制的范围内都可以用，用手动交换台控制的范围内不能用，这是因为在需要报警的时刻，电缆不一定能保证接通。

（2）无线信道。无线信道将探测器输出的探测电信号经过调制用一定频率的无线电波，向空间发送到报警控制器处接收。而控制中心将接收信号分析处理后，发出报警和判断出报警部位。全国无线电管理委员会分配给报警系统的专用无线电频率为：

第一组　36.050MHz、36.075MHz、36.125MHz。

第二组　36.350MHz、36.375MHz、36.425MHz。

第三组　36.650MHz、36.675MHz、36.725MHz。

发射功率一般应在 1W 以下，经批准最大不得超过 10W。根据实际情况，还可再扩大几个频率。

目前我国采用较多的是在无线信道中传送模拟信号。一般都是探测器在正常状态下不发射无线电波，而在报警状态下发射无线电波的模式。常用的有调幅、调频两种方式。

① 调幅方式。当某个探测器 A 产生报警电信号时，发射机发出某个调幅波，其调制信号可以是该探测器特有的低频信号 f_A，即显示探测器 A 处出现了危险情况。

这种传输方式较易受到外界干扰，引起误报警。有的尽管采取了抗电火花干扰措施，但效果仍不理想。

② 调频方式。当某个探测器 B 产生报警电信号时，发射机发出某个调频波，其调制信号可以是该探测器特有的两个音频号（采用音叉振荡器频率较精确）。在报警接收中心收到调频波后，鉴频得到双音频信号，即显示探测器 B 处出现了危险情况。这种传输方式与调幅方式相比较，抗干扰性能较好。

随着科学技术的不断进步，人们将会更多地采用在无线信道中传送数字信号的传输方式这是因为数字传输系统与模拟传输系统相比较，它更能适应对传输技术越来越高的要求，第一，数字传输的抗干扰能力强；第二，传输中的差错可以设法检测和纠正；第三，便于使用计算机对信号进行处理，便于计算机联网使用。

3. 报警控制器

报警控制器由信号处理和报警装置组成。报警信号处理是对信号中传来的探测电信号进行处理，判断出电信号中"有"或"无"情况，并输出相应的判断信号。若探测电信号中含有入侵者入侵信号，则信号处理器发出报警信号，报警装置发出声或光报警，引起防范工作人员的警觉；反之，若探测电信号中无入侵者的入侵信号，则信号处理器送出"无情况"的信号，则报警器不发出声光报警信号。

通常为了实现区域性的防范，即把几个需要防范的小区联网到一个报警中心，一旦出现危险情况，可以集中力量打击犯罪分子，而各个区域的报警控制器的电信号，通过电话线、电缆光缆或用无线电波传到控制中心，同样控制中心的命令或指令也能回送到各区域的报警值班室，以加强防范的力度。控制中心通常设在市、区的公安保卫部门。

4. 响应力量

报警控制器通常由信号处理器和告警器（即显示器）两部分组成。信号处理器将传输系统送来的探测电信号作进一步处理，判断出"有"或"无"危险情况出现并输出相应的判定电信号，控制报警器动作。也有的报警器的全部信号处理均在探测器中完成。告警器在接收到"有"危险情况出现的判定电信号后，将它转换成人能感知声音、光亮报警信号输出，引起人们的警觉，以便及时采取相应的行动。

验证设备及其系统，即声、像验证系统，由于报警器不能做到绝对不误报，所以往往附加电视监控和声音等验证设备，以确切判断现场发生的真实情况，避免警卫人员因误报而疲于奔波。

电视验证设备后来又发展成为视频运动探测器，使报警与监视功能合二为一，减轻了监视人员的劳动强度响应力量（或称警卫力量）。根据监控中心（即报警控制器）发出的告警信号，警卫力量迅速前往出事地点抓获入侵者，中断其入侵活动。

没有警卫力量，不能算作一个完整的报警系统。各居民区应与派出所、联防队合作，组成区域性的探测中心，在监控中心应配以必要的警卫力量。同时，监控中心应与更高层次的公安部门的机动力量保持联系，以便在必要时可以做出较大规模的行动。至于各单位应根据其规模的大小，自行组成相应的监控中心，并与区域性的监控中心联网。只有这样，才能对入侵者形成一种威慑力量。

5.1.2　防盗报警器的分类

防盗报警器的名目繁多，对防盗报警器进行分类，将有助于从总体上认识和掌握它。防盗报警器通常按传感器的种类、探测器的工作方式、报警器的工作原理、探测电信号传输信道（或方法）、报警器的警戒范围、报警器的应用场合等划分，现将提到的一些类别简述如下。

1. 按传感器的种类分类

按传感器的种类（即按可探测的物理量）分类，报警器可分为磁控开关报警器、振动报警器、声报警器、超声波报警器、电场报警器、微波报警器、红外报警器、激光报警器、视频运动报警器、双技术（或称双鉴复合）报警器（两种传感器装于一个探测器里边）等。

2. 按探测器的工作方式分类

按探测器的工作方式分类，报警器可分为主动式报警器和被动式报警器。

主动式报警器在工作时，探测器本身要向警戒现场发射某种能量，在接收传感器上形成一个稳定信号。当出现危险情况时，稳定信号被破坏，形成携有报警信息的探测信号，由传感接收，经处理产生报警信号，达到报警目的。其发射装置和接收传感器可以在同一位置，也可以不在同一位置。此类报警器有超声波式、主动红外式、激光式、微波式、光纤式、电场式等报警器。

被动式报警器在工作时，探测器不需要向警戒现场发射出能量信号，而是依靠接收自然界本身存在的能量，在接收传感器上形成一个稳定的信号。当出现危险情况时，稳定信号被破坏，形成携有报警信息的探测信号，由传感器接收，经处理产生报警信号。所以，被动红外报警器属于被动式报警器。此外，还有振动式、可闻声探测式、次声探测式、视频运动式等报警器。

3. 按探测电信号传输信道分类

按探测电信号传输信道分类，报警器可分为有线报警器和无线报警器。

有线报警器是探测电信号由传输线（无论是专用线或借用线）来传输的报警器，这是目前大量采用的方式。

无线报警器是探测电信号由空间电磁波来传输的报警器。在某些防范现场很分散或不便架设传输线的情况下，无线报警器有独特作用。为实现无线传输，必须在探测器和报警控制器之间，增加无线信道发射机和接收机。

需注意的是，有线报警器和无线报警器仅仅是按传输信道（或传输方式）分类，任何探测器都可与之组成有线或无线报警系统。

4. 按报警器的警戒范围分类

按报警器的警戒范围分类，报警器可分为点控制报警器、线控制报警器、面控制报警器和空间控制报警器。

点控制报警器是指警戒范围仅是一个点的报警器，当这个警戒点的警戒状态被破坏时，即发出报警信号，如磁控开关及各种机电开关报警器。

线控制报警器是指警戒范围是一条线束的报警器，当这条警戒线上任意处的警戒状态被破坏时，即发出报警信号，如激光、主动红外、被动红外，微波（对射型）及双技术报警器，都可构成一种看不见摸不着的无形的警戒线，还有一些看得见摸得着的封锁线，如电场周界传感器、电磁振动周界电缆传感器，压力平衡周界传感器高压短路周界传感器等。

面控制报警器是指警戒范围是一个面的报警器。当这个警戒面上任意处的警戒状态被破坏时，即发出报警信号，例如震动报警器、感应报警器。有的线控报警器经组合也可构成面控报警器，例如，采用多束型或单束型经过多次反射等构成的激光墙、红外墙与微波墙等，也可采用来回布金属线构成线网墙等。

空间控制报警器是指警戒范围是一个空间的报警器。当这个警戒空间内任意处的警戒状态被破坏时，即发出报警信号，例如双技术报警器、超声波报警器、微波报警器、被动红外报警器、电场式报警器、视频运动报警器等。在这些报警器所警戒的空间内，入侵者无论是从门窗、从天花板或从地下等任意处进入警戒空间，都会产生报警信号。

5. 按报警器的应用场合分类

按报警器的应用场合分类，报警器可分为室内报警器与室外报警器，或可分为周界报警器、建筑物外层报警器、室内空间报警器及具体目标监视用报警器。

6. 按报警器的工作原理分类

按报警器的工作原理分类，报警器大致可分为机电式报警器、电声式报警器、电光式报警器、电磁式报警器等。

如果要完全严格地对报警器分类有时会发生困难，叙述起来也会有较多的重复。不过从不同角度和侧面对报警器进行分类，是有利于从整体上认识和掌握它的。

5.2　防盗报警系统的有关标准

GB 5198—2011《民用闭路监视电视系统工程技术规范》

GB 50115—2009《工业电视系统工程设计规范》

GA/T 75—1994《安全防范工程程序与要求》

GA/T 74—2017《安全防范系统通用图形符号》

GA/T 368—2001《入侵报警系统技术要求》

GB 10408.1—2000《入侵探测器　第 1 部分：通用要求》

GB/T 50314—2015《智能建筑设计标准》

CECS 119—2000《城市住宅建筑综合布线系统工程设计规范 CECS 119：2000》

GB 50311—2016《综合布线系统工程设计规范》

JG 16—2008《民用建筑电气设计规范（附条文说明［另册]）》

GB 14050—2008《系统接地的型式及安全技术要求》

GA 38—2001《安全防范系统验收规则》

GB 16806—2006《消防联动控制系统》

GB 50116—1998《火灾自动报警系统设计规范（附条文说明［另册]）》

GB 50303—2015《建筑电气工程施工质量验收规范》

GB 50093—2002《自动化仪表工程施工及验收规》

JGJ 16—2008《民用建筑电气设计规范》

GB/T 15411—1994《防爆应用电视总技术条件》

GB/T 13953—1992《隔爆型防爆应用电视设备防爆性能试验方法》

GB 3836《爆炸性气体环境用电气设备》

GA 38—2004《银行营业场所风险等级和防护级别的规定》

GA 27—2002《文物系统博物馆风险等级和安全防护级别的规定》

GB/T 16571—1996《文物系统博物馆 安全防范工程设计规范》

5.3 防盗报警系统的设计

为了对付盗窃和抢劫，防盗报警系统设计是一项系统工程，而且是一项复杂的工程。因此，它的建设应遵循工程的基本程序。

由于防盗报警系统外部条件的可变性，用直观的传统方法和单凭个人的经验技术是不行的。为了保证系统的整体性，就需要通盘地考虑这一问题，以便实现设计的防盗报警系统最优化。

5.3.1 防盗报警系统设计要求

防盗报警系统是安防工程中很重要的系统，设计时应遵循以下内容进行。

（1）防盗报警系统应由入侵探测器、传输系统、控制设备组成，并应附加音、像（或两者之一）复核装置（监听装置）。

（2）防盗报警系统应具备盗窃、抢劫之报警功能，具有用于指挥调动处警力量的通信手段，其防范能力应与设计任务的要求相一致。

（3）防盗报警系统的设计，必须按国家现行的有关规定进行，必须结合实体防护系统和处警力量的情况设计。

（4）防盗报警系统设计，应在现场勘察的基础上进行。

（5）传输系统一般宜自敷专线传输报警信息，并配以必要的有线/无线转接装置，形成以有线传输为主、无线传输为辅的报警传输系统。不适宜采用有线传输方式的区域和部位，应采用无线传输方式。

（6）设备及线路敷设方式的选择应符合防范要求，满足使用环境条件，并有合适的性价比。

（7）所选用设备、器材均必须符合国家有关技术标准的重要规定，并经过国家指定检测中心检验合格的产品，进口设备、器材至少应有商检合格证书。

（8）系统设计时应考虑到系统进一步发展的可能性，应有利于系统规模的扩充及新技术的引用。

（9）系统应考虑安装方便、配置方便、使用方便。

（10）系统自身安全性、保密性要强。

（11）在防护区域内，入侵探测器盲区边缘与防护目标间的距离不得小于5m。

（12）室外探测、传输系统应考虑有适应当地具体条件的抗雷电干扰措施，以及在自然环境条件下正常工作的能力。

（13）供内部工作人员使用的出入口，应配置自动识别身份的出入控制装置。

（14）固定安装的无线报警发射装置，应有防拆报警和防止人为破坏的实体保护壳体。

（15）以无线报警组网方式为主组成的安全防范系统，应有对使用的信道进行监视的功能。当出现连续阻塞信号或干扰信号超过 30s，足以妨碍正常接收报警信号时，接收端应有故障信号显示。

（16）以无线报警组网方式为主组成的安全防范系统接收端，应有接收处理多路同时报警的功能而不得产生漏报警。

（17）门窗应安装开关式报警装置或其他报警装置。

（18）中心控制室应能在接收报警信号的同时立即识别部位、性质（抢劫、盗窃、火灾、故障等），并在屏幕上显示；打印记录及存储报警时间、部位、性质及处置预案。

（19）发射机使用的电池应保证有效使用时间不少于 6 个月。在发出欠电压报警信号时，电源应能支持发射机正常工作 7 天。

（20）接收机安装位置应由现场试验确定，以保证接收到防范区域内任意发射机发出的报警信号。

5.3.2　防盗报警系统前端探测设计

探测部分是整个防盗报警工程的前沿部分，在这部分的主要工作是根据被保护现场的实际情况选择合适的探测器，再根据探测器的技术要求选择合适的位置安装探测器。因为被保护现场的实际情况往往是千差万别的，难保统一；而各种探测器的性能是有差异的，各有长处和短处，都有它适用的地方，也受到一定的局限。因此，选用探测器的最重要一点是它的适用性，即某种探测器只要满足实际需要即可。除此之外，还要考虑产品的工作电压、工作电流、价格及其质量等问题。

1. 探测器的选型

防盗报警系统前端探测器选型基本原则如下：

（1）对国产的前端探测器，首先要关注是否经过国家有关部门批准生产的，国家工商部门对安防产品生产企业经营范围应有明确的规定；各地公安机关对安防产品核发安防产品生产许可证和安防产品销售许可证；对于通过电话线报警的安防产品，国家信息产业部还会核发电信设备入网许可证。对于同时具备以上一照（营业执照）、三证（安防产品生产许可证、安防产品销售许可证、电信设备入网许可证）的产品，用户可列入选购范围。

（2）对于进口的前端探测器，也要通过国家有关部门的检验，具备获发（销售许可证、营业执照、电信设备入网）许可证的基本条件，用户可列入选购范围。

（3）在探测器防护区域内，有盗窃行为发生时不应产生漏报警，无盗窃行为发生时应尽可能避免误报警。

（4）根据使用条件和防区干扰源情况选择探测器的类型。

（5）根据防护要求选择具有相应技术性能的探测器。

（6）探测器灵敏度，参考目标从探测范围边界处，沿径向以每秒一步（约 0.75m/s）

的速度接近探测器，移动 3m 或最大探测距离的 30％ 以内（两者取其最小值），应产生报警；移动小于 0.2m，不应产生报警。

（7）产生报警状态后，参考目标停止运动，探测器在 10s 内恢复到警戒状态。

（8）信号线发生断路、短路或并接其他负载时，应发出报警信号。

2. 探测器安装设计的基本原则

探测器的安装设计应遵循以下基本原则：

（1）在防护区域内入侵探测器盲区边缘与防护目标网的距离应大于等于 5m。

（2）探测器的作用距离、覆盖面积，一般应留有 25％～30％ 的余量。

（3）设防部位的探测应满足以下条件：

① 防护区域内无盲区。

② 探测灵敏度满足防范要求。

③ 在交叉覆盖时应避免相互干扰。

（4）重点防护目标或部位宜实施多层次防护（如室外周界、室内空间、重点防护目标或部位本身三层防护）。

（5）主动红外发射机与接收机之间红外光束的对准。

（6）探测器在下列工作环境条件下，应符合标准的规定。

① 室内使用：温度为 $-0～5℃$，相对湿度小于或等于 95％。

② 室外使用（分为两组）：第一组温度为 $-25～70℃$，相对湿度小于或等于 95％；第二组温度为 $-40～70℃$，相对湿度小于或等于 95％。

（7）发射机的红外辐射光谱应在可见光光谱之外（其波长应大于 $0.76\mu m$）。

（8）探测器在制造厂规定的探测距离工作时，辐射信号被完全或按给定的百分比部分遮蔽的持续时间大于 40ms 且容差 0％，探测器应产生报警；辐射信号被完全或按给定的百分比部分遮蔽的持续时间小于 20ms 且容差 $\pm10％$，探测器不应产生报警。

探测器处于报警状态时，其持续时间大于 1s。

（9）探测距离。

① 室内使用：发射机与接收机经正确安装和对准红外光束并工作在制造厂规定的探测距离，辐射能量有 75％ 被持久地遮蔽时，接收机不应产生报警。

② 室外用：主动红外入侵探测器的最大射束距离应是制造厂规定的探测距离的 6 倍以上。

（10）为了实现发射机与接收机之间红外光束的对准，接收机面板上应装指示装置（当红外光束对准时，指示装置应发出信号）。

（11）探测器应有可靠的固定装置；为了防止阳光或其他强光进入，探测器应配备遮光罩。

（12）探测器盒体内应有接线柱，接线柱和引线头分别用数字、字符中颜色标志其功能，接收机的接线柱或印制板上应有放大器输出电压的检测点。

（13）被动红外入侵探测器的探测范围不应小于制造厂技术条件的规定值，但不得超过规定值的 25％。

（14）被动红外入侵探测器产生报警状态后，参考目标停止移动，探测器应在 10s 内恢复到正常的警戒状态。

（15）当被动红外入侵探测器安装在制造厂推荐的使用高度时，在探测范围边界内不同距离的地面移动一直径为 30mm、长度为 15mm 且具有与小动物（例如啮齿动物）类似的红外辐射特性的圆筒，探测器不应产生报警。

（16）被动红外入侵探测器背景温度为（25±1)℃，并以 1℃ 的速率上升至（40±2)℃时，探测器不应产生报警。

（17）被动红外入侵探测器按制造厂提供的安装规定和高度进行安装和调整时，不应受探测范围边界外任何移动物体及噪声或建筑物振动的影响。

（18）若探测器的传感器与处理器不在同一机壳中，则其连接电缆应被视作探测器的一部分。当电缆线发生短路或断路时，处理器本身在 10s 内均应报警。

（19）探测器在温度为 −10～40℃、相对湿度小于或等于 93% 的环境下工作。

（20）超声波入侵探测器在正常环境条件下，不调整灵敏度，探测范围应符合产品说明书给定值，不得超给定值的 25%。

（21）探测器应能承受常温气流和电铃的干扰，不产生误报警。

（22）产品说明书需提供技术指标、接线图、安装和使用说明，除此之外还应提供下列内容：

① 以图解形式表示出敏感带的几何图形及探测范围。

② 安装高度和角度或安装高度的范围。

③ 功率密度为 −20dB 处发射机的射束角度。

④ 接收到辐射误减为 −20dB 处接收机的接收角度。

⑤ 有效射束宽度。

⑥ 探测距离，对室外使用的探测器应给出最大射束距离。

⑦ 使用环境条件。

⑧ 给出水平面及垂直面的探测边界。

⑨ 工作频率。

⑩ 可探测速度范围。

⑪ 对电源的要求及警戒状态和报警状态的工作电流。

⑫ 灵敏度和探测范围调整说明。

⑬ 维修、使用说明和建议。

⑭ 安装注意事项。

（23）微波入侵探测器在正常环境条件下，不调整灵敏度，探测器的最大探测范围边界应符合制造厂技术条件的规定，但不超过该值的 25%。

（24）微波辐射安全剂量，在距离探测器 5cm 处，正对探测器的辐射，测量其微波辐射功率密度应小于 5mW/cm²。

（25）微波入侵探测器产品说明书的要求。在微波入侵探测器产品说明书中，必须具有下列内容：

① 给出水平面和垂直面的探测边界极坐标图。

② 工作频率（如果是调制型的应给出调制频率和调制型式）。

③ 如大于规定的可探测速度范围应注明。

④ 安装方法及使用环境条件。

⑤ 对电源的要求及警戒状态、报警状态的工作电流。

⑥ 灵敏度或探测范围调整说明。

⑦ 维修、使用说明和建议。

（26）微波-被动红外复合探测器参考目标在探测范围的边界处，以每秒一步（约 0.75m/s）的速度，在探测范围内作横向移动时，移动距离小于 3m 应产生报警信号。对标称探测距离小于 10m 者，要求移动距离小于该探测距离的 30％时，应产生报警信号。

（27）微波-被动红外复合探测器最大的复合探测范围应不小于产品性能指标中的规定值，但不应超过此值的 25％。

（28）当复合探测器中微波或红外单元之一受到干扰而处于报警状态时，探测器不应发出报警信号。

（29）指示灯应能分别显示微波、红外和复合三种报警状态。推荐使用三只指示灯分别显示三种状态。规定微波为黄色、红外为绿色、复合为红色。

（30）复合探测器应不受超出探测范围 25％以外区域的任何移动物体及建筑物震动源的干扰影响而产生报警信号。

（31）对微波-被动红外复合探测器产品说明书的要求。复合探测器的产品说明书除提供探测功能、技术性能指标、接线图和使用说明之外，还应包括下列内容：

① 微波-红外和复合的探测范围分别用不同的线条（或颜色）表示在同一幅图上。

② 自检功能的基本原理、功能和检验方法。

③ 步行测试装置的使用方法。

④ 避免漏报警和误报警的注意事项。

（32）安装设计时应避免各种可能的干扰。

3. 磁控开关安装设计要点

磁控开关结构简单、价格低廉、抗腐蚀性好、触点寿命长、体积小、动作快、吸合功率小，因此使用很普通。磁控开关主要用于各类门窗的警戒，其安装设计要点如下：

（1）安装设计时要针对现场情况选择磁控开关，不要把木门上用的磁控开关直接用在钢铁门上（因为这些金属会将磁场削弱，缩短磁铁的使用寿命，甚至使其失效）。门、窗缝隙大的场所要选择磁力大一些的磁控开关。

（2）注意所防护门窗的质地，一般普通的磁控开关仅能用于木质的门窗上，钢铁门窗应采用专用型磁控开关。

（3）磁控开关引的控制距离至少应为被控制门、窗缝隙的两倍。

（4）磁控开关应安装在距门窗拉手边 150mm 的位置；舌簧管安装在门、窗框上，磁铁安装在门、窗扇上，两者间对准，间距在 0.5cm 左右。

（5）在人员流动性较大的场合，最好采用暗装磁控开关，并且引出线加以伪装。

4. 水银触点开关安装设计要点

水银触点开关的倾倒敏感，它用于防范保险柜等大型物体被非法搬运。在安装设计时应调节好水银触点开关的工作角度，防范区域内物体一旦被移动，就会发出报警。

5. 压力开关安装设计要点

压力开关通常放在窗户、楼梯和保险柜周围的地毯下面，是形成通往被防护目标通道上的一道防线。

6. 紧急报警装置安装设计要点

紧急报警装置用于可能发生直接威胁生命的场所（如银行营业所、值班室、收银台等），利用人工启动（手动报警开关、脚踢报警开关等）发出报警信号。紧急报警装置可采用有线或无线传输报警方式。

设计时要具有以下防误报、漏报技术措施：

（1）防误触发措施。

（2）触发发报警后能自锁。

（3）复位需采用人工再操作方式。

（4）无线紧急报警装置的发射机应能在整个防范区域内达到触发报警的要求。

（5）安装在紧急情况下人员易可靠触发的部位。

（6）隐蔽安装。

7. 主动红外入侵探测器安装设计要点

主动红外入侵探测器主要用于室内房间周边、重点区域、周边警戒、室外周界警戒。安装设计要点如下：

（1）发射机与接收机之间的红外辐射光束不能被遮挡（如室内窗帘飘动、室外树木晃动等）。

（2）探测器安装方位应严禁阳光直射接收机透镜内。

（3）周界需由两组以上收发射机构成时，发射机的红外辐射光谱应在可见光光谱之外（其波长应大于 $076\mu m$）宜选用不同的脉冲调制红外发射频率，以防止交叉干扰。

（4）响应时间。探测器在制造厂规定的探测距离工作时，辐射信号被完全或按给定的百分比部分遮蔽的持续时间大于 40ms 且容差 $\pm10\%$，探测器应产生报警信号；辐射信号被完全或按给定的百分比部分遮蔽的持续时间小于 20ms 且容差 $\pm10\%$，探测器不应产生报警信号。探测器产生报警信号时，其持续时间大于 1s。

（5）探测距离。

① 室内用：发射机与接收机经正确安装和对准红外光束并工作在制造厂规定的探测距离，辐射能量有 75% 被持久地遮蔽时，接收机不应产生报警信号。

② 室外用：主动红外入侵探测器的最大射束距离应是制造厂规定的探测距离的 6 倍以上。

（6）正确选用探测器的环境适应性能，室内用探测器严禁用于室外。

（7）室外应用要注意隐蔽安装。

（8）主动红外探测器不宜应用于气候恶劣环境，特别是经常有浓雾、毛毛细雨的地域，以及环境脏乱或动物经常出没的场所。

8. 微波探测器安装设计要点

（1）微波入侵探测器安装设计要点。微波入侵探测器主要用于室外周界防护，安装设计要点如下：

① 发射机与接收机是分开相对而立的，其间形成一个稳定的微波场。

② 要求所发射的微波束长且发散角小，同时波束最好无旁瓣。

③ 收发机之间的校直要严格。

④ 信号线发生断路、短路或并接其他负载时，应发出报警信号。

⑤ 在收发机之间的防护区内不应有任何活动的物体存在。

（2）微波多普勒探测器安装设计要点有以下几点：

① 微波多普勒探测器的探头不能直对活动物体，如门帘、窗帘、货架盖布、风扇等，它们一旦被风吹动或运动，就相当于移动的目标，会引起误报警。

② 由于微波可以穿透墙、玻璃等物，所以安装时必须注意安装位置，适当调整灵敏度，以避免室外的运动物体（如人的走动、车的运行、树的摇动等）引起误报警。

③ 微波多普勒探测器安装时，必须固定牢靠，不能晃动。自身晃动也相当于有移动物体存在。

④ 微波多普功探测器的探头不能直对闪烁的荧光灯、水银灯等光源，因灯内的电离气体可以反射微波，闪烁的灯就相当于运动的反射体，可能引起误报警。

⑤ 微波在传播途中遇有金属物体将产生反射，安装时必须注意到反射波区域内不能有运动物体，否则可能引起误报警。

⑥ 在有老鼠、猫、鸟常出没的房间（如旧仓库）安装使用此种探测器时，要注意它们的干扰。若它们在探头附近活动时由于反射信号较强，可以会引起报警。应将探头安装在距离它们可能活动处 2m 以外的地方。

9. 次声波探测器安装设计要点

（1）次声波探测器能探测频率低于 20Hz 的声波。

（2）安装次声波探测器的场所密封得越好，检测效果越佳，但在有通风机、通风管道和有烟囱的建筑物内不宜安装。

（3）次声波探测器适用于安装铰链的门窗，而不宜安装在滑动式（上下或左右滑动）门窗（因为此类门窗多密封效果不好，易产生误报）。次声波探测器安装在门窗直接通往用户的建筑内效果好，这是因为室内外气压差较大。

（4）安装调试次声波探测器还必须充分注意建筑物的声学环境（因为所检测的次声波包括直射波和反向波）。声学环境不同，反射次声波的强弱也不同，检测到的信号强弱就不同。故对已经安装好次声波探测器的建筑物，如果室内声学环境有重大变化（如铺设地毯、悬挂厚窗帘、墙面敷设吸声材料、室内增加吸声较强的家具等），必须重新检查和调试探测器。

10. 视频报警器安装设计要点

（1）安装电视摄像机的高度，以站在地面上的人不易摸着为宜，最好安装在屋角附近，以扩大视野。

（2）摄像机应顺光架设，避免环境光对镜头的直接照射。在视场内也不应有任何人工照明光源的突然出现。如需人工照明光源出现，则应采取定向遮光措施。

（3）适当调整摄像机镜头圈，使之在正常照明条件下，监视器上图像的白色部分不致饱和，且有足够的对比度。否则有可能漏报警。

（4）由于对快变化的光线敏感，如闪电、拉动窗帘都会引起误报警，使用中必须注意。

11. 电动式振动探测器安装设计要点

电动式振动探测器用于室内外周界警戒及防凿、砸金库、保险柜等。电动式振动探测器的主要特点如下：

（1）面控型。

（2）在实体屏障突破之前即可发出报警。

（3）室外周界警戒形状组成灵活，隐蔽性好。

（4）传感器中的活动部件易磨损，需半年检修一次。

电动式振动探测器安装设计要点如下：

（1）室内应用时明敷、暗敷均可。通常安装于可能入侵的墙壁、天花板、地面或保险柜上。

（2）安装于墙体时，距地面高度以 2～2.4m 为宜，传感器垂直于墙面。

（3）室外应用时通常埋入地下，深度在 15cm 左右，不宜埋入土质松软地带。

（4）安装位置应远离振动源（如室内冰箱、空调等，室外树木、拦网桩柱等），室外用一般应与振动源保持 1～3m 以上距离，室内用酌情处理。

（5）不宜用于附近有强振动干扰源的场所（如附近临公路、铁路、水泥构件厂等）。

12. 电动式振动电缆入侵探测器安装设计要点

电动式振动电缆入侵探测器用于室内外周界警戒，其主要特点如下：

（1）电缆易弯曲，可用于地形复杂的周界防护。

（2）电缆本身无源，可在不宜进入电源的易燃易爆场所安装使用。

（3）不受温度、湿度的影响。

（4）外界的振动干扰（如小动物爬越、冰雹等引起的振动）较大时易产生误报警。

（5）功耗小。

电动式振动电缆入侵探测器安装设计要点如下：

（1）安装于网状围栏上时，电缆应敷设在围栏的 2/3 高度处，固定间隔应小于 30cm，且应每 15m 预留一个维护环（直径为 8～15cm）。

（2）安装于栅状围栏上时，宜将传感电缆穿入金属管内置于栅栏的顶端，固定金属管的卡子与管子之间应留有少量活动空间，以便遭入侵时能够产生振动。

（3）围墙上安装可采用如下方式：

① 电缆穿入金属管，用金属支架将金属管宽松地固定在围墙内侧或外侧的上方。

② 在围墙上安装铁刺网，电缆敷设在铁刺网上时，其敷设方法与上述网状围栏情况相同。

③ 用支架将电缆固定在围墙内侧或外侧的 2/3 高度处。

④ 电缆敷设需经过大门时，应将电缆穿入金属管埋入地下 1m 深处。

⑤ 室内安装时，将电缆敷设在可能入侵的房屋墙体的 2/3 高度处、天花板、地板上，明敷、暗敷均可。

⑥ 接线盒（内置前置信号处理器）应固定安装在传感电缆附近的桩柱或墙体上，且注意防破坏，其地线应良好接地。

⑦ 电缆分区要适当，每个警戒区域不宜过长，最好不超过 300m，以便能确定入侵部位。

13. 泄漏电缆入侵探测器安装设计要点

泄漏电缆入侵探测器用于室外周界或隧道、地道、过道、烟囱等处的警戒，其主要特点如下：

（1）隐蔽性好，可形成一堵看不见但有一定厚度和高度的磁场"墙"。

（2）电磁场探测区不受热、声、振动、气流干扰源影响，且受气候变化（雾、雨、雪、风、温、湿）影响小。

（3）电磁场探测区不受地形、地面不平坦等因素的限制。

（4）无探测盲区。

（5）功耗较大。

泄漏电缆入侵探测器安装设计要点如下：

（1）泄漏电缆视情况可隐藏安装在隧道、地道、过道、烟囱、墙内或埋入警戒线的地下。

（2）应用于室外时，埋入深度及两根电缆之间的距离视电缆结构、电缆介质、环境及发射机功率而定。

（3）泄漏电缆探测主机就近安装于泄漏电缆附近的适当位置，注意隐蔽安装，以防破坏。

（4）泄漏电缆通过高频电缆与泄漏电缆探测主机相连，主机输出送往报警控制器。

（5）周界较长，需由一组以上泄漏电缆探测装置警戒时，可将几组泄漏电缆探测装置适当串接起来使用。

（6）泄漏电缆埋入的地域要尽量避开金属堆积物，在两电缆间场区不应有易移动物体（如树等）。

14. 电场与感应式入侵探测器安装设计要点

电场与感应式入侵探测器用于室外周界警戒，其主要特点如下：

（1）电磁感应探测区不受热、声、振动、气流干扰源影响，且受气候变化（如雾、雨、雪、风、温、湿）影响小。

（2）价格较低。

电场线感应式入侵探测器安装设计要点如下：

（1）安装在周边钢丝网的中部或顶部、围墙的顶部，或单独安装在地面的柱桩上。

（2）电场线与感应线间距离依据具体产品技术性能来决定，两者之间应保持平行（安装时需用拉线器拉紧。

（3）电场线与感应线的数目可以是一对一，也可以是一对二（对于后一种情况，两根感应线应分放在电场线的两侧）。

（4）周界较长，需由一组以上探测装置警戒时，可将几组电场感应线探测装置适当串接起来使用。

15. 超声波入侵探测器安装设计要点

超声波入侵探测器是一种声场型移动探测器，它在密闭的室内形成稳定的声场，而破坏声场则引起报警。因此，它是一种空间报警器，适用于各种不同形状、面积的房间，在某一确定的范围内可实现无死角警戒。超声波入侵探测器安装方便、灵活，可以把接收机和发射机装在同一机壳内，也可以把接收机和发射机分开安装，主要根据所要防范现场的实际情况而定。

超声波是机械波，不受外界电磁波的干扰，但对那些同频带的超声波，是无法排除的。超声波入侵探测器主要用于室内，其安装设计要点如下：

（1）防范区域一般应为密闭的室内，门窗要求关闭，其缝隙也应足够小，以免因外界因素影响而报警。室内电扇、空调设备均应关闭，因为这些设备都可造成空气流动而误报警。

（2）墙壁要求隔声性能好（一般砖墙均可，但不要使用纤维板墙），以免室外超声波干扰源（如汽笛声、蒸汽泄漏声、排气声等都伴随有超声波产生）引起误报警。

（3）室内的电话铃声是否能造成误报警，要在安装好探测器后通过试验来决定。

（4）室内的家具最好靠墙旋转，尽量减少人为造成的死区（不灵敏区）。因为超声波不能穿透这些物体。

（5）根据使用环境的要求，选择适当的超声波探测器和选择适当的安装布局方式。超声波探测器既可装在墙上，也可装在天花板上。假若室内有许多较高的柜子、货架、展台等，采用天花板上安装形式比较好。当采用此种安装方式时，超声波的能量场将呈现一个锥形场向下辐照，当安装高度为 $10\sim15m$ 时，其能量场覆盖直径约为 30m。假若在走廊中应用，采用长距离型超声波探测器比较好，可在超声波收发机前放一个偏转器来实现，如此处理之后能量场可变为椭圆场，长轴很长短轴很短，有 种探测器其探测距离可达 70m。假若在较大的保护区或不规则的保护区应用，可安装多个探测器来实现，但探测器的布局（即安装的位置）要使被保护的区域不能有遗漏部分，可以有重叠部分。分开安装的超声波发射机和接收机，大部分是全向或半方向型的，全向型探测器通常装在天花板上，半向型探测器通常安装在墙壁上。

16. 被动红外入侵探测器安装设计要点

被动红外入侵探测器常用于室内防护目标单空间区域警戒。它的主要特点如下：

（1）功耗低、隐蔽性好（被它动式）。

（2）同一室内可安装多台，探测区任意交叉互不干扰。

（3）灵敏度随室温升高而下降，探测范围也随之减小。

（4）探测区内有热变化或热气流流过易造成误报。

（5）红外穿透性差，遇遮挡造成盲区。

被动红外入侵探测器安装设计要点如下：

（1）对于壁挂式被动红外探测器，安装高度距地面2.2m左右，视场与可能入侵方向成90°角，探测器与墙壁的倾角视防护区域覆盖要求确定。

（2）对于吸顶式被动红外探测器，一般安装在重点防范部位上方附近的天花板上，应水平安装。

（3）对于楼道式被动红外探测器，视场面对楼道（通道）走向，安装位置以能有效封锁楼道（或通道）为准，距地面高度2.2m左右。

（4）合理选择透镜结构，使其视场形状适合防范区域要求。

（5）被动红外探测器的视窗不应正对强光源以及阳光直射的窗口。

（6）被动红外探测器的附近及人不应有可能引起温度快速变化的热源，如暖气、火炉、电加热器、热管道、空调的出风口等。

（7）被动红外探测器的防护区内不应有障碍物。

17. 微波-被动红外双技术入侵探测器安装设计要点

微波-被动红外双技术入侵探测器用于室内目标的空间区域警戒。它的主要特点（与被动红外单技术探测器相比）如下：

（1）误报警少。

（2）安装使用方便，对环境条件要求宽。

（3）增加了漏报的可能性。

（4）功耗较大。

微波-被动红外双技术入侵探测器安装设计要点如下：

（1）对于壁挂式微波-被动红外探测器，安装高度距地面2.2m左右，视场与可能入侵方向应成45°角为宜（若受条件所限，应首先考虑被动红外单元的灵敏度），探测器与墙壁倾角视防护区域覆盖要求确定。

（2）对于吸顶式微波-被动红外探测器，一般安装在重点防范部位上方附近的天花板上，应水平安装。

（3）对于楼道式微波-被动红外探测器，视场面对楼道（通道）走向，安装位置以能有效封锁楼道（通道）为准，距地面高度2.2m左右。

（4）应避开能引起两种探测器技术同时产生误报的环境因素。

18. 多维驻波入侵探测器安装设计要点

多维驻波入侵探测器适用于展柜、商品柜等的小型密闭空间警戒。它的主要特点如下：

（1）全方位警戒，无盲区。

（2）全天时工作，不受观众或顾客的影响。

多维驻波入侵探测器安装设计要点如下：

（1）安装在展柜后侧上部的某一角处。

（2）探测器视场轴线与展柜前侧玻璃有 30°夹角为宜，严禁正对玻璃。

（3）相邻展柜采用多探测器联网组合运用时，所用同步信号线应采用双绞线。

（4）同步器的接地点应靠近电源地。

19. 声控-振动双技术玻璃破碎入侵探测器安装设计要点

声控-振动双技术玻璃破碎入侵探测器用于对门窗、展柜等玻璃的警戒。它的主要特点如下：

（1）避免了声控或振动单技术探测器因受环境干扰（噪声或其他振动）而导致的误报。

（2）比单技术探测器增加了漏报的可能性。

声控-振动双技术玻璃破碎入侵探测器安装设计要点如下：

（1）安装在玻璃附近的墙壁或天花板上。

（2）同时警戒两处以上门窗玻璃时，探测器的位置应居中，并且探测范围应能满足要求。

5.3.3　防盗报警系统信道传输设计

防盗报警系统中的视频信号使用同轴电缆、光缆、双绞线传输。当前视频信号传送的主要方式还是基带传输方式，传输的是来自摄像机输出的不经任何频率变换（如调制）等处理的复合视频信号。视频基带传输最大的优点就是传输系统简单，在一定的传输距离内，失真小，附加噪声低（即信噪比高），不必增加附加设备。视频基带传输质量最好的传输介质就是同轴电缆。在视频信号传输时，如果传输距离过长可以考虑使用光纤传输。

在通信距离不远的情况下，实际使用屏蔽双绞线传送通信信号即可。如果通信距离过长，在远距离传输中不建议使用同轴方式传送通信信号。

1. 线路的设计

到目前为止，无论是国内或国际上，采用有线尤其是专用线传输的报警系统占多数，而且无论是区域控制或集中控制，采取集中供电和信号显示的也居多数，选用现场供电的很少，（因为采用集中供电便于管理）。一般现场的各个探测器都是靠这种专用线和控制器连接起来的，这种传输线相当于整个报警系统的神经，在报警系统中无论哪根线断了、破了或选得不合适，或在布线施工中弄错了，都会使报警系统的局部或全部造成瘫痪。因此，在对报警系统有线传输部分设计时，应对以下问题进行认真考虑：

（1）导线规格的选择。对系统中的信号传输线不需计算导线截面积（因为信号电流太小），只需考虑机械强度。但是，对于共用信号线要计算导线截面积，尤其是对许多探测器共用一条线时更需要进行计算导线截面积。对集中供电的电源线，一定要根据这对导线上所承受的总负载和由控制器供电部位到最远的探测器之间的距离，以及要选择的导线的种类按下式进行计算和选线。

导线截面积通常可按下式计算：

铜线 $$S=\frac{IL}{54.4\Delta U}$$

铝线 $$S=\frac{IL}{34\Delta U}$$

式中　I——导线中通过的最大电流，A；

　　　L——导线的长度，m；

　　　ΔU——允许的电压降，V；

　　　S——导线截面积，mm^2。

说明：①电压降可由整个系统中所用探测器的工作电压范围和给系统供电用的电源电压额定值（包括备用电源在内）综合起来考虑选定，一般选取工作范围最小的那个值。假如在一对电源传输线上有多个探测器，其中有的探测器工作电压范围为 $10.5\sim16V$，有的为 $11\sim13V$，有的为 $8\sim15V$ 等，而电源电压额定值为 12V，则按取下限最高值、上限最低值的原则来选定。因为只有这样来选定，计算出来的导线规格才能满足整个系统的要求。

② 计算出来的导线截面值 S，在查表选线规格时，应向上靠。

（2）导线配管选择。为了对传输线加在保护，免受外界的干扰和破坏，一般都穿管或穿线槽。但穿管时应注意以下几点：

① 不同电源电压回路的导线，在没有采取电路隔离措施时，一般不得穿在同一管内。在同一管内，尤其是强电传输线（如 220、380V 或更高的电压）和安全电传输线（如 65V 以下的 12、24、48V 等）对弱电压和信号会产生强烈的干扰，会使弱电压不稳，会使弱信号失真。一旦有破皮短路，将会给低电压的设备和操作维修者造成严重的威胁，但电压为 65V 以下的传输线路除外。

② 穿在管内的导线不得有接头，因为检查维修不方便。

③ 穿在管内导线的总截面积（包括绝缘层）不应超过管内截面积的 40%。

（3）传输线路布局。整个系统传输线路的布局走向设计，应从整个系统防护区域的整体着眼，查明地形结构及环境情况，选择安全易施工而捷径的路线。

2. 几种信号的传输方法

设计一个报警系统时，报警信号的传输是分层次的，一般有以下几种组合方式：

（1）局部报警。这种装置比较简单，直接装在建筑物内，它只探测与记录入侵活动，触发声光报警恐吓入侵者，并唤起邻居或警卫的注意。家庭用的常是此类报警器。

（2）局部报警与直接通信结合。它与局部报警相同，不过还将报警信号传送到警卫部门。例如家庭储蓄所、小的银行、商店、仓库等一些无人值守和无有警卫力量的场所，用此种报警系统较多。

（3）局部报警与中央站相结合。在局部报警后，同时将报警信号传送到中央站，中央站再根据情况发出命令或通知。

（4）专用报警监控中心。在一些大型工厂、医院、学校、博物馆、监狱、大机关、大商店、大银行和大研究所等都可设监控中心，将报警信号传送到监控中心，然后由监控中心根据情况发出命令或通知。

（5）设在中央站的监控中心。这是在一个区域的监控中心，它监视着区域各单位和居民的报警信号，并可向公安部门发送信号。这个中央监控中心可设在居委会商业中心或公安部门指定位置。

3. 传输方式的选择

（1）选择传输方式的主要依据。

① 传输距离。

② 地理条件。

③ 探测设备的数量及分布情况。

④ 防盗报警系统信道传输能快捷准确地传输探测信号，而且应性能稳定、受环境影响小，并具有防破坏能力。

⑤ 系统布线时，一般应采用金属管、硬质塑料管或塑料线槽进行保护。

⑥ 有与上一级报警中心电话通信联络设备，与上级报警中心实施双向通信，有处警指挥措施。

⑦ 中心控制设备应具有有线、无线两种报警传输方式及有线/无线转换功能，报警信号能及时、准确地传送到有关接警部门。

⑧ 报警网的主干线（特别是借用公共电话网构成的区域报警网）及防护级别高的金融、文物单位系统等，宜采用以有线传输为主、无线传输为辅的双重报警传输方式，并配以必要的有线/无线转接装置。

⑨ 在传输距离远、布线困难的情况下，不便铺设线缆（如电缆、光缆）的区域，可考虑采用无线传输方式，但要注意选用抗干扰能力强的设备。

（2）线缆选型。

① 同轴电缆。应根据图像信号采用基带传输还是射频传输，确定选用视频电缆还是射频电缆。所选用电缆的防护层适合电缆敷设方式及使用环境（如环境气候、存在有害物质、干扰源等）。室外线路宜选用外导体内径为 9mm 的同轴电缆，采用聚乙烯外套。室内距离不超过 500m 时，宜选用外导体内径为 7mm 的同轴电缆，且采用防火的聚氯乙烯外套。终端机房设备间的连接线距离较短时，宜选用的外导体内径为 3mm 或 5mm，且具有密编铜网外导体的同轴电缆。

② 光缆。光缆的传输模式可依传输距离而定，长距离时宜采用单模光缆，距离较短时宜采用多模光缆。光缆芯线数目，应根据监视点的个数、监视点的分布情况来确定，并注意留有一定的余量。光缆的结构及允许的最小弯曲半径、最大抗拉力等机械参数应满足施工条件的要求，光缆的最小弯曲半径应不小于其外径的 20 倍。光缆的保护层，应适合光缆的敷设方式及使用环境。

传输线缆在满足衰减、弯曲、屏蔽和防潮等性能要求的前提下，宜选用线径较细、容易施工的线缆。布线系统与其他干扰源的间距应符合表 5-1 的要求。

表 5-1　　　　　　　　　　　　　　　布线系统与其他干扰源的间距表

其他干扰源	与综合布线接近状态	最小间距（cm）
380V 以下电力电缆（容量小于 2kVA）	与线缆平行敷设	13
	有一方在接地的线槽中	7
	双方都在接地的线槽中	1
380V 以下电力电缆（容量在 2～5kVA）	与线缆平行敷设	30
	有一方在接地的线槽中	15
	双方都在接地的线槽中	8
380V 以下电力电缆（容量大于 5kVA）	与线缆平行敷设	60
	有一方在接地的线槽中	30
	双方都在接地的线槽中	15
荧光灯、氩灯、电子启动器或交感性设备	与线缆接近	15～30
无线电发射设备、雷达设备、其他工业设备	与线缆接近	≥150
配电箱	与配线设备接近	≥100
电梯、变电室	尽量远离	≥200

（3）电缆传输部件的选择。

① 视频电缆传输方式。在如下位置处宜加电缆均衡器：黑白电视基带信号在 5MHz 时的不平坦度≥3dB 处，彩色电视基带信号在 5.5MHz 时的不平坦度≤3dB 处。宜加电缆均衡放大器处：黑白电视基带信号在 5MHz 时的不平坦度≤6dB 处，彩色电视基带信号在 5.5MHz 时的不平坦度≤6dB 处。

② 射频电缆传输方式。摄像机在传输干线的某一处相对集中时，宜采用混合器来收集信号；摄像机分散在传输干线的沿途时，宜选用定向耦合器来收集信号。

控制信号传输距离较远，到达终端已不能满足接收电平要求时，宜考虑中途加装再生中继器。

4. 布线设计

（1）室内布线设计。

① 室内线路敷设应符合 JGJ 16—2008《民用建筑电气设计规范（附条文说明［另册]）》的有关规定。

② 在新建或有内装修要求的已建建筑物内，宜采用暗管敷设方式；对无内装修要求的已建建筑物，可采用线卡明敷方式。

③ 室内明敷电缆线路宜采用配管、配槽敷设方式。明敷线路布设时，应尽量与室内装饰协调一致。

④ 选用管线内截面应至少留有 1/3 的余量。

⑤ 电缆线路不得与电力线同线槽、同出线盒、同连接箱安装。

⑥ 明敷电缆与明敷电力线的间距不应小于 0.3m。

⑦ 布线使用的非金属管材、线槽及附件应采用不燃或阻燃性材料制成。

⑧ 电缆竖井宜与强电电缆的竖井分别设置，如受条件限制必须合用，报警系统线路和强电线路应分别布置在竖井两侧。

（2）室外布线设计。

① 电缆在室外敷设时，应符合 GBJ 42—1981《工业企业通信设计规范》中的要求及国家现行的有关规定和规范。

② 室外线路敷设方式宜按以下原则确定：有可利用的管道时，可考虑采用管道敷设方式；监视点的位置和数量比较稳定时，可采用直埋电缆敷设方式；有建筑物可利用时，可考虑采用墙壁固定敷设方式；有可供利用的架空线杆时，可采用架空敷设。

③ 电缆、光缆线路路径设计时，应使线路短直，安全、美观，信号传输稳定、可靠，线路便于检修、检测，并应使线路避开易受损地段，减少与其他管线等障碍物的交叉跨越。

④ 电缆线路宜穿金属管或塑料管加以防护。

⑤ 电缆架空敷设时，同杆架设的电力线（1kV 以下）的间距不应小于 1.5m，同广播线的间距不应小于 1m，同通信线的间距不应小于 0.6m。

⑥ 在电磁干扰较强的地段（如电台天线附近），电缆应穿金属管并尽可能埋入地下，或采用光缆传输方式。

⑦ 交流供电电缆应与视频电缆、控制信号线单独分管敷设。

⑧ 地埋式引出地面的出线口，应尽量选有隐蔽地点，并应在出口处设置从地面计算高度不低于 3m 的出线防护钢管，且周围 5m 内不应有易攀登的物体。

⑨ 电缆线路由建筑物引出时，应尽量避开避雷针引下线；不能避开处两者平行距离不应小于 1.5m，交叉间距不应小于 1m，并应尽量防止长距离平行走线；在不能满足上述要求处，可在间距过近处对电缆加缠铜皮屏蔽，屏蔽层要有良好的就近接地装置。

⑩ 在中心控制室电缆汇集处，应对每根入室电缆在接线架上加装避雷装置。

（3）无线传输系统设计。

① 传输频率必须经过国家无线电管理委员会批准，国家无线电管理委员会分配给报警系统专用的无线传输频率如下：

第一组：36.050、36.075、36.125MHz；

第二组：36.350、36.375、36.425MHz；

第三组：36.650、36.675、36.725MHz。

② 发射功率应适当，以免干扰广播和民用电视。

③ 发射功率在 1W 以内，经批准最大不超过 15W。

④ 无线图像传输宜采用调频制。

⑤ 无线图像传输方式主要有高频开路传输方式和微波传输方式。监控距离在 15km 范围内时，可采用高频开路传输方式；监控距离较远且监视点在某一区域较集中时，应采用微波传输方式，其传输距离最远可达几十千米。需要传输距离更远或中间有阻挡物的情况时，可考虑加装微波中继器。

5.3.4　防盗报警系统中心监控设计

1. 监控系统中心设计时要考虑的问题

监控系统中心的作用及设计中应注意的问题。人们为了对付盗窃和抢劫，要求把各分散的报警点和报警信息通送住有警卫力量的监控中心，以便有力量对付盗窃和抢劫。这样，把某一区域的居民报警点组成网络，并有监控中心加以管理，就十分必要了。一般一个大的单位有许多保护区，并有足够的警卫力量，它们可以自行组建自己的监控中心。小的单位可以建立小型监控中心或值班室，然后再加入区域监控中心联网。监控中心的作用在于监视各个保护区的情况，分析判断各个保护区送来的信息，然后作出判断，并采取适当措施。

2. 小型系统的控制设备选型与控制室的布局设计

（1）小型系统的报警控制器设备的选型。

① 一般采用的报警控制器常见结构主要分为台式、料式和壁挂式 3 种，小型系统的报警控制器多采用壁挂式。

② 选用的控制器应符合 GB 12663—2001《防盗报警控制器通用技术条件》中有关要求。

③ 选用的控制器应具有本地报警功能，报警喇叭声音应大于 80dB。

④ 选用的控制器应具有三证（安防产品生产许可证．安防产品销售许可证、电信设备入网许可证）。

⑤ 选用的控制器应具有可编程和联网功能。

⑥ 选用的控制器应具有操作员密码，可对操作员密码进行编程，密码组合不应小于 15000 组。

⑦ 具有联网功能的报警控制器应满足有关部门入网技术要求。

⑧ 具有防破坏功能。

（2）小型系统的控制室的布局设计。

① 小型系统的控制器应设置在值班室，室内应无高温、高湿及腐蚀气体，且环境清洁。

② 壁挂式控制器在墙上的安装位置，其底边距地面的高度不应小于 1.5m；如靠门安装，靠近其门轴的侧面距离不应小于 0.5m；正面操作距离不应小于 1.2m。

③ 小型系统控制器的操作、显示面板应避开阳光直射。

④ 控制器具有联动功能。

⑤ 控制器的电源不间断。

⑥ 值班室应安装防盗门、防盗窗和防盗锁，设置紧急报警装置以及同处警力量联络和向上级部门报警的通信设施。

3. 大中型系统的控制设备选型与控制室的布局设计

（1）大中型系统的报警控制台。

① 大中型系统的报警控制台一般采用台式和板式。

② 对于柜式结构的控制台，其高度应不超过 2200mm，内边缘宽度选择 482.6mm，单位高度定位孔距为 44.5mm。

③ 控制台能直接或间接接收来自入侵探测器发出的报警信号，发出声、光报警并指示入侵发生的部位。声、光报警信号应能保持至手动复位。

④ 当紧急报警和入侵报警同时发生时，则优先发出紧急报警声、光信号，且两者信号应有明显区别，紧急报警功能不受电源开关影响。

⑤ 控制台应符合 GB/T 16572—1996《防盗报警中心控制台》的有关技术性能要求。

⑥ 控制台应能自动接收用户终端设备发来的所有信息（如报警、音像复核），采用微处理技术时应同时有计算机屏幕上实时显示（大系统可配置大屏幕电子地图或投影装置），并发出声、光报警。

⑦ 应能对现场进行声音（或图像）复核。

⑧ 应具有系统工作状态实时记录，显示直观；操作方便，查询和打印功能。

⑨ 宜设置"黑匣子"用以记录系统开机、关机、报警和故障等多种信息，而且值班人员无权更改。

⑩ 故障（线路故障）报警功能。控制台与入侵探测器、手动报警按钮、起传输入侵报警信号作用的部件及位于控制台外部的报警显示盘之间的连线发生断路、短路或并接其他负载时，应能发出有别于入侵报警和紧急报警的声、光报警并指示故障发生的部位。声报警信号能手动消除，光报警信号应能保持至故障排除。故障报警不应影响非故障回路的报警功能。

⑪ 为入侵探测器提供电源功能。直接输入式控制台应能为全部与其直接接入的入侵探测器提供 12～18V 直流工作电压，电压纹波系数小于 1%，连续工作 24h 电压变化率不大于 3%，输出电流容量应在有关技术文件中说明；直接输入式控制台应具有为入侵探测器提供的电源进行开关的功能，并且对应于该电源的开、关状态，控制台应有相应的指示。

⑫ 报警反应速度。直接输入式控制台在收到入侵探测器信号后 2s 内报警，收到紧急报警信号后 1s 内报警，收到故障报警信号后 4s 内报警；间接输入式控制台在收到报警信号后 4s 之内报警。

⑬ 解除与恢复受警功能。直接输入式控制台应能对任意一路入侵报警信号解除受警，并能显示已被解除受警的入侵部位；还应能对已被解除受警的入侵报警信号恢复受警。

⑭ 复核功能。直接输入式控制台应具备声音或图像复核功能。当控制台执行复核功能时，应能明确指示当前的复核部位。

⑮ 记录功能。控制台应能对开关机时间以及入侵报警、紧急报警和故障报警的部位和时间作出记录。记录时间应包括年、月、日、时、分、秒。控制台记录内容在电源关闭时不丢失。

⑯ 自检功能。直接输入式控制台在执行自检功能时，应自动将模拟入侵探测器报警状态和信号接入控制台入侵探测输入回路，检查报警功能。应有自检状态指示，该信号输入形式和自检状态指示内容应在有关文件中说明。间接输入式控制台在执行自检功能时，应能自动检测报警输入回路。应有自检状态指示指示内容应在有关文件中说明。控制台应能对所有显示器件和声响器件进行自检。

⑰ 接口。控制台的接口应符合下列要求：控制台的报警信息输出接口宜采用 RS-232C、RS-422、RS-485 接口。具体内容应在产品技术文件中明确说明；控制台的视频

接口应符合表 5-2 的要求，控制台音频接口应符合表 5-3 的要求；间接输入式控制台的报警输入接口应在有关文件中明确说明。

⑱ 电源转换功能。控制台应有电源转换装置。当主电源断电时自动转换到备用电源，主电源恢复时能自动转换到主电源。若备用电源为可充电电池，则电源应对备用电源自动充电，备用电源工作状态用灯光指示。电源转换时控制台应能正常工作，不产生误报警。

⑲ 控制台操作级别应按表 5-4 规定划分。

进行Ⅰ、Ⅱ级操作功能状态应采用钥匙或操作编码，用于进行Ⅱ级操作功能状态的钥匙或操作编码可用于进入Ⅰ级操作状态的钥匙或编码不能进行Ⅱ级操作功能状态。

⑳ 气候环境适应性要求，控制台或报警控制部件的环境适应性要求如表 5-5 所示。每项试验后检查基本功能，应符合规定的要求。

㉑ 稳定性。控制台在正常工作条件下连续工作 7d，工作应正常且不出现误报警、漏报警。

㉒ 指示灯。如采用钨丝灯泡，应双灯并联运行，否则应有灯丝断线监视措施。红色表示入侵和紧急报警信号，黄色表示故障信号，绿色表示主电源和备用电源工作正常，其他颜色可用作表示其他状态。所有指示灯应标注出功能。在一般环境光线下，指示灯在距离其 3m 处应清晰可见。

㉓ 字母-数字显示器（含 CRT 显示器）。用于显示报警器信息的字母-数字显示器，在光线 0.1～500lx 条件下应在 0.8m 处可读；用于显示其他信息的字母-数字显示器，在光线 40～500lx 条件下应在 0.8m 处可。

表 5-2   控制台视频接口要求

项目	技术要求
输入/输出连接器	符合 SJ/T-11072-1996《BNC 型射频同轴连接器》规定
输入/输出阻抗标准值	75Ω
输出额定值	$1V_{p-p}$正极性
通道带宽	≥6MHz

表 5-3   控制台音频接口要求

项目	技术要求
低输入阻抗	600Ω
高输入阻抗	≥10Ω

表 5-4   控 制 台 操 作 级 别 表

操作项目	Ⅰ级	Ⅱ级
控制台的开机、关机	M	M
消除外声、光设备的声、光信号	M	M
消除控制台的声信号	M	M
解除、设置警戒状态	M	M
调整计时装置	O	M
输入或更改数据	O	M

注   M 为本级操作人操作；O 为可选择。

表 5-5　　　　　　　　控制台或报警控制部件的环境适应性要求

试验项目	气候条件及时间	数值	状态
高温试验	温度（℃）	40	工作状态
	持续时间（h）	2	
低温试验	温度（℃）	0	工作状态
	持续时间（h）	2	
恒定湿热试验	相对湿度（%）	93^{+2}_{-3}	非工作状态
	温度（℃）	40	
	持续时间（h）	48	
低温储存	温度（℃）	-40 ± 3	非工作状态
	持续时间（h）	16	

㉔ 音响器件。在额定工作电压下，距离音响器件中心 1m 处的声压级应为 40～80dB（A）；在 80％额定工作电压条件下应能发出不小于 30dB（A）的声响。

㉕ 接线端子。每一接线柱端子上都应清晰、牢固地标注其编号或符号，其用途应在有关文件中说明。

㉖ 开关和按键。开关和按键应坚固耐用，并在其上或靠近的位置上清楚地标注其功能。

㉗ 备用电源。控制台备用电源的容量应能满足产品说明书规定的指标，并在 24h 之内保证达到标准的有关规定的全部功能正常执行。

㉘ 系统软件及运行。程序应存放在 ROM、EPROM、E²PROM 等不易丢失和改动的存储器中；如果程序放在磁盘存储器中应有预防、检查计算机病毒和防止非专门人员改动的措施；计算机的工作程序停止运行时应给出明确的灯光或声响指示，并在有关文件中说明。

（2）大中型系统的报警控制室的布局设计。

① 控制室应为设置控制台的专用房间，室内应无高温、高湿及腐蚀气体，且环境清洁。

② 控制台后面板距墙不应小于 0.8m，两侧距墙不应小于 0.8m，正面操作距离不应小于 1.5m。

③ 宜采用防静电活动地板，其架空高度应≥0.3m，并根据机柜、控制台等设备的相应位置，留进线槽和进线孔。

④ 应设置同处警力量联络和向上级部门报警的专线电话，通信手段不应少于两种。

⑤ 控制室安装防盗门、防盗窗和防盗锁，设置紧急报警装置。

⑥ 室内应设卫生间。

（3）大中型系统的报警控制器设备的选型。

① 互连监控和指示。防盗报警控制器应能对入侵探测器、防拆报警装置、告警器、紧急报警装置、报警传输设备以及辅助控制设备等互联设备进行监控；防盗报警控制器应对入侵报警、防拆报警、防破坏报警和紧急报警等报警状态有明确的区分指示。

② 设置警戒与解除警戒。防盗报警控制器应有设置警戒和解除警戒的装置。它们

可以是机械钥匙或遥控装置或密码键盘或读卡装置或其他装置。防盗报警控制器应能使用授权装置和/或用户密码进行设置警戒，也可以用单一按键快速设置警戒；防盗报警控制器的设置警戒状态，只能用授权的装置和/或用户密码、有效卡等解除警戒，不能用控制面板上的单一按键进行解除警戒。

③ 报警。防盗报警控制器应能接收报警信号，产生报警。瞬时报警是在接收到入侵探测器的报警信号后，立即产生报警指示，并应能发送报警信号到远程监控站；防拆报警包括两个方面，其一是防盗报警控制器应有能接收探测器防拆报警信号的接口，其二是防盗报警控制器及其辅助设备应有装在机壳盖里面的防拆探测装置（当打开探测器或防盗报警控制器机盖或防盗报警控制器被移离安装表面时，应不受防盗报警控制器所处状态和交流断电影响，提供24h防拆报警）；防破坏报警是当与防盗报警控制器互连的报警探测回路发生断路、短路时，应立即发出报警；当报警探测回路为阻性，并接任何阻性负载时，应立即发出报警或不能破坏防盗报警控制器正常报警功能。

此外，还有延时报警、紧急报警、传递延时报警和胁迫报警等功能要求。

④ 故障检测、指示、通告功能及声压要求。应能检测主电源故障、备用电源故障、时钟和互联设备直流欠电压等故障；在解除警戒状态下应能故障指示区分故障种类，并在故障持续时期内保持；防盗报警控制器全设置警戒状态下则不需要故障指示；故障信号在任何时候均应传送到远程监控站；故障提示声压不得小于160dB（A）。

⑤ 复位。具有编程功能的防盗报警控制器，应有恢复出厂设定值的装置或手段；使用编程密码只能复位可听报警指示；使用用户密码能复位可见报警指示和取消发往远程监控站的报警。

⑥ 事件记录及传输，防盗报警控制器应有如下事件记录：报警事件、故障事件、防拆防破坏事件、设置警戒/解除警戒事件、复位事件、隔离/暂时隔离事件、更改有效用户密码事件、传输故障事件、校时事件、修改软件（包括特定位置数据）事件、主电源掉电事件、备用电源欠电压事件。

防盗报警控制器所有记录应包括时间：时、分、日、月，时间误差不大于15min。应能存储最近250条独立事件记录。

防盗报警控制器用正常或非正常手段均不能改变记录内容，在交、直流电源全部失电时，设置参数和事件记录应能最少30天不丢失，事件记录应能打印。防盗报警控制器应有传送事件信息到远程监控站的功能，并应能区别事件属性。

5.3.5 验证和警卫部分

1. 验证

验证系统主要弥补误报警问题，进一步验证发出报警信息的准确性。验证系统要与否，可根据用户的需求和保护目标所处的政治、经济地位来定，一般加装监听系统比电话监控系统要廉价的多，一般都可以加，但有些处所不宜加。像领导人的办公室就不宜加。电视监控也如此，但在出入口处、商店营业厅银行金库等处，有经济条件时应加装电视监控系统。

2. 警卫部分

只有将人防和技防结合起来，才算得上一个完整的安全防范方案；否则，即使有一套一流防盗报警系统，若无人即刻到达出事地点阻止犯罪行为或抓获罪犯，也达不到安全防范的目的。因此，凡设有控制中心的地方，都应该配备警卫力量，或与有关警卫力量（如派出所、保安公司、治安队等）有快而准的通信联系。只有技防和人防密切结合起来，才能真正达到安全防范的目的。

5.3.6　报警控制器

（1）入侵报警控制器应能直接或间接接收来自入侵探测器发出的报警信号，发出声、光报警并能指示入侵发生的部位，声、光报警信号应能保持到手动复位，复位后，如果再有入侵报警信号输入，应能重新发出声、光报警信号。另外，入侵报警控制器还能向与该机接口的全部探测器提供直流工作电压。

（2）入侵报警控制器应有防破坏功能，当连接入侵探测器和控制器的传输线路发生断路、短路或并接其他负载时应能发出声、光报警信号，报警信号应能保持到引起报警的原因排除后，才能实现复位；而在报警信号存在期间，如有其他入侵信号输入，仍能发生相应的报警信号。

（3）入侵报警控制器能对控制的系统进行自检，检查系统各个部分的工作状态是否处于正常工作状态。

（4）入侵报警控制器应有较宽的电源适应范围，当主电源电压变化±15％时，不需调整仍能正常工作。主电源的容量应保证在最大负载条件下连续工作 24h 以上。

（5）入侵报警控制器应有备用电源。当主电源断电时能自动转换到备用电源上，而当主电源恢复后又能自动转换到主电源上，转换时控制器仍能正常工作，不产生误报。备用电源应能满足要求，并连续工作 24h。

（6）入侵报警控制器应有较高的稳定性，在正常大气条件下连续工作 7 天，工作正常，不出现误报、漏报。

（7）入侵报警控制器应在额定电压和额定负载电流下进行警戒、报警、复位、循环6000 次，而不允许出现电的或机械的故障，也不应有器件的损坏和触点黏连。

（8）入侵报警控制器平均无故障时间分为三个等级：A 级为 5000h，B 级为20000h，c 级为 60000h。

（9）入侵报警控制器的机壳应有门锁或锁控装置（两路以下例外），机壳上除密码按键及灯光指示外，所有影响功能的操作机均应放在箱体之内。

（10）入侵报警控制器应能接收各种性能的报警输入。

① 瞬时入侵：为入侵探测器提供瞬时入侵报警。

② 紧急报警：接入按钮可提供 24h 的紧急呼救，不受电源开关影响，能保证昼夜工作。

③ 防拆报警：提供 24h 防拆保护，不受电源开关影响，能保证昼夜工作。

④ 延时报警：实现 0～40s 可调进入延迟和 100s 固定外出延迟。

凡 4 路以上的防盗报警器必须有 A、B、C 三种报警输入。

由于入侵探测器有时会产生误报，通常控制器对某些重要部位的监控，采用声控和电视复核。

（11）入侵报警控制器可做成盒式、挂壁式和柜式。

（12）入侵报警控制器按容量可分为单路报警控制器或多路报警控制器。而多路报警控制器则多为 2、4、8、16、24、32 路。

（13）根据用户的管理机制和对报警的要求，入侵报警控制器可分为小型报警控制器、区域入侵报警控制器和集中入侵控制器。

5.4　防盗报警系统的施工

5.4.1　防盗报警工程的施工准备

1. 防盗报警工程施工应具备的条件

防盗报警工程施工应具备的条件包括设计文件、仪器设备、施工场地、管道、施工器材及隐蔽工程的要求等。施工单位对这些要求认真准备，以提高施工安装效率，避免在审核、安装、随工验收等工作中出现不必要的返工。

2. 施工现场要求

对施工现场进行检查，要符合下列要求方可进场、施工：

（1）施工对象已基本具备进场条件，如作业场地、安全用电等均符合施工要求，施工区域内建筑物的现场情况和预留管道、预留孔洞、地槽及预埋件等应符合设计要求。

（2）使用道路及占用道路（包括横跨道路情况）符合施工要求。

（3）允许同电线杆架设的杆路及自立电线杆杆路的情况必须要了解清楚，符合施工要求。

（4）敷设管道电缆和直埋电缆的路由状况必须要了解清楚，并已对各管道标出路由标志。

（5）当施工现场有影响施工的各种障碍物时，已提前清除。

5.4.2　防盗报警工程各类探测器的安装要求与技术

防盗报警工程设备的安装主要是指安装各类探测器和报警控制器。

1. 安装各类探测器要注意的操作步骤

（1）各类探测器安装时，应根据所选产品的特性警戒范围要求和环境影响等，确定设备的安装点（位置和高度）。

（2）探测器安装前要通电检查其工作状况，并作记录。

（3）探测器的安装应符合《电器装置安装施工及验收规范》的要求。

（4）探测器的安装应按设计要求及设计图纸进行。

（5）不同类型的探测器有不同安装方法和不同要求。

（6）周界探测器的安装，应能保证防区交叉、避免盲区，并应考虑使用环境的影响。

（7）探测器底座和支架应固定牢固。

（8）导线连接应牢固可靠，外接部分不得外露，并留有适当余量。

（9）紧急按钮的安装位置应隐蔽，便于操作。

2. 安装被动红外探测器

被动红外探测器不向空间辐射能量，而是依靠接收人体发出的红外辐射来进行报警。任何温度在绝对零度（即－273.15℃）以上的物体都会不断地向外界辐射红外线，人体的表面温度为36℃，其大部分辐射能量集中在 $8\sim12\mu m$ 的波长范围内。被动红外探测器可直接安装在墙上、天花板上或墙角，其布置和安装的原则如下：

（1）安装高度通常为 $2\sim4m$。

（2）探测器对探测器视区的人体运动最敏感，故安装时应尽量利用这个特性达到最佳效果。

（3）应该充分注意探测背景的红外辐射情况，并且要求选择的背景是不动的。

（4）警戒区内最好不要有空调或热源，如果无法避免热源，则应与热源保持至少 $1.5m$ 的间隔距离，并且探测器不要对准灯泡、火炉、冰箱散热器、空调的出风口。

（5）探测器不要对准强光源，应避免正对阳光或阳光反射的地方，也应避开窗户。

（6）警戒区内不要有高大的遮挡物遮挡和电风扇叶片的干扰，也不要安装在强电磁辐射源附近（如无线电发射机、电动机）。

（7）被动红外探测器不要安装在容易振动的物体上，否则物体振动将导致探测器振动，相当于背景辐射的变化会引起误报。

（8）注意探测器的视角范围，防止"死角"。

被动红外探测器的安装原则如下：

① 室内壁挂式被动红外探测器安装应满足下列要求：

a. 在与可能入侵方向成90°角的方位。

b. 高度为 $2.2\sim2.5m$。

c. 视防范具体情况确定探测器与墙壁的倾角。

d. 底座和支架应固定牢固。

e. 导线连接应牢固可靠。

② 吸顶式被动红外探测器安装。吸顶式被动红外探测器，一般安装在重点防范部位上方附近的天花板上，必须水平安装，导线连接应牢固可靠。

③ 楼道式被动红外探测器安装应满足下列要求：

a. 楼道式被动红外探测器必须安装在楼道端。

b. 视场沿楼道走向。

c. 高度为 $2.2\sim2.5m$。

d. 底座和支架应固定牢固。

e. 导线连接应牢固可靠。

3. 安装主动红外探测器

主动红外探测器是由发射机与接收机配对组成的，发射机发出红外光束，同时接收机接收发射机发出的红外光束。当发射机发出的红外光束被完全遮断或按给定的百分比部分被遮断时，则接收机因接收不到红外光束即会产生报警信号。主动红外探测器又被称为红外对射探测器或红外栅栏。红外对射有双光束、三光束和四光束等；红外栅栏一般在四光束以上，甚至多至十几束。

主动红外探测器一般用于周界防范，所以安装的基本出发点就是不能让非法人员越过周界。在使用时考虑到环境及气候的影响，一般实际使用的长度是标准距离的 70%，这样有利于降低误报率。

主动红外入侵探测器有室内型、室外型。

主动红外入侵探测器的探测距离一般有 10、20、30、40、60、80、100、150、200、300m 等。

（1）室内型主动红外探测器安装方法。

① 室内型主动红外探测器嵌入式安装。安装在出入口窗门沿外侧，在室外又紧靠墙体，既不影响室内装潢，也不影响室外美观。

② 室内型主动红外探测器预埋盒安装。预埋盒及电线由开发商在土建时放置。预埋盒嵌入式主动红外探测器一般安装在窗外墙、近窗下沿，既在室外，又不完全在室外。它在外墙面的内侧，又在窗门的外侧，但安装不影响开窗（指外开窗，对平移窗和内开窗不会影响）。

③ 室内型主动红外探测器一般在墙上安装，安装时应注意以下几点：

a. 红外探测器安装时不要直接对着窗外。

b. 红外探测器探测范围内不得有隔屏、家具、大型盆栽或其他隔离物。

c. 在同一个空间不得安装两个红外探测器，以避免产生因同时触发而造成干扰现象。

d. 避免安装在面对窗户、冷暖气机、火炉等温度会产生快速变化的地方，以免红外探测器误报。

e. 红外探测器刚开启时，对周围环境有 5min 左右的感知时间，待红外探测器开启5min 后，再用控制器进行设防。

f. 当入侵者被红外探测器探测到时，需几秒钟的分析确认时间，方能发射报警信号，以免误报。

g. 室内红外探测器只能安装在室内，切勿安装在室外。

（2）室外型主动红外探测器安装方法。

① 支柱式安装。走线穿暗管；不能让线路裸露在空中；支柱式安装必须坚固牢固，没有移位或摇晃，以利于安装和设防、减少误报，尤其是当发射器和接收器较远时，不论是发射器还是接收器，轻微的晃动就会引起误报，要避免树叶、晃动物体对红外光束的干扰。

② 墙壁式安装。主动红外线探测器制造商能够提供水平 180° 全方位转角、仰俯 20°以上转角的红外线探测器，在建筑物外壁或围墙、栅栏上直接安装。

在围墙上的探测器顶上安装和侧面安装两种均可。对于顶上安装的探测器，探头的位置应高出栅栏、围墙顶部 25cm，以减少在墙上活动的小鸟、小猫等引起误报，四光束探测器的防误报能力比双光束探测器强，双光束探测器又比单光束探测器强；对于侧面安装的探测器，则是将探时头安装在栅栏、围墙靠近顶部的侧面，一般是作墙壁式安装，安装于外侧的居多。

（3）室外型主动红外探测器安装要求如下：

① 探测距离要求。室外型主动红外探测器的最大探测距离，按探测器技术要求规定一般应是其标称探测距离的 6 倍。室外型探测器需要考虑到室外环境及天气因素，也就是指在室外遇到风、雪、雨、风沙等情况也要能正常工作。所以在实际使用时，按照行规和公安技防规范要求还常常再增加余量。现在约定的共识是：实际探测使用距离≤厂方标称值的 70%。

② 避免盲区要求。

两对相邻的主动红外入侵探测器要求交叉安装，一般要求交叉间距≥300mm，当然两对相邻探测器的公共保护区。当然两对相邻探测器光束方向要相反；如果是立柱加栏栅形围墙，一般两根立柱的间距远大于 300mm，而在 3～5m，此时交叉保护在立柱之间是最理想的选择。

③ 应注意周界探测器安装要与周界实体、绿化等合理协调。若不事前协调，容易出死角和漏洞，致使周界防范设备无法合理安装，造成达不到探测效果。

④ 安装在同一直线上的两对主动红外入侵探测器，应使发射机或接收机相背安装。否则，会发生某对探测器的发射机的射线射入另一对探测器的接收机，而使探测器不能正常工作。当使用多对红外对射探测器或者红外栅栏组成光墙或光网时，要避免消除红外光束的交叉误射（方法是合理选择发射器和接收器的安装位置使不发生交叉误射，或选用不同频率的红外对射探测器，调节各探测器使它们在不同的频率段工作）。在实际安装时，采用在相同直线上的两对主动红外入侵探测器应使发射端或接收端相背，或采用具有频率调制功能的探测器，也可避免发射接收互相干扰。

4. 安装微波-被动红外双技术探测器

安装微波-被动红外双技术探测器（双鉴探测器）要求在警戒范围内两种探测器的灵敏度尽可能保持均衡。微波探测器一般对物体纵向移动最敏感，而被动红外探测器则对横向切割视区的人体移动最敏感，因此要使这两种探测器都处于较敏感状态。

（1）壁挂式微波-被动红外双技术探测器在安装时宜使探测器轴线与警戒区的方向成 45°夹角，高度 2.2～2.5m，并视防范具体情况确定探测器与墙壁倾角。底座和支架应固定牢固，导线连接应牢固可靠。

（2）吸顶式微波-被动红外双技术探测器，一般安装在重点防范部位上方附近的天花板上，必须水平安装，导线连接应牢固可靠。

（3）楼道式微波-被动红外双技术探测器，必须安装在楼道端，视场正对楼道走向，高度为 2.2～2.5m。

（4）探测器正前方不准有遮挡物和可能遮挡物。

（5）底座和支架应固定牢固。

（6）导线连接应牢固可靠。

5. 安装玻璃破碎探测器

玻璃破碎探测器的安装使用要点如下：

（1）玻璃破碎探测器适用于一切需要防玻璃破碎的场所。

（2）安装时应将声电传感器正对着警戒的主要方向。

（3）安装时要尽量靠近所要保护的玻璃，并尽可能地远离噪声干扰源，以减少误报警。

（4）也可以用一个玻璃破碎探测器来保护警戒区内的多面玻璃窗。

（5）探测器不要对准通风口或换气扇，也不要靠近门铃，以确保工作可靠性。

次声波玻璃破碎高频声响双鉴式玻璃破碎探测器安装方式比较简易，可以安装在室内任何地方，只需满足探测器的探测范围半径要求即可。

6. 安装声控-振动双技术玻璃破碎探测器

声控-振动双技术玻璃破碎探测器的安装应满足下列要求：

（1）探测器必须牢固地安装在玻璃附近的墙壁上或天花板上。

（2）不能安装在被保护玻璃上方的窗帘盒上方。

（3）安装后应用玻璃破碎仿真器精心调节灵敏度。

7. 安装磁开关探测器

磁开关探测器的安装应满足下列要求：

（1）磁开关探测器应牢固地安装在被警戒的门窗上，距门窗拉手边的距离为150mm。

（2）舌簧管安装在固定的门、窗框上，磁铁安装在活动门、窗上，两者对准间距在0.5cm左右为宜。

（3）安装磁开关探测器（特别是暗装式磁开关）时，要避免猛烈冲击，以防舌簧管破裂。

8. 安装振动探测器

振动探测器分为振动探测器、电缆式振动探测器和电动式振动探测器。

（1）振动探测器的安装。

① 振动探测器属于面控制型探测器，室内用明装、暗装均可，通常安装于可能入侵的墙壁、天花板、地面或保险柜上。

② 探测器安装要牢固，振动传感器应紧贴安装面，安装面应为干燥的平面。

③ 安装于墙体时，距地面高度以 2～2.4m 为宜，探测器垂直于墙面。

④ 埋入地下使用时深度为 10cm 左右，不宜埋入土质松软的地带。

⑤ 振动探测器不宜用于附近有强振动干扰源的场所。

⑥ 安装的位置应远离振动源（如旋转的电动机、变压器、风扇、空调），如无法避开振动源，则视振动源震动情况，距离振动源 1～3m。

⑦ 注意在振动探测器频率范围内的高频振动、超声波的干扰容易引起误报。

（2）电缆式振动探测器的安装。

① 在网状围栏上安装时，需将信号处理器（接口盒）固定在栅栏的桩柱上，电缆

敷设在栅网 2/3 高度处。

② 敷设振动电缆时，应每隔 20cm 固定一次，每隔 10m 做一半径为 8cm 左右的环。

③ 若警戒周界需过大门，可将电缆穿入金属管中，埋入地下 lm 深度。

④ 在周界拐角处需作特殊处理，以防电缆弯成死角和磨损。

⑤ 施工中不得过力牵拉和扭结电缆，电缆外皮不可损坏。电线末端处理应符合 GBJ 232—90.92《电气装置安装工程施工及验收规范》的要求，并加防潮处理。

（3）电动式振动探测器的安装。

① 远离振源和可能产生振动的物体。如室内要远离电冰箱，室外不要安装在树下等。

② 电动式探测器通常安装在可能发生入侵的墙壁、地面或保险柜上，探测器中传感器振动方向尽量与入侵可能引起的振动方向一致，并牢固连接。

③ 埋在地下时，需埋入 10cm 深处，并将周围松土砸实。

5.4.3　防盗报警工程报警控制器的安装要求与技术

报警控制器按防护功能级别分为 A、B、C 三级。

A 级：较低防护功能级。

B 级：一般防护功能级。

C 级：较高防护功能级。

平均无故障工作时间分为三个等级：A 级，5000h；B 级，20000h；C 级，60000h；安装报警控制器要注意控制器到达现场后，应及时作下列验收检查。

1. 控制器开箱检查

（1）按装箱清单检查清点，规格、型号应符合设计要求，附件、备件应齐全。

（2）产品的技术文件齐全。

（3）报警控制器的铭牌中，必须标有国家检验单位签发的"防爆合格证"号。

（4）包装和密封应良好。

（5）按规范要求作外观检查。

2. 控制器安装用的基础、预埋件、预留孔（洞）

控制器安装用的基础、预埋件、预留孔（洞）等应符合设计要求。

3. 防爆电气设备

（1）防爆电气设备接线盒内部接线紧固后，裸露带电部分之间及与金属外壳之间的漏电距离和电气间隙不应小于表 5-6 的规定。

表 5-6　　　　带电部分之间及与金属外壳之间的漏电距离和电气间隙

电压等级（V）		漏电距离（m）				电气间隙（ms）
直流	交流	绝缘材料抗漏电强度级别				
		Ⅰ	Ⅱ	Ⅲ	Ⅳ	
48V 以下	60V 以下	6/3	6/3	6/3	10/3	6/3
115V 以下	127～133V	6/5	6/5	10/5	14/5	6/5

续表

电压等级		漏电距离（m）				电气间隙（ms）
		绝缘材料抗漏电强度级别				
直流	交流	I	II	III	IV	
830V 以下	220～230V	6/6	8/8	12/8	不许使用	8/6
460V 以下	300～400V	8/6	10/10	14/10		10/6
	660～690V	14	20	28		14
	3000～3800V	50	70	90		36
	6000～6900V	90	125	160		60
	10000～11000V	125	160	200		100

注 1. 分母为电流不大于 5A、额定容量不大于 250W 的电气设备的漏电距离和电气间隙值。
2. I 级为上釉的陶瓷、云母、玻璃。II 级为三聚酯胺石棉耐弧塑料，硅有机石棉耐弧塑料。III 级为聚四氯乙烯塑料、三聚氰胺玻璃纤维塑料；表面用耐弧漆处理的玻璃布板。IV 级为酚醛塑料、层压制品。

（2）防爆电气设备多余的进线口的弹性密封垫和金属垫片应齐全，并应将压紧螺母拧紧使进线口密封。

（3）防爆电气设备在额定工作状态下，外壳表面的允许最高温度（防爆安全型包括设备内部），不应超过表 5-7 的规定。

表 5-7　　　　　　　防爆电气设备在额定状态下外壳表面的允许最高温度

组别	a	b	c	d	e
温度（℃）	360	240	160	110	80

4. 隔爆型插销的检查和安装

隔爆型插销的检查和安装应符合下列要求：

（1）插头插入时，接地或接零触头先接通，拔脱时主触头先分断。

（2）插头插入后开关才能闭合，开关在分断位置时插头才能插入或拔脱。

（3）安装场所应无腐蚀性介质。

（4）应垂直安装，偏斜不大于 5°。

5. 施工中的安全技术措施

施工中的安全技术措施应符合国家现行有关安全技术标准及产品技术文件的规定。

6. 检查控制器

认真阅读报警控制器的使用说明书，检查控制器。控制器在墙上安装时，其底边距地（楼）面高度不应小于 1.5m；落地安装时，其底边宜高出地（楼）面 0.2～0.3m。正面应有足够的活动空间。

7. 报警控制器的安装

报警控制器必须安装牢固、端正。安装在松质墙上时，应采取加固措施。

8. 引入报警控制器的电缆或导线的要求

引入报警控制器的电缆或导线应符合下列要求：

（1）配线应排列整齐，不准交叉，并应固定牢固。

（2）引线端部均应编号，所编序号应与图纸一致，且字迹清晰，不易褪色。

（3）端子板的每个接线端，接线不得超过两根。

（4）电缆芯和导线留有不小于 20cm 的余量。

（5）导线应绑扎成束。

（6）导线引入线管时，在进线管处应用机械润滑油封堵管口。

9. 报警控制器接地

报警控制器应牢固接地，接地电阻值应小于 4Ω（采用联合接地装置时，接地电阻值应小于 1Ω），且接地应有明显标志。

第 6 章

楼宇可视对讲系统的设计与施工

6.1 可视对讲系统概况

6.1.1 可视对讲系统介绍

可视对讲系统亦称访客对讲系统，也有人称楼宇对讲系统。它是为来访者与住户之间提供双向通话或可视通话，且由住户遥控防盗门的开关或向保安管理中心进行紧急报警的安全防范系统。它是安全防范系统中重要的子系统，也是智能小区中使用频率最高的系统。

可视对讲室内机可配置报警控制器，并同报警控制器一起接到小区管理机上。管理机与计算机连接；运行专门的小区安全管理软件，可随时在电子地图上直观地看出报警发生的地理位置、报警住户资料，便于物业管理人员采取相应措施。

可视对讲系统通过观察监视器上来访者的图像，可以将不希望的来访者拒之门外，因而不会为此受到推销者的打扰而浪费时间，也不会有受到可疑陌生人攻击的危险。只要安装了接收器，甚至可以不让别人知道家中有人。如果你有事不能亲自去开门，便可按下"电子门锁打开按钮"开门。按下"监视按钮"，可以监听和监看来访者，而来访者却听不到屋里的任何声音。再按一次，解除监视状态。如发现可疑人可迅速报警。

可视对讲系统可适用于不同制式的双音频及脉冲直拨电话或分机电话，可同时设置带断电保护的多种警情电话号码及报警语音，可以自动识别对方话机占线、无人值班或接通状态，可以按顺序自动拨通先设置的直接电话、手机及寻呼台，并同时传至小区管理中心，可同时连多路红外、瓦斯、烟雾传感器。可以手动及自动开关、传感器的有线及无线连接报警方式。

在智能建筑市场中，可视对讲系统是一个重要组成部分，从早期的直按式对讲系统、小户型对讲系统、普通数码对讲系统发展到今天的直按式可视对讲系统、联网可视对讲系统等。目前可视对讲系统主要应用于智能小区。就其产品而言中外产品竞争很激烈，国外产品主要有日本的 Panasonic 和 NEC、意大利的 URMET、澳大利亚的 MOX、西班牙的 FERMAX 等；国内产品有广州安居宝、北京大科、深圳视得安、珠海进帧和厦门立林等。从价格来说，国外产品的价位较高，国内的产品价格较低。从产品性能来说，早期国外的产品技术较为先进，但近年来国内多家公司的产品已与国外的产品技术并驾齐驱。从宣传来说，国外公司凭借雄厚的资金，进行广告宣传以及发送技术白皮书、宣传品和举办各种展览会，就这点来说国内的公司在产品宣传上还应加大力度。尽管国内房地产开发商较多，但是真正在小区安装可视对讲系统的还不多。随着经济的发展居民对安全度提高，在未来的 3～5 年内，中等收入以上的家庭会有所需求。

6.1.2　对讲系统的分类

1. 直按式对讲系统

直按式（单对讲）对讲系统是一种单对讲结构，安装简单、价格低，能够被低收入家庭接受，早期的小区多数使用这种产品。它由电控防盗门、对讲系统和电源等组成。该系统具有单键直按式操作、方便简单、美观大方、带夜光装置、不锈钢按键、房号可自行灵活变动、双音振铃或"叮咚"门铃声、待命电流少、省电、面板可根据房数灵活变化、用户操作时方法简单方便等特点。

当有来客时，客人按动主机面板对应房号键，主人分机即发出振铃声。在夜间时，客人可按动主机面板的灯光键作照明。主人提机与客人对讲后，主人可通过分机的开锁开关遥控大门电控锁开锁。客人进入大门后分机的开锁开关遥控大门电控锁开锁。客人进入大门后，闭门器使大门自动关闭。

当停电时，系统可由防停电电源维持工作。直按式对讲系统的构成如图 6-1 所示。

图 6-1 所示的系统在建设时所需的配置主要有直按主机、电源与电源线（电源线线径 ≥ 0.5mm²）、分机、电控锁和闭门器。

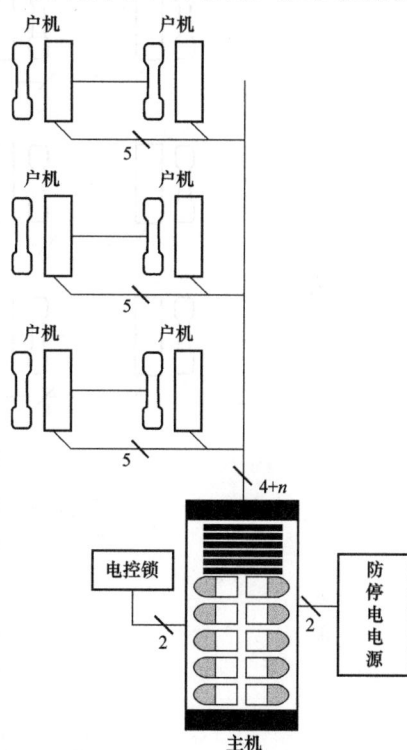

图 6-1　直按式对讲系统的构成

直按式对讲系统主要应用于一幢楼的一个门洞或筒子楼的一层，所以在设计时首先要注意电控防盗门安装的位置，应安装在一个门洞的出入口处，并有电控锁和防停电电源。其次要具有防停电电源，防停电电源应是交直流两用，当市电停电时能正常开启门。再次，对讲系统主要由传声器、振铃电路等组成，要求语言清晰，失真度低，使对讲双方都能够听清对方的讲话。最后要注意，控制系统采用总线传输、数字编码方式控制，当有来客时，客人按动主机面板对应的房号，户主户机即发出振铃声，户主摘机便与客人通话。

2. 普通数码对讲系统

在负载能力方面，普通数码对讲系统强于直按式对讲系统，分机采用插线式结构的分机，使普通数码对讲系统能够直接应用于 63 层以下的大厦。数码式对讲系统采用不锈钢面板，专用集成电路控制板，四总线结构，具有施工方便快捷、负载力强、四位房号显示、自动关机和自动夜光功能，具备自动电源保护装置。当有访客到来时，客人先按主机"开"键，输入房号，对应分机即时发出振铃声。主人提机与客人对讲后，主人可通过分机的开锁开关遥控大门电控锁开锁。客人进入大门后，闭门器使大门自动关闭。当停电时，系统可由防停电电源维持工作。普通数码对讲系统的构成如图 6-2 所示。

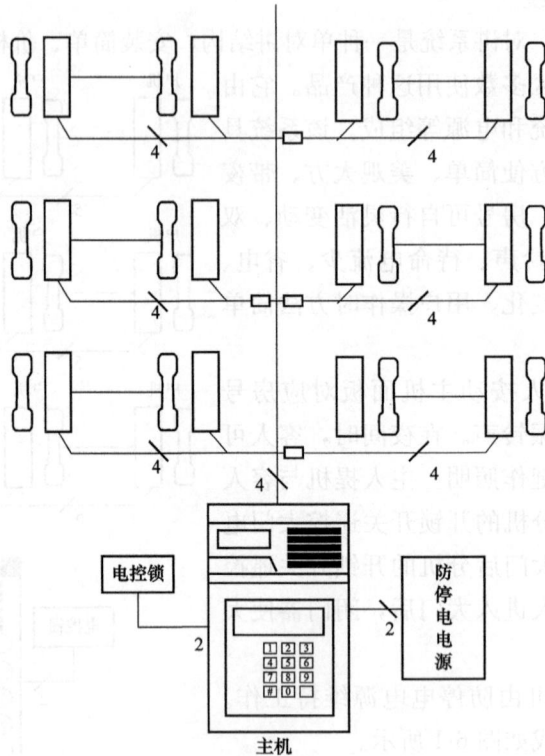

图 6-2 普通数码对讲系统的构成

普通数码对讲系统建设时所需的配置主要有数码式主机 DF2000A/2、电源 DE-98、分机 ST-201、电控锁 1 把、闭门器 1 把和隔离器（任选件）。普通数码对讲系统接线如图 6-3 所示。

3. 直按式可视对讲系统

直按式可视对讲系统是在直按式对讲系统的基础上发展起来的。该系统在主机部分增加了红外线摄像头（针孔式），通过同轴电缆传到户主的话机上，所以它不单单具有对讲功能，还具有可视功能（能够看到来访客人的画面），在使用上方便简单，是近年来建设智能小区的主流产品。当客人按动主机板上对应房号时，户主的分机即发出振铃声，同时显示屏自动打开显示访客图像，户主提机与客人对讲及确认身份后，可通过分机的开锁键遥控大门的电子锁开锁，客人进入大门后，闭门器使大门自动关闭。当市电停电时，系统由防停电电源维持工作。住户还可以通过监视键在显示屏上观察楼外情况。

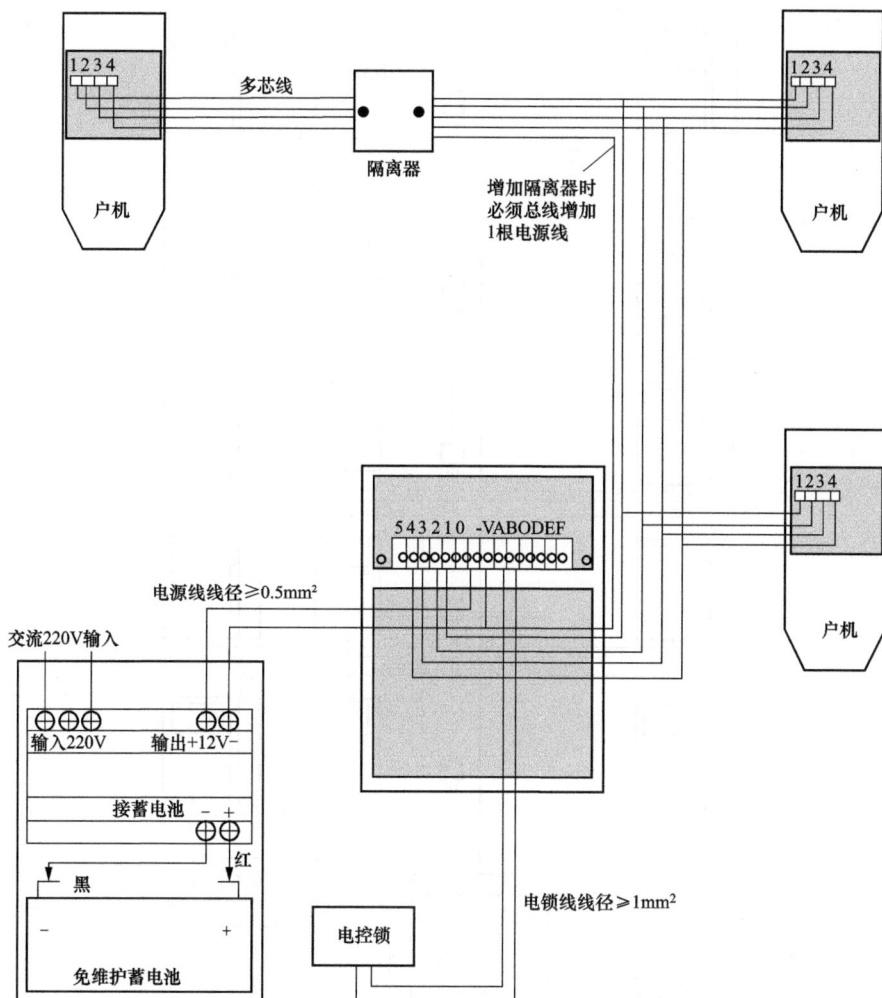

图 6-3　普通数码式对讲系统接线图

1—地线；2—数据线；3—电源线；4—声音线

　　直按式可视对讲系统由主机、红外线摄像头、防停电电源、信号线（总线）、视频线、视频分配器、视频放大器、户机和可视主机组成。直按式可视对讲系统的构成如图 6-4 所示。

　　直按式可视对讲系统建设时注意：防停电电源，每个防停电电源可供 2～4 台可视用户户机，如果采用小直流电源供电，停电时没有图像，但对讲系统仍可正常工作；视频放大器为可选配件，一般在 12 个用户以内可省略；视频分配器有二分配、四分配的，根据该层用户数量来决定选用。视频线一般采用 SYV-75-3 线缆，即可满足图像清晰度的要求，如果距离较远，也可利用 SYV-75-5 线缆。

　　4. 联网型可视对讲系统

　　联网型可视对讲系统采用单片机技术进行中央计算机控制，具有通话频道和多路可视视频监视线路，系统覆盖面大，可全方位地管理住宅小区的可视对讲。联网型可视对讲系统主要由对视室内分机、单元门口主机、小区门口机和管理中心机等部分组成。

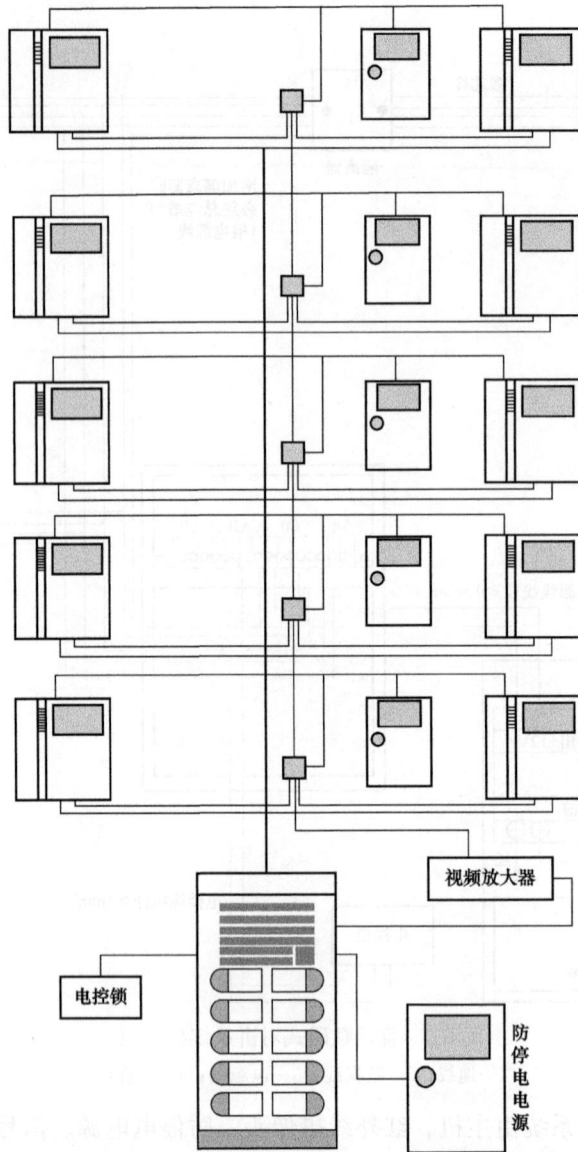

图 6-4 直按可视对讲系统的构成

室内机在原理设计上有两大类型，一类是自带编码的室内分机，另一类是编码由外置解码器来完成。室内分机具有用户分机可直接呼叫管理中心功能，可直接监视本单元楼梯口情况，用户分机和用户分机可实现双向通话功能，用户分机具有家居报警功能，并且将报警信息传送给中心机，同时用户分机能开启本单元电控锁。

单元门口主机有可视或非可视产品可供选择。单元门口主机可以呼叫本单元的各户分机，同时将图像送往各户，与之双向通话；门门主机可接收分机指令，打开本单元的电控锁。单元门口主机可呼叫管理中心，同时将图像送往管理中心（视频联网），并可与之双向通话，可要求管理机代开电控锁等服务。单元门口主机输入正确密码，可打开电控锁。门口主机是楼宇对讲系统的关键设备，因此在外观、功能、稳定性上是各厂家竞争的要点。门口主机材料有拉铝面板型、压铸或不锈钢外壳冲压型三大类。从效果上讲，拉铝面板型占有优势。门口主机显示界面有液晶及数码管两种，液晶显示成本高。

小区门口机与单元门口机一样，只是它被安装在小区出入口，可呼叫小区内所有住户。管理中心机一般具有呼叫、报警接收的基本功能，是小区联网系统的基本设备。现在已有使用计算机作为管理中心机。中心机可呼叫任一联网单元的住户分机并与之双向通话。中心机可接收任一联网单元住户分机的呼叫信息并储存。中心机可接收任一联网单元住户的报警信息并储存。中心机可呼叫、监视任一联网单元门口主机。中心机可接收任一联网单元门口主机的呼叫，并能双向通话及开启任一单元主机入口电控锁。联网型可视对讲系统基本组成如图 6-5 所示。

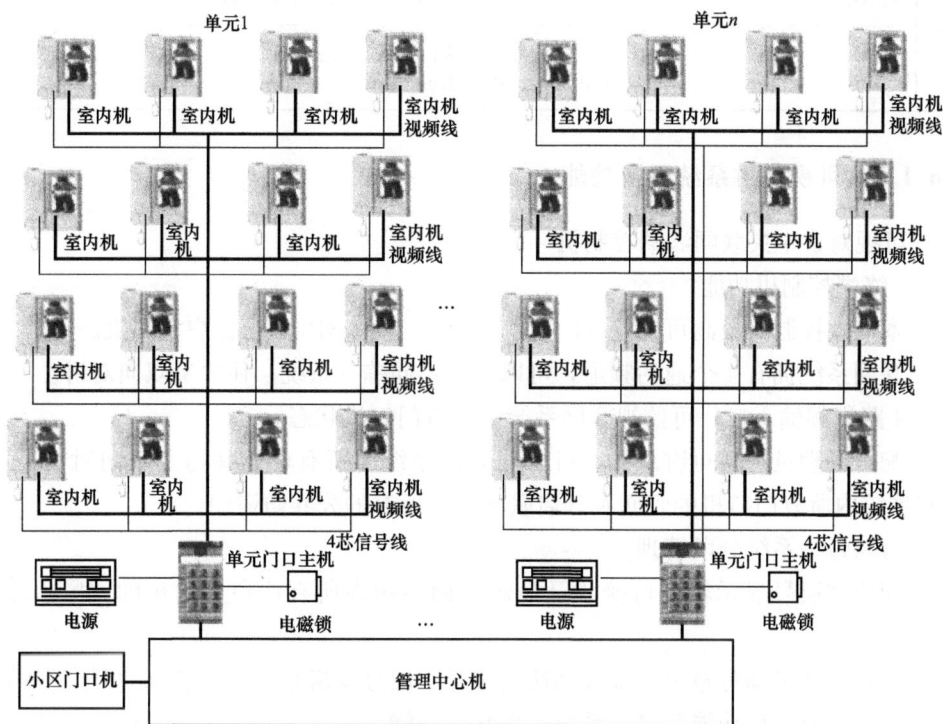

图 6-5 联网型可视对讲系统基本组成图

联网型可视对讲系统主要以总线联网为主流方式，也有采用无线方式。当作为单一系统使用时，可以具有多个通话频道，允许多路双向对讲同时进行。系统具有多路可视监视屏监视，除管理员可视对讲可以监视多个门口及状态外，住户室内可视对讲也同样可监视多个门口机状态。管理员总机除可呼叫系统内有单元并与其双向对讲外，住户室内机同样可以直接或通过管理员总机呼叫系统内所有单元，与其双向对讲，整个系统形成一个大型电话交换机网络。系统可加接"公共区间"对讲电话，供门卫或大厅、会场使用，使住宅管理更全面、更灵活。访客可通过"共同监视对讲机门口机"呼叫住户室内机及管理员可视对讲总机，或与系统内任何一单元双向对讲，门口机具有住户密码开锁功能，系统还没有防误撞功能，即若输入开门密码错误三次，门口机信号会自动接通管理员总机处理，提高保安效率。可视对讲中央计算机控制主机可接多台"共同监视对讲门口机"，并可配用"门口机处理器"，最多可接 16 台门口机。系统可通过"中央联网终端控制机"进行联网，形成一个大型系统，最多可连接 63 个系统及最多可接 31500 台住户室内可视对讲机，充分满足大型住户小区的管理需要。

联网型可视对讲系统基本配置如表 6-1 所示。

表 6-1　　　　　　　　　　　联网型可视对讲系统基本配置

分类	管理中心	公共空间	住户室内
配置	管理员可视对讲总机、房号显示器	可视对讲中央计算机控制主机、可视对讲中继资料收集器	住户室内可视对讲机、住户门铃按键
	—	共同监视对讲门口机、电源供应器、公共门防盗电锁	—

6.1.3　可视对讲系统设备功能

1. 可视对讲中央联网终端控制机

（1）终端控制机功能。

① 本终端控制机最高可连接 63 个独立系统，总管 31500 台住户室内机。

② 联网系统拥有 4 个通话频道，可以转接不同栋（系统）住户机双向对讲。

③ 4 路视频输入口，可监视联网系统内所有门口机状态。

④ 配合管理员可视对讲总机，可呼叫联网系统内所有单元并与之双向对讲，可接收联网系统内所有门口机的呼叫及开启联网小区所有的公共防盗门。

⑤ 可与每栋系统分段管理。

⑥ 配合"层号显示器"可接收及显示联网系统内所有住户室内机的"紧急求援"信号。

⑦ 编程功能可编写整个系统各栋楼的栋号、层号及房号，包括各栋的开门密码。

⑧ 系统具有自检功能及显示系统运作状态功能。

（2）电气参数如表 6-2 所示。

表 6-2　　　　　　　　　　　电 气 参 数

名称	参数值
电源电压（V）	DC17
工作电流（mA）	95
消耗功率（W）	1.6
信号传输	数字式编码
外观尺寸（$W \times D \times H$）	310mm×180mm×56mm

2. 可视对讲中央计算机控制机

(1) 中央计算机控制机端口功能。

① 系统中央主机可带 500 户室内机。

② 拥有 6 个通话频道，可以 6 种形式对讲同时进行。

③ 4 个门口机或公共区间电话接口，可自由设定。

④ 带门口机扩充接口，可扩充至最多接 16 台门口机。

⑤ 独立视频信号输出，供视频调制器使用。

⑥ 具有系统自检功能及能显示系统运作状态。

⑦ 带系统联网接口，可组成小区联网。

(2) 电气参数如表 6-2 所示。

3. 可视对讲中继资料收集器

(1) 功能。

① 内置视频信号放大器和自动增益音频放大器。

② 10 路视频和音频分配器，每路独立分隔，克服总线制经常性的故障及接线麻烦的缺点。

③ 提供住户室内机工作用电。

④ 自检功能可将故障部位资料传送至 MCU 的显示器上，维修方便快捷、不需逐户检查。

(2) 电气参数如表 6-3 所示。

表 6-3 可视对讲中继器资料收集器的电气参数

名称	参数值
电源电压（V）	DC17
工作电流（mA）	65
消耗功率（W）	1.1
信号传输	数字式编码
外观尺寸（$W \times D \times H$）	310mm×180mm×56mm

4. 共同监视对讲门口机

共同监视对讲门口机的外观如图 6-6 所示。

(1) 功能。

① 具有监视对讲功能，可主动呼叫本系统的任何一个终端接收单元，包括住户、管理员及公共区间电话。

② 具有密码开锁功能，如按错密码三次，系统会自动转接至管理员总机。

③ 红外线补光，晚上可看清楚来访者。

④ 机身背部有控制和调节功能，可以调节灵敏度。

⑤ 本机在呼叫住户或管理员时，对方未摘机 45s 后将自动切话，充分提高通话效率。

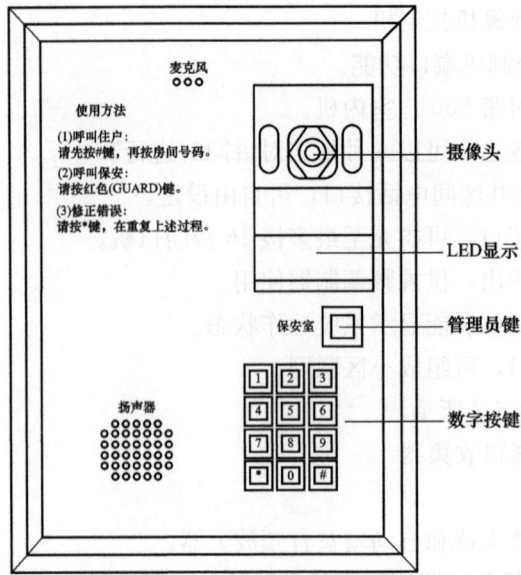

图 6-6　共同监视对讲门口机外观

（2）电气参数如表 6-4 所示。

表 6-4　　　　　　　　　　　共同监视对讲门口机电气参数

名称	参数值
电源电压（V）	DC17
工作电流（mA）	静态 30，动态 220
消耗功率（W）	静态 0.5，动态 3.7
信号传输	数字式编码
外观尺寸（$W×D×H$）	230mm×62mm×285mm

（3）配线图。配线图如图 6-7 所示。

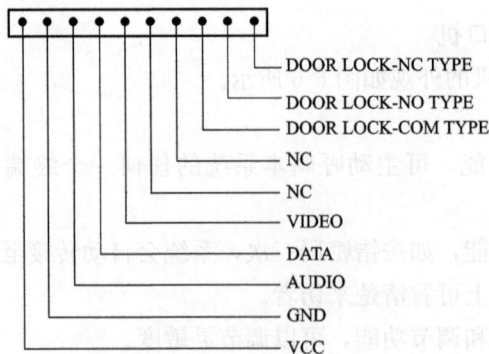

图 6-7　共同监视对讲门口机配线图

5. 管理员可视对讲机

管理员可视对讲机外观如图 6-8 所示。

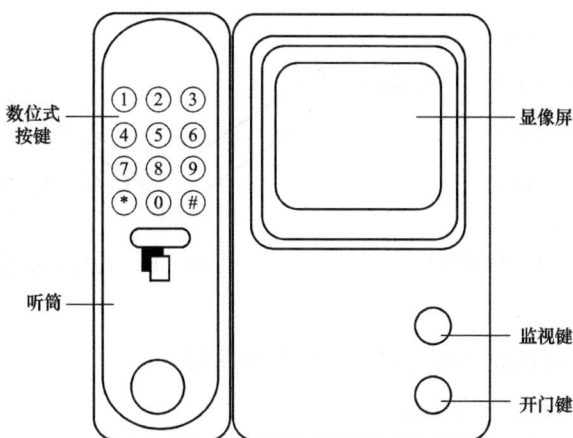

图 6-8 管理员可视对讲机外观

（1）功能。

① 可主动呼叫系统内任何终端接收单元，包括住户室内机、门口机、公共区间电话等，实现全方位双向对讲。

② 房号编程功能，可直接在话筒数字键盘上操作，如编写房号、开门密码设定、开锁时间设定、通话时间限制功能等参数设定，操作方便快捷。

③ 可遥控开启系统内所有电锁。

④ 可监视系统内所有门口机状态。

⑤ 转接住户呼叫，实现住户与住户之间的双向对讲。

⑥ 留言提示设定功能。

（2）电气参数如表 6-5 所示。

表 6-5　　　　　　　　　　　　管理员可视对讲机电气参数

名称	参数值
电源电压（V）	DC17
工作电流（mA）	静态 30，动态 450
消耗功率（W）	静态 0.5，动态 7.6
信号传输	数字式编码
外观尺寸（W×D×H）	182mm×70mm×216mm

（3）配线图。配线图如图 6-9 所示。

6. 房号显示器

房号显示器的外观如图 6-10 所示。

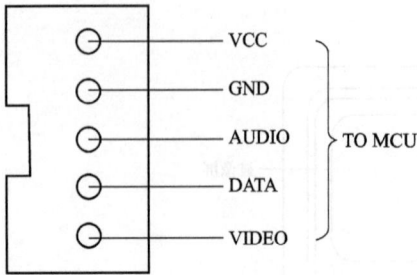

图 6-9　管理员可视对讲机配线图

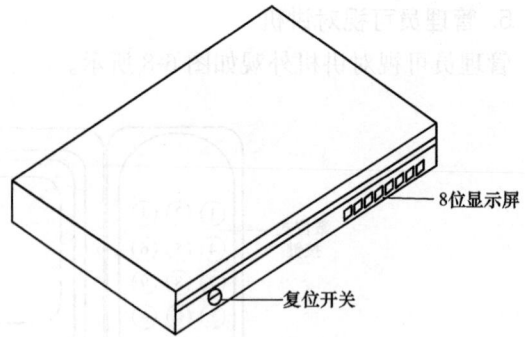

图 6-10　房号显示器的外观

（1）功能。

① 8 位显示屏，可清楚地显示栋号、层号和房号。

② 显示住户紧急报警状态信息。

③ 4 种警报显示及警报声响提示。

（2）电气参数如表 6-6 所示。

表 6-6　　　　　　　　　　　　　　**房号显示器电气参数**

名称	参数值
电源电压（V）	DC17
工作电流（mA）	60
消耗功率（W）	1
信号传输	数字式编码
外观尺寸（$W \times D \times H$）	310mm×180mm×56mm

（3）配线图。配线图如图 6-11 所示。

7. 住户室内可视对讲机

住户室内可视对讲机的外观如图 6-12 所示。

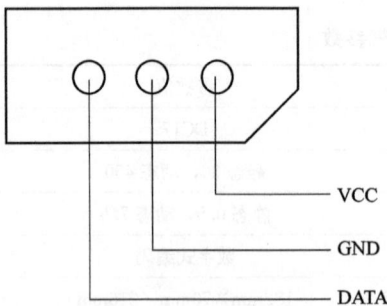

图 6-11　房号显示器配线图

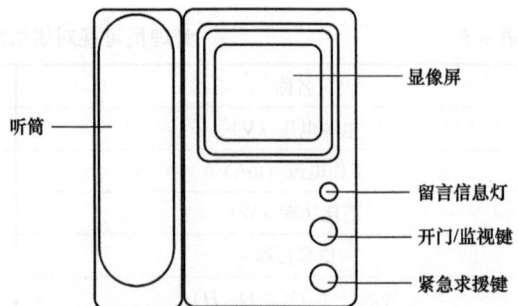

图 6-12　住户室内可视对讲机的外观

（1）功能。

① 可随时监视 LVP 摄影范围状况。

② 提起话筒即可接通管理处，联络方便。

③ 通过管理员转接，可实现住户与住户对讲，免打外线电话。

④ 带紧急求救按键，报警信号直达保安中心，安全可靠。

⑤ 可选配安全主机，实现全方位安全防范。

⑥ 具有私密功能，其他住户或管理处无法窃听。

⑦ 带门铃功能，两种不同的音乐声，可区分访客位置。

⑧ 留言提示功能。

（2）电气参数如表 6-7 所示。

表 6-7 住户室内可视对讲机电气参数

名称	参数值
电源电压（V）	DC17
工作电流（mA）	静态 4，动态 410
消耗功率（W）	静态 0.07，动态 7
信号传输	数字式编码
外观尺寸（$W \times D \times H$）	182mm×70mm×216mm

（3）配线图。配线图如图 6-13 所示。

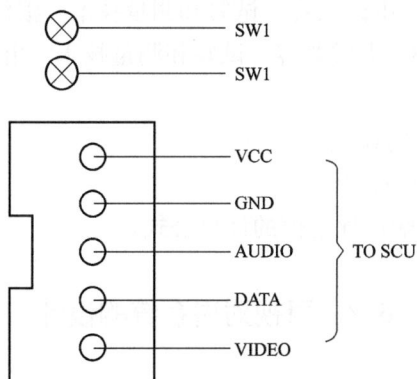

图 6-13 住户室内可视对讲机配线图

8. 对讲系统产品的应用

对于对讲系统的有关产品的应用场合，归纳如表 6-8 所示。

表 6-8 对讲系统产品的应用场合

系统名称	主要产品	应用范围
直按式对讲系统	DF-10B-938/1、GST-DJ6000	单元门洞或楼层、小户型和别墅
多线型可视对讲系统	DF-10B-938/2	单元门洞或楼层、小户型和别墅
数码式对讲系统	DF2000A/1、GST-DJ6000	智能大厦、小区
智能型可视对讲系统	DF2000A/2、GST-DJ6000	智能大厦、小区
直按式可视对讲系统	DF-10B-938V/1、GST-DJ6000	单元门洞或楼层
智能型可视对讲系统	DF-10B-938V/2、GST-DJ6000	单元门洞或楼层
数码式可视对讲系统	DF2000AV/1、GST-DJ6000	智能大厦、小区
智能型可视对讲系统	DF2000AV/2、GST-DJ6000	智能大厦、小区
联网型可视对讲系统	北京大科	智能大厦、小区联网监视

6.1.4 可视对讲系统的相关标准

GA/T 296—2001《黑白可视对讲系统》

GB/T 191—2008《包装储运图示标志》

GB/T 2649—1989《焊接接头机械性能试验取样方法》

GB/T 2651—2008《焊接接头拉伸试验方法》

GB/T 2829—2002《周期检验计数抽样程序及表（适用于对过程稳定性的检验）》

GB 12663—2001《防盗报警控制器通用技术条件》

GB/T 15211—1994《报警系统环境试验》

GB/T 15279—2002《自动电话机技术条件》

GB 16796—2009《安全防范报警设备　安全要求和试验方法》

GB 17565—2007《防盗安全门通用技术条件》

GB/T 17626.2—2006《电磁兼容　试验和测量技术　静电放电抗扰度试验》

GB/T 17626.3—2006《电磁兼容　试验和测量技术　射频电磁场辐射抗扰度试验》

GB/T 17626.4—2008《电磁兼容　试验和测量技术　电快速瞬变脉冲群抗扰度试验》

GB/T 17626.5—2008《电磁兼容　试验和测量技术　浪涌（冲击）抗扰度试验》

GB/T 17626.11—2008《电磁兼容　试验和测量技术　电压暂降、短时中断和电压变化的抗扰度试验》

GB/T 73—2015《机械防盗锁》

QB/T 2698—2013《闭门器》

ITU—TP.79《电话机响度评定值的计算公式》

6.2 可视对讲系统的设计

6.2.1 可视对讲系统的设计原则与要求

可视对讲系统的设计应遵循以下设计原则：

（1）安全性和可靠性。为保证整个可视对讲系统安全、可靠运行，必须首先保证作为可视对讲系统布线的安全性与可靠性。从系统布线方案的设计、材料与器材的选择以及工程各阶段，都应必须考虑到所有影响整个系统安全性、可靠性的各种因素。

（2）灵活性和可扩充性。为保证用户有利的投资以及用户不断增长业务需求，系统布线必须具有灵活的结构，并留有合理的扩充余地和可兼容性，以使用户根据需要进行适当的变动。

（3）成熟性和先进性。选择性能优良和合理的可视对讲系统，工程中所用的设备、材料应选择技术较为先进的、有保障的并得到社会和广大用户认可的生产厂家的产品。

（4）标准化和规范化。选择符合相关安全防范技术规范的可视对讲通信介质，即系统布线连接件、材料、器件及器材。系统施工也必须遵照 GA/T 72—2005《楼寓对讲系统及电控防盗门通用技术条件》和相关安全防范技术要求严格进行。

（5）优化性价比。在满足系统性能、功能以及考虑到在可预见期间内仍不失其先进性的前提下，尽量使整个系统所需投资合理。

可视对讲系统设计应当满足以下技术要求：

（1）住户通过可视分机与门口机相连，能够在可视分机中观看到来访者的一举一动，待确认准确无误后可按动开锁键开启单元门口处的电锁。

（2）住户通过分机的对讲功能与访客对讲通话。

（3）访客通过门口机呼叫住户分机，并能与其对讲通话。

（4）物业管理通过中心管理机与门口机相连接，可以呼叫任一住户与其对讲通话。

（5）中心管理机如果安装了 CCD 摄像头，住户分机可通过可视功能看到管理中心的情况。

（6）物业管理通过中心管理机可与门口机访客对讲，并能观看到访客的影像。

在功能方面要求具有选呼、通话、电控开锁、夜间操作和闭门器锁门五项基本功能。经操作，门口机应能正确选呼相应室内机，并能听到回铃音。选呼后，能实施双向通话，语音清晰，不应出现振鸣现象。经操作，室内机应能实施电控开锁。门口机应提供照明或可见提示，以便来访者在夜间操作。闭门器在门扇关至 $15°\sim30°$ 时，应能使闭门速度骤然减慢并发力关门，使门锁能可靠锁门。

在通话传输方面，应答通道的全程响度评定值：$18dB\pm5dB$；主呼通道的全程响度评定值：$13dB\pm5dB$；应答通道的频率响应在 $400\sim3400Hz$ 范围内；主呼通道的频率响应在 $400\sim3400Hz$ 范围内；当激励声压为 $0dBPa$ 时，应答通道非线性失真应不大于 7%；当激励声压为 $0dBPa$ 时，主呼通道非线性失真应不大于 7%；应答通道信噪比应不小于 $30dB$；主呼通道信噪比应不小于 $35dB$；室内机的振铃声级应不小于 $70dB$。

6.2.2　系统的结构形式楼宇对讲

楼宇对讲系统按功能可分为单对讲系统和可视对讲系统两种类型，按系统形式可分为开放式系统和封闭式系统。楼宇对讲系统的结构可分为多线制、总线多线制和总线制三种结构形式，如图 6-14 所示。

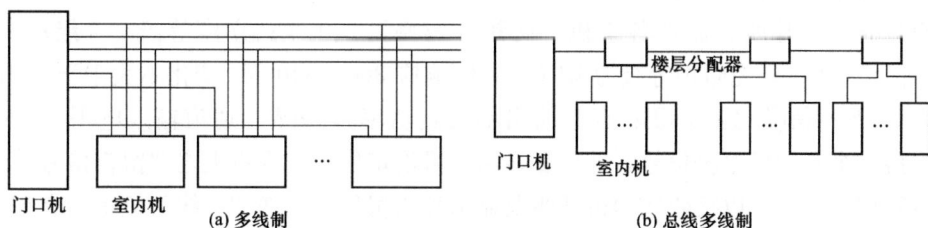

图 6-14　楼宇对讲系统的结构形式（一）

视频线

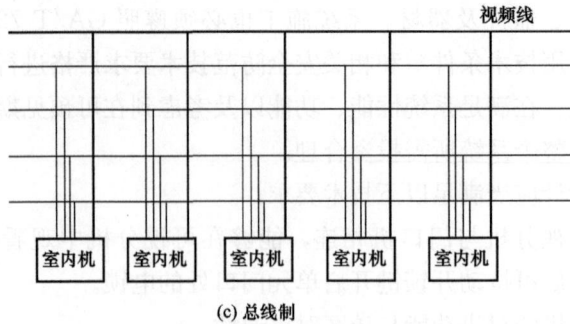

| 室内机 | 室内机 | 室内机 | 室内机 | 室内机 |

(c) 总线制

图 6-14　楼宇对讲系统的结构形式（二）

多线制、总线多线制、总线制三种结构的主要性能指标如表 6-9 所示。

表 6-9　　　　　　　　　三种结构系统主要性能指标

性能	多线制	总线多线制	总线制
设备价格	低	高	较高
施工难易程度	难	较易	易
系统容量	小	大	大
系统灵活性	小	较大	大
系统功能	弱	强	强
系统扩充	难扩充	易扩充	易扩充
系统故障排除	难	易	较易
日常维护	难	易	易
线材耗用	多	较多	少

6.2.3　可视对讲系统设计的内容

1. 中心机设计的内容

中心机设计要求：接收住户分机的呼叫信息，并可存储 64 条记录；可查询呼叫记录的完整信息，如报警地址、类型、日期、时间等；接收门口主机呼叫并双向通话，能主动打开各主机入口电控锁；工作电压：DC 14.5～18V；工作电流：静态 200mA，动态 700mA；点阵液晶显示，一屏可显示 16×16 的汉字 48 个；内置实时时钟和大容量非易失存储器，断电后信息不丢失；主动呼叫任一联网楼栋单元的住户分机；支持单元之间户户通话；呼叫、监视各主机；视频分辨率≥250 线；亮度等级≥7 级；声压：0.5m 外≥70dB；外壳防护等级为 IP30；音频响应 300～3400Hz 变化不大于±3dB；谐波失真≤5％；信噪比≥35dB；音频输出不失真功率≥5mW；通道输入电平≤30mV；可优先接多个室内机报警信号，并反复显示；可设定住户室内机上之"留言信号灯"提示回电管理中心；可以接收室内机呼叫及显示呼叫房号，如遇"忙线"显示器有记忆功能，管理员可以按先进先出原则逐个处理，并有自动拨码功能；主机有门口机视频接口，可以输出门口机视频信号给监控系统显示器，显示门口状况及录像。系统容量可以容纳多个室内机。

2. 室内分机设计的内容

室内分机设计要求：集呼叫、监视、开锁、报警于一体；采用 4in 扁平显像管，整体超薄设计；解析度≥250 线；亮度等级≥7 级；声压为 0.5m 外≥65dB；外壳防护等级为 IP33；音频响应 300～3400Hz 变化不大于±3dB；谐波失真≤5%；信噪比≥35dB；音频输出不失真功率≥5mW；通道输入电平≤30mV；工作电压：DC14.5～18V；工作电流：静态 50mA，动态 650mA。

3. 门口机设计的内容

门口机设计要求：在线编制房号，各种开锁密码设置；多个设置选项；四位超亮数码显示；工作电压：DC14.5～18V；工作电流：静态 100mA，动态 500mA；声压：0.5m 外≥65dB；解析度≥380 线；照度：（最低）0.1lx；音频响应 300～3400Hz 变化不大于±3dB；谐波失真≤5%；外壳防护等级为 IP33；信噪比≥40dB；音频输出不失真功率≥100mW；通道输入电平≤30mV。

4. 系统电源设计的内容

系统电源设计要求：具有短路、过电流、欠电压保护电路；具有备用电源与主电源自动转换功能；增设开锁输出电路，当主、备电源同时断电时，应具备能实施手动开锁的功能；在额定的电源电压的 85%～115%变化范围内，电控锁应能正常启动；工作电压为 AC187～242V，DC18V±10%V；输出电压为 DC18V；输出电流为 2.5A；静态功耗≤200mA；电控锁在启闭和使用时所产生的噪声声级值应大于 60dB（A），可加装消声装置；后备电池为三个 6V/4A·h 串联；锁舌伸出长度应不小于 14mm；外壳防护等级为 IP33。

6.3　可视对讲系统的施工技术

6.3.1　可视对讲系统工程的施工准备

1. 可视对讲系统工程施工条件

可视对讲系统设计文件齐全，施工仪器设备完整，施工场地、管道、施工器材及隐蔽工程等都已经达到国际要求的施工标准。施工单位避免在审核、安装、随工验收等工作中出现不必要的返工。向施工人员进行质量、安全、进度交底的同时，明确文明施工的要求，严禁野蛮施工。

2. 施工现场要求

施工对象已基本具备进场条件，如作业场地良好、安全用电等均符合施工要求。施工区域内建筑物的现场情况和预留管道、预留孔洞、地槽及预埋件等应符合设计要求。允许同电线杆架设的杆路及自立电线杆杆路的情况必须要了解清楚，符合施工要求。使用道路及占用道路（包括横跨道路）情况符合施工要求。敷设管道电缆和直埋电缆的路由状况必须要了解清楚，并已对各管道标出路由标志。当施工现场有影响施工的各种障碍物时，已提前清除。

6.3.2 可视对讲系统工程的配线、门施工

1. 可视对讲工程配线施工要求

单元内主干线布线长度小于 30m 时采用 SYV75-1 同轴电缆，布线长度在 30m 以上时采用 SYV75-3 同轴电缆。对信号、电源、音频线，单元内主干线采用 RVV4×0.5 或尺 RVV4×1.0 电缆线。当布线长度小于 30m 时用 RVV4×0.5 电缆线，布线长度在 30m 以上时用 RVV4×1.0 电缆线，布线长度按最高楼层来计。线路在经过建筑物的伸缩缝及沉降处，应有补偿装置，导线有适当余量。每一回路导线间和对地的绝缘电阻值必须大于 0.5MΩ，并填写测试记录。明管敷设时，排列整齐。分层作好隐蔽工程记录。

2. 门的施工

门的施工要求：在门扇关闭状态下，门扇装锁侧与门框配合活动间隙应不大于 3mm，应有相应锁舌防撬保护设施。在门扇关闭状态下，门扇装铰链侧与门框的缝隙，当门扇厚度小于 50mm 时应不大于 3mm，当门扇厚度大于等于 50mm 时应不大于 5mm，玻璃门与门框的间隙应不大于 8mm。门扇顶边与门框配合活动间隙应不大于 4mm。门框应有伸入墙体纵向的支撑受力构件，该构件直径应不小于 10mm，以间距不大于 800mm 分布于门框四周边。支撑受力构件与门框的连接应牢固、可靠，在门外不能拆卸，任一点的连接强度均应可承受 2000N 的剪力作用而不产生严重变形、断裂。焊接时，焊接点不应影响门体正常开启。门体为栅栏门时水平或垂直方向的栅栏轴向中心栅距间隔不应大于 60mm，单个栅栏最大面积不应超过 250mm×35mm。门铰链应转达动灵活，在 49N 拉力作用下门体可灵活转动 90°。折叠门扇（或根）的铰链在 49N 力作用下，应可收缩开启，其整体动作就应一致。门扇折叠后，其相临两扇面的高低差值不应大于 2mm。门铰链在强度上应可承受使用普通机械手工工具对铰链实施冲击、破坏时传给铰链的冲击力和撬扒力矩，在规定的时间内，门铰链应无断裂现象。采用焊接时，焊接不得高于较链表面。门铰与门扇的连接处，在 6000N 压力作用下（力的作用方向为门的开启方向），门框与门扇之间不应产生大于 8mm 的位移，门扇面不应产生大于 5mm 的凹变形。严格按照工程通用施工中有关《防雷技术安装要求质量标准》和《接地体安装技术要求、质量标准》规定。

6.3.3 门口主机的安装

1. 门口主机安装要求

门口主机一般安装在各单元住宅门口的防盗门上或附近的墙上，（可视）对讲主机操作面板的安装高度离地面不宜高于 1.5m，操作面板应面向访客，便于操作。调整可视对讲主机内置摄像机的方位和视角于最佳位置。对不具备逆光补偿的摄像机，宜作环境亮度处理，安装应牢固、稳定。

2. 门口主机的安装方式

门口机安装方式有嵌入式、预埋式、壁挂 3 种。

（1）嵌入式安装。首先，在门上开孔（前门板开门尺寸、后门板开口尺寸大于室外

主机外形 1mm，方便操作即可）。然后把传送线连接在端子和线排上，插接在室外主机上。其次，把室外主机塞入到门上的长方孔内，从门里面用 4 个螺钉固定牢固。最后，安装面板，主机的操作面均裸露在安装面上，提供使用者进行操作。楼宇对讲系统主机的面板一般要求为金属质地，主要是要求达到一定的防护级别，确保主机的坚固耐用。

（2）预埋式安装。首先在墙上预留一个方孔［为预埋盒预埋尺寸（长×宽×厚）］。然后用混凝土把预埋盒固定在墙上（注意：预埋盒底部箭头方向朝上）。接着将传送线连接在端子和线排上，插接在室外主机上。最后把室外主机塞入预埋盒中，从侧面用螺钉固定牢固。

（3）壁挂式安装。首先固定壁挂盒（注意：壁挂盒与预埋盒通用。安装时盒底部箭头方向朝上）。其次将传送线连接在端子和线排上，插接在室外主机上。最后把室外主机塞入壁挂盒中，从侧面用螺钉固定牢固。

3. 接线

接线为电源端子、通信端子、出门按钮及门磁端子的接线。

（1）电源端子说明如表 6-10 所示。

（2）通信端子说明如表 6-11 所示。

（3）出门按钮及门磁端子说明如表 6-12 所示。

表 6-10　　　　　　　　　　　电 源 端 子 说 明

端子序号	端子标识	名称	与总线层间分配器连接关系
1	D	电源	电源＋18V
2	G	地	电源端子 GND
3	LK	电控锁	接电控锁正极
4	G	地	接锁地线
5	LKM	电磁锁	接电磁锁正极

表 6-11　　　　　　　　　　　通 信 端 子 说 明

端子序号	端子标识	名称	连接关系
1	V	视频	接层间分配器主干端子 V（1）
2	G	地	接层间分配器主干端子 G（2）
3	A	音频	接层间分配器主干端子 A（3）
4	Z	总线	接层间分配器主干端子 Z（4）

表 6-12　　　　　　　　　　出门按钮及门磁端子说明

端子序号	端子标识	名称	连供关系
1	DM	门磁	接门磁的正极
2	DK	出门按钮	接出门按钮的正极
3	G	地	接出门按钮或门磁的地

6.3.4　管理中心机的安装

管理中心机有两种安装方式，即桌面安装方式和壁挂式安装方式。桌面安装是将管理中心机放置在水平桌面上，或打开脚撑将管理中心机放置在水平桌面上。管理中心机采用壁挂式安装方法是在需安装管理中心机的墙壁上打四个安装孔；然后将塑料胀管木螺钉组合装入墙壁四个安装孔内；最后将装入墙壁的螺钉从管理中心机底面安装孔中穿入，把管理中心机固定在墙壁上。

系统根据社区的大小、布线的复杂程度采用不同的网络拓扑结构，对于小型社区采用手拉手连接方式，对于大型社区采用矩阵交换连接方式。接线端子如表 6-13 所示。

表 6-13　　　　　　　　　　　　　　接 线 说 明

端口号	序号	端子标识	端子名称	连接设备名称	说明
端口 A	1	GND	地	室外主机或矩阵切换器	音频信号输入端口
	2	AI	音频入		
	3	GND	地		视频信号输入端口
	4	VI	视频入		
	5	GND	地	监视器	视频信号输出端，可外接监视器或视频采集设备
	6	VO	视频出		
端口 B	1	CANH	CAN 正	室外主机或矩阵切换器	CAN 总线接口
	2	CANL	CAN 负		
端口 C	1-9	RS-232	计算机	RS-232 接口，接上位计算机调试用
端口 D	1	D1	18V 电源	电源箱	给管理中心机供电，18V 无极性
	2	D2			

注　视频信号线采用 SYV7-3 同轴电缆，音频信号和 CAN 总线采用两对 RVS2×1.5 双绞线。

6.3.5　层间分配器的安装

层间分配器采用壁挂式安装。层间分配器一般安装在各单元层附近的墙上，（可视）对讲主机操作面板的安装高度离地不宜高于 1.5m，操作面板应面向访客且便于操作。安装应牢固可靠，并应保证摄像镜头的有效视角范围。层间分配器顶部的扁平电缆是干线引入线，左右两旁的扁平电缆是分支输出线（分支输出接室内分机）。主干线采用 RVV4×1.0，视频线采用 SYV75-3；分支线线长小于 30m 时采用 RVV4×0.3，线长 30～50m 时采用 RVV4×0.5，视频线采用 SYV75-1。

如果层间分配器处于干线末端，需要打开此层间分配器外壳，将主板上的短路块插上。注意外壳一定要有良好接地。

对外接线端子说明如表 6-14 所示。

表 6-14　　　　　　　　　　　　　接 线 端 子 说 明

接线颜色	端子标识	接线名称	说明
1 黄色	V	视频线	
2 黑色	G	地线	
3 蓝色	A	音频线	分支输出可与可视室内分机相应的端子连接
4 白色	Z	总线	
5 红色	D	电源线	
6 棕色	G	地线	

第 7 章

火灾自动报警与消防联动控制系统的设计与施工

7.1 消防系统概述

7.1.1 消防系统基础知识

1. 建筑物防火级别

根据我国政府相关部门的有关规定，建筑物根据其性质、火灾危险程度、疏散和救火难度等因素，把建筑物的防火分为以下两大类。

(1) 一类防火建筑：指的是楼层在 19 层及以上的普通住宅；建筑高度超过 24m 的高级住宅、医院、百货大楼、广播大楼、高级宾馆，以及主要的办公大楼、科研大楼、图书馆、档案馆等。

(2) 二类防火建筑：指的是 10～18 层的普通的住宅，建筑高度超过 24m，但又不超过 50m 的教学大楼、办公大楼、科研大楼、图书馆等建筑物。

由于建筑物的多样性、防火对象的多样性以及形成火灾的不同场合及特点，自然而然地要求设置多种消防系统和报警装置。火灾报警及消防自控系统的主要任务是采用计算机对整个大楼内多而散的建筑设备实行测量、监视和自动控制，各子系统之间可以互通信息，也可独立工作，实现最优化的管理。

2. 消防系统工作原理

消防系统的工作原理是由前端消防检测探头接收到的报警信息不断送至火灾报警器。报警器将代表烟雾浓度、温度数值及火焰状况的电信号与报警器内存储的现场正常整定值进行比较，判断确定火灾的程度。当确认发生火灾时，在报警器上发出声光报警，显示火灾发生的区域和地址编码并打印出报警时间、地址等信息，同时向火灾现场发出声光报警信号。值班人员打开火灾应急广播，通知火灾发生层及相邻两层人员疏散，各出入口应急疏散指示灯亮，指示疏散路线。为防止探测器或火警线路发生故障，现场人员在发现火灾时，也可手动启动报警按钮或通过火警对讲电话直接向消防控制室报警。

在火灾报警器发生报警信号的同时，火警控制器可实现手动/自动控制消防设备，如关闭风机、防火阀、非消防电源、防火卷帘门、迫降消防电梯；开启防烟、排烟（含正压送风机）风机和排烟阀；打开消防泵，显示水流指示器、报警阀、闸阀的工作状态等。以上控制均有反馈信号到火警控制器上。

消防系统主要分为两大部分：一部分为感应机构，即火灾自动报警系统；另一部分为执行机构，即灭火及联动控制系统。

火灾自动报警系统由探测器、手动报警按钮、报警器和警报器等构成，以供完成检测火情并及时报警之用。

灭火系统的灭火方式分为液体灭火和气体灭火两种，常用的为液体灭火式。如目前国内经常使用的消火栓灭火系统和自动喷水灭火系统，其中自动喷水灭火系统类型较多。无论哪种灭火方式，其作用都是：当接到火警信号后应执行灭火任务。

联动控制系统包括火灾事故照明及疏散指示标志、消防专用通信系统及防排烟设施等，均是为火灾发生时人员较好地疏散、减少伤亡所设。

综上所述，消防系统的主要功能是：自动捕捉火灾探测区域内火灾发生时的烟雾或热气，从而发出声光报警并控制自动灭火系统，同时联动其他设备的输出接点，控制事故照明及疏散标记、事故广播及通信、消防给水和防排烟设施，以实现监测、报警灭火的自动化。

图 7-1 所示为火灾自动报警控制系统原理图。

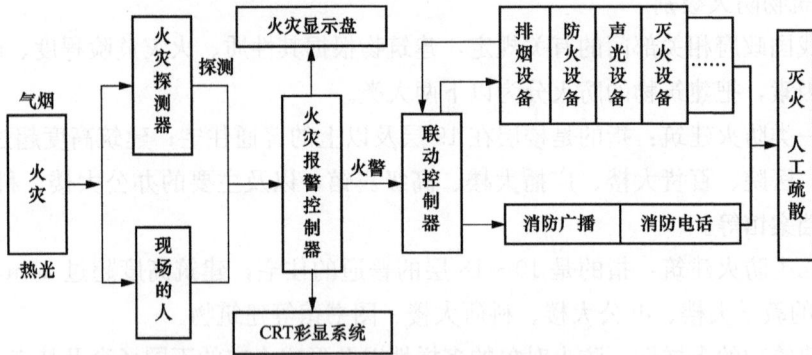

图 7-1　火灾自动报警控制系统原理图

7.1.2　消防系统的分类

按警戒区域大小，消防系统可分为以下几类。

1. 区域报警系统

区域报警系统一般由火灾探测器、手动报警按钮、区域火灾报警控制器和报警装置等组成。这种系统比较简单，应用广泛，可在某一区域范围内单独使用，也应用在集中报警控制系统中（它将各种报警信号输送至集中报警控制器）。图 7-2 所示为区域报警系统示意图。

图 7-2　区域报警系统示意图

对于单独使用的区域报警系统，一个报警系统应设置一台报警控制器，必要时可用两台报警控制器，最多不能超过三台报警控制器。多于三台报警控制器时，应采用集中报警系统。一台区域报警控制器监控多个楼层时，在每个楼层楼梯口明显的地方应设置识别报警楼层的灯光显示装置，以便于火灾发生时迅速扑救。区域报警控制器应设在有人值班的地方，确有困难时，也应装设在经常有值班管理人员巡逻的地方。

2. 集中报警系统

集中报警系统由集中报警控制器、区域报警控制器和火灾探测器等组成，一般有一台集中报警控制器和两台以上的区域报警控制器。

集中报警系统中的集中报警控制器接收来自区域报警系统中报警信号，用声、光及数字显示火灾发生的区域和地址。它是整个报警系统的"指挥中心"，同时控制消防联动设备。

集中报警控制器应装设在有人值班的房间或消防控制室。值班人员应经过当地公安消防部门的培训后，持证上岗。

图 7-3 所示为集中报警系统组成示意图，图 7-4 所示为大型火灾报警系统示意图。

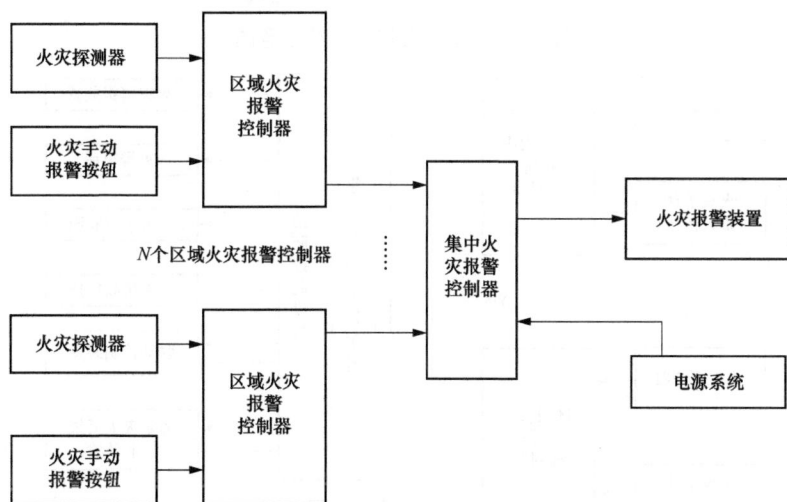

图 7-3　集中报警控制系统组成示意图

3. 消防中心报警系统

消防控制中心报警系统由设置在消防控制室的消防控制设备、集中报警控制器、区域报警控制器和火灾探测器等组成。也就是集中报警控制系统，再加上联动消防设备，如火灾报警装置、火灾报警电话、火灾事故广播、火灾事故照明、防排烟设施、通风空调设备和消防电梯等。

图 7-5 为消防控制中心报警系统示意图。

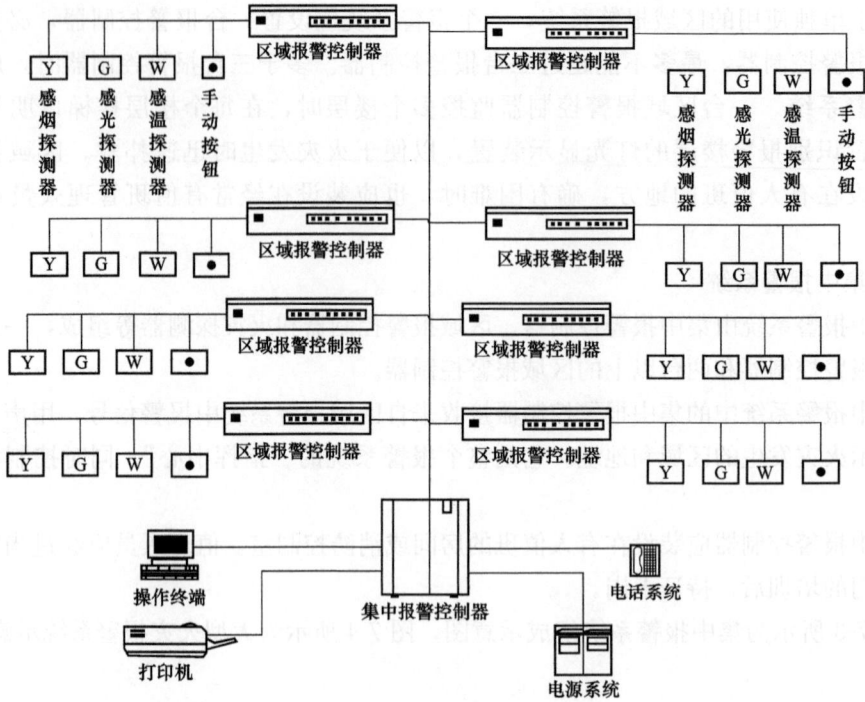

图 7-4　大型火灾报警系统示意图

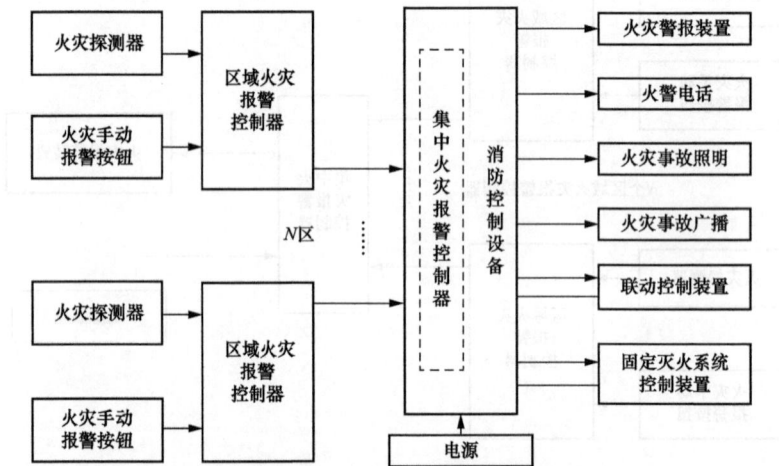

图 7-5　消防控制中心报警系统示意图

7.2　火灾探测器

7.2.1　火灾探测器的型号含义

火灾探测器是用来响应附近区域火灾产生的物理或化学现象的探测器件。火灾探测器技术发展很快，在国内有多个厂家。国内厂家所生产的火灾探测器目前已可以和国外公司的产品抗衡，并远销海外市场。现对火灾探测器的型号分类、原理作一简要介绍。

火灾探测器的型号含义如下：

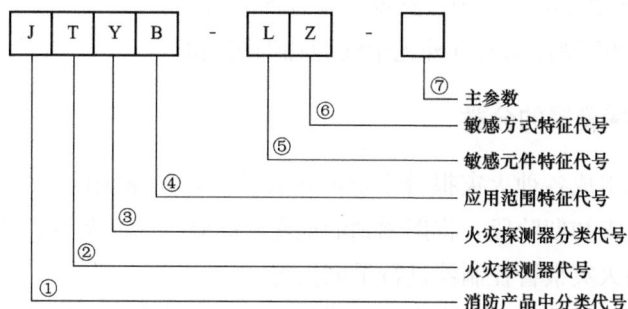

火灾探测器型号中字母说明如下：

① J（警）—消防产品中分类代号（火灾报警设备）。

② T（探）—火灾探测器代号。

③ 火灾探测器分类代号，各种类型火灾探测器的具体表示方法如下：

Y（烟）—感烟火灾探测器；

W（温）—感温火灾探测器；

G（光）—感光火灾探测器；

Q（气）—可燃气体探测器；

F（复）—复合式火灾探测器。

④ 应用范围特征代号表示方法如下：

B（爆）—防爆型；

C（船）—船用型；

非防爆型或非船用型可以省略，无须注明。

⑤和⑥ 传感器特征表示法如下：

LZ（离子）—离子；

GD（光、电）—光电；

MD（膜、定）—膜盒定温；

M（X膜、差）—膜盒差温。

复合式探测器表示方法如下：

GW（光温）—感光感温；

GY（光烟）—感光感烟；

YW（烟温）—感烟感温；

YW-HS（烟温-红束）—红外光束感烟感温。

⑦ 主参数—定温、差定温用灵敏度级别表示。

型号含义举例如下：

JTY-LZ-E 型探测器离子感烟探测器，二总线模拟量超薄型

JTY-DZ-E 型电子感温探测器，二总线模拟量超薄型

JTY-GD-SH9431 型光电感烟探测器

JTW-CDZ-262/061 型电子差定温探测器

JTF-YW-4100 型光电、离子、感温三复合探测器

JTY-HS-SX1005 型探测器红外光束线型感烟探测器。

7.2.2 火灾探测器的分类

火灾探测器是组成各种火灾报警系统的重要器件，是系统的"感觉器官"。火灾探测器的作用是在火灾初期阶段，将探测到的烟雾、高温、火光及可燃性气体等参数转换为电信号，传送到火灾报警控制器进行早期报警。

火灾现场的情况千差万别，火灾探测器的种类也非常多。一般按火灾现场的探测参数，火灾探测器可分为感烟探测器、感温探测器、感光探测器、可燃气体探测器四种基本类型及上述两个或两个以上参数的复合探测器，其中感烟探测器应用最为广泛；按感应元件的结构，火灾探测器可分点型探测器和线型探测器；按操作后是否能复位，火灾探测器可分为可复位探测器和不可复位探测器。

常用的火灾探测器分类如图 7-6 所示。

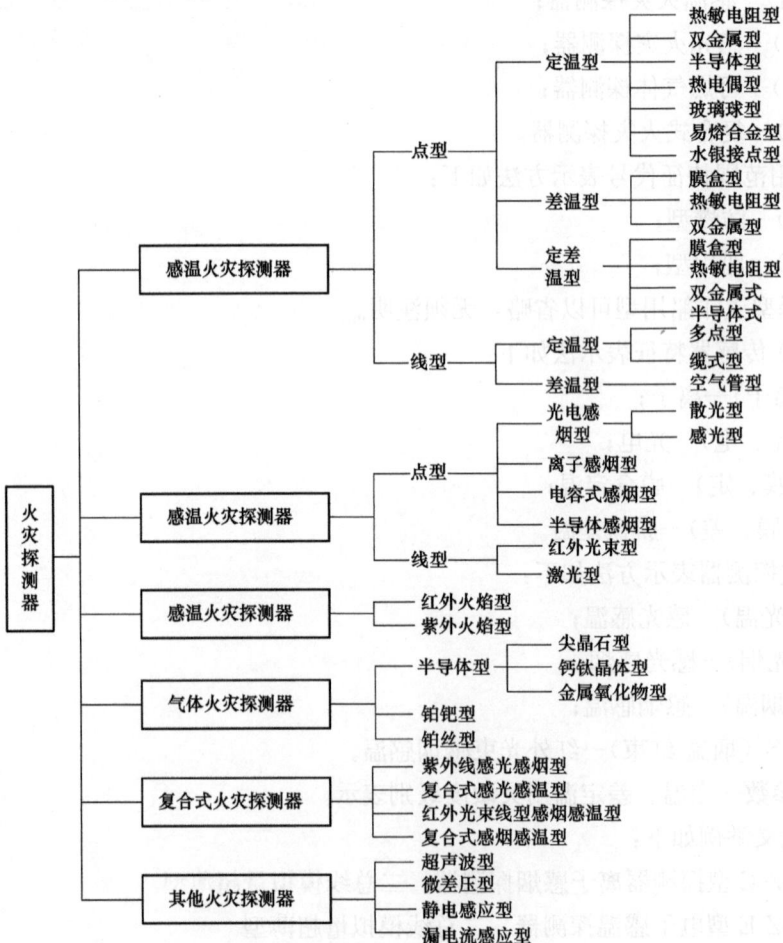

图 7-6　常用的火灾探测器分类

1. 感烟火灾探测器

感烟火灾探测器对警戒范围内的火灾烟雾浓度的变化作出响应，是实现早期报警的主要手段。感烟火灾探测器主要用于探测火灾初期和阴燃阶段的烟雾。

离子式感烟火灾探测器能及时探测火灾初期火灾烟雾，报警功能较好。火灾初期，当燃烧产生的烟雾达到一定浓度时，探测器立即响应，输出电信号。

光电感烟火灾探测器对光电敏感，又分为遮光式和散射光式两种，散射光式应用较为广泛。

2. 感温火灾探测器

感温火灾探测器对警戒范围内的异常高温或（和）升温速率作出响应，报警灵敏度低，报警时间迟，可在风速大、多灰尘、潮湿等恶劣环境中使用。

定温火灾探测器的温度敏感元件是双金属片。火灾发生后，环境温度升高到规定值时，双金属片发生变形，接通电极，输出电信号。定温火灾探测器适用于温度上升缓慢的场合。

差温火灾探测器分为电子式和机械式，火灾发生时，温度升高，当温差达到规定值时，发出的报警信号。与定温感烟火灾探测器相比较，差温火灾探测器灵敏度高、可靠性高、受环境变化影响小。

3. 感光火灾探测器

感光火灾探测器（又称火焰探测器）对警戒范围内火灾火焰光谱中的紫外线或红外线作出响应，有红外火焰火灾探测器和紫外火焰火灾探测器两种。红外火焰火灾探测器能对任何一种含碳物质燃烧时产生的火焰作出反应，对一般光源和红外辐射没有反应。紫外火焰火灾探测器能适用于微小火焰发生的场合，灵敏度高、对火焰反应快、抗干扰能力强。

4. 可燃气体火灾探测器

可燃气体火灾探测器对火灾早期阶段的可燃烧气体作出响应，当其保护范围内的空气中可燃气体含量、浓度超过一定值时，发出报警信号。

5. 复合探测器

同时具有两种或两种以上探测传感功能的火灾探测器称为复合火灾探测器。复合探测器能适用于多种火灾发生的情况，能更有效地探测火情。

图 7-7～图 7-12 所示为几种火灾探测器的结构示意图。

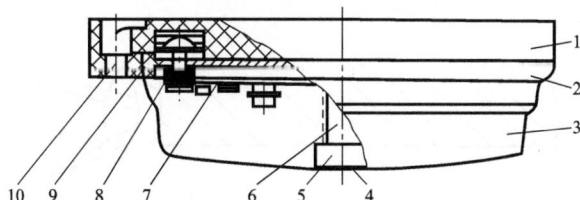

图 7-7　红外火焰火灾探测器结构示意图

1—底座；2—上盖；3—罩壳；4—红外滤光片；5—硫化铅红外光敏元件；
6—支架；7—印制电路板；8—柱脚；9—弹性接触片；10—确认灯

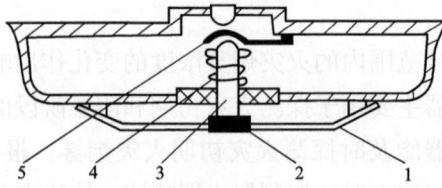

图 7-8　易熔金属定温火灾探测器结构示意图

1—集热片；2—易熔金属；3—顶杆；4—弹簧；5—电触点

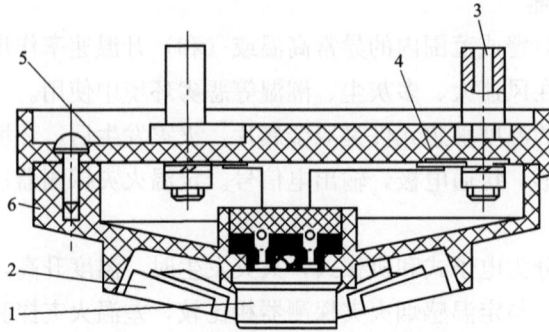

图 7-9　点型定温火灾探测器示意图

1—超小型密封温度继电器；2—集热片；3—接线柱；4—连接片；5—基座；6—支架

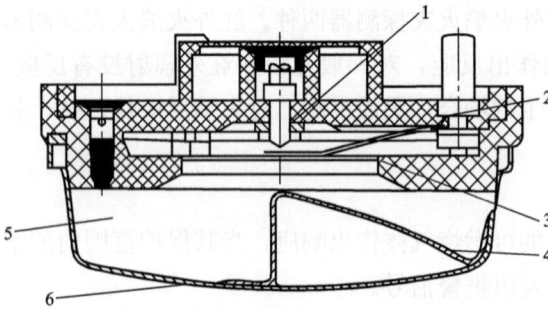

图 7-10　差温探头结构示意图

1—电气触点；2—呼吸机构；3—膜片；

4—弹簧片；5—气室；6—易熔合金

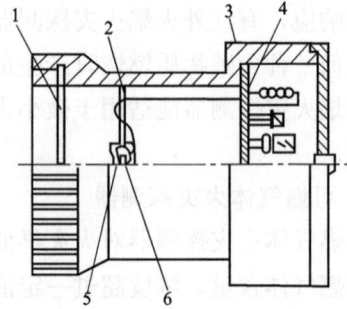

图 7-11　红外感光火灾探测器结构示意图

1—红玻璃片；2—绝缘支撑架；3—外壳；

4—印制电路板；5—锗片；6—硫化铅红外光敏元件

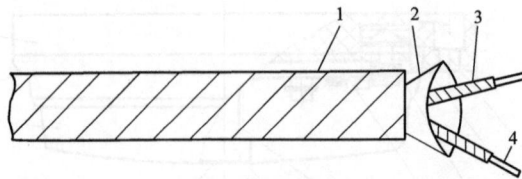

(a)外形示意图

图 7-12　缆式线型感温火灾探测器结构示意图（一）

1—外护套；2—包带；3—热敏绝缘材料；4—钢丝

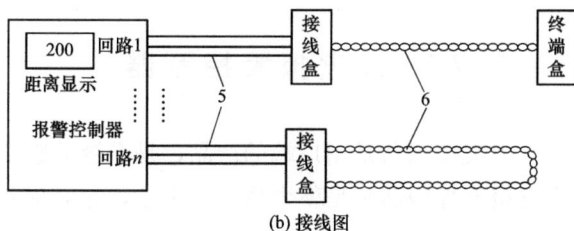

(b) 接线图

图 7-12　缆式线型感温火灾探测器结构示意图（二）

5—传输线；6—热敏电缆

7.2.3　火灾探测器的选择

火灾探测器的选用原则如下：

（1）火灾初期有阴燃阶段，产生大量的烟和少量的热，很少或没有火焰辐射，应选用感烟火灾探测器。

（2）火灾发展迅速，有强烈的火焰辐射和少量的热、烟，应选用感光火灾探测器。

（3）火灾发展迅速，产生大量的热、烟和辐射，应选用感温、感烟及火焰探测器的组合（即复合火灾探测器）。

（4）若火灾形成的特点不可预料，应进行模拟试验，根据试验结果选用合适的探测器。这里需进一步说明其种类选择范围。

① 下列场所宜选用光电和离子感烟火灾探测器：电子计算机房、电梯机房、通信机房、楼梯、走道，办公楼、饭店、教学楼的厅堂、办公室、卧室等，有电气火灾危险性的场所、书库、档案库、电影或电视放映室等。

② 有下列情况的场所不宜选用光电感烟火灾探测器：存在高频电磁干扰；在正常情况下有烟滞流；可能产生黑烟；可能产生蒸汽和油雾；大量积聚粉尘。

③ 有下列情况的场所不宜选用离子感烟火灾探测器：产生醇类、醚类、酮类等有机物质；可能产生腐蚀性气体；有大量粉尘、水雾滞留；相对湿度长期大于 95%；在正常情况下有烟滞留；气流速度大于 5m/s。

④ 有下列情况的场所宜选用感光火灾探测器：需要对火焰作出快速反应；无阴燃阶段的火灾；火灾时有强烈的火焰辐射。

⑤ 下列情况的场所不宜选用感光火灾探测器：在正常情况下有明火作业以及 X 射线、弧光等影响；探测器的"视线"易被遮挡；在火焰出现前有浓烟扩散；可能发生无焰火灾；探测器的镜头易被污染；探测器易受阳光或其他光源直接或间接照射。

⑥ 下列情况的场所宜选用感温火灾探测器：可能发生无烟火灾；在正常情况下有烟和蒸气滞留；吸烟室、小会议室、烘干车间、茶炉房、发电机房、锅炉房、厨房、汽车库等；其他不宜安装感烟探测器的厅堂和公共场所；相对湿度经常高于 95%；有大量粉尘等。

⑦ 在散发可燃气体和可燃蒸气的场所（如高压聚乙烯、合成甲醇装置等的泵房、阀门间法兰盘、合成酒精装置、裂解汽油装置、乙烯装置），宜选用可燃气体火灾探测器。

7.3 火灾报警控制器

在火灾报警系统中，火灾探测器是用户端的产品，是系统的感觉器官，监视和收集现场的火情信号。而火灾报警控制器则是整个系统的中心，它对探测器发回的信息进行分析，做出报警。

7.3.1 火灾报警控制器的型号含义

火灾报警探测器型号含义如下：

（1）J（警）—消防产品中分类代号（火灾报警设备）。

（2）B（报）—火灾报警控制器代号。

（3）应用范围特征代号，具体表示方法如下：

B（爆）—防爆型；

C（船）—船用型；

非防爆型和非船用型可以省略，无须指明。

（4）分类特征代号，具体表示方法如下：

D（单）—单路；

Q（区）—区域；

J（集）—集中；

T（通）—通用，既可作集中报警，又作区域报警。

（5）结构特征代号，具体表示方法如下：

G（柜）—柜式；

T（台）—台式；

B（壁）—壁挂式。

（6）主参数表示报警器的路数，例如，50 表示 50 路。

型号含义举例如下：

① JB-QB-100-Ⅲ，表示 100 路壁挂式区域报警控制器。

② JB-JB-4000-ZN905，表示 4000 路壁挂式区域报警控制器。

7.3.2 火灭报警控制器的作用

在火灾报警控制器是建筑消防系统的核心部分，其作用如下所述。

1. 火灾报警

接收和处理从火灾探测器传来的报警信号，确认是火灾时，立即发出声、光报警信号并指示报警部位、时间等；经过适当的延时，启动自动灭火设备。

2. 故障报警

火灾报警控制器能对火灾探测器及系统的重要线路和器件的工作状态进行自动监测，以保障系统能安全可靠地长期连续运行。出现故障时，控制器能及时发出故障报警的声、光信号，并指示故障部位。故障报警信号能区别于火灾报警信号，以便采取不同的措施。如火灾报警信号采用红色信号灯，故障报警信号采用黄色信号灯。在有故障报警时，若接收到火灾报警信号，系统能自动切换到火灾报警状态，即火灾报警优先于故障报警。

3. 火灾报警记忆

当火灾报警控制器接收到火灾报警的故障报警信号时，能记忆报警地址与时间，为日后分析火灾事故原因时提供准确资料。火灾或事故信号消失后，记忆也不会消失。

4. 提供工作电源

为火灾探测器提供稳定的工作电源。

7.3.3 火灾报警控制器的类型

1. 手动火灾报警控制器

手动火灾报警控制器适合用于人流较大的通道、仓库及风速、温度、湿度变化很大而自动报警控制器不适合的场合，有壁挂式和嵌入式 2 种。

2. 区域火灾报警控制器

区域火灾报警控制器接收火灾探测器或中继器发来的报警信号，并将其转换为声、光报警信号；为探测器提供 24V 直流稳压电源，向集中报警控制器输出火灾报警信号，并备有操作其他设备的输出接点。区域报警控制器上还设有计时单元，能记忆第一次报警时间；设有故障自动监测电路，有故障发生时，能发出故障报警信号。

区域火灾报警控制器有壁挂式、台式、柜式 3 种。

3. 集中火灾报警控制器

集中火灾报警控制器接收区域火灾报警控制器发来的报警信号，并将其转换成声、光信号，由荧光数码管以数字形式显示火灾发生区域。火灾区域的确定由巡检单元完成。

4. 通用火灾报警控制器

通用火灾报警控制器可与探测器组成小范围的独立系统，也可作为大型集中报警区的一个区域报警控制器，适合用于各种小型建筑工程。

7.4 消 防 灭 火 系 统

7.4.1 灭火的基本方法

1. 化学抑制法

将灭火剂二氧化碳、卤代烷等施放到燃烧区上，就可以起到中断燃烧的化学连锁反应，达到灭火的目的。

2. 冷却法

将水喷到燃烧物上，通过吸热使温度降低到燃点以下，火随之熄灭。

3. 窒息法

阻止空气流入燃烧区域，即将泡沫喷射到燃烧液体上，将火窒息；或用不燃物质进行隔离，如用石棉布、浸水棉被覆盖在燃烧物上。

7.4.2 室内消火栓灭火系统

1. 系统简介

采用消火栓灭火是最常用的灭火方式，它由蓄水池、加压送水装置（水泵）及室内消火栓等主要设备构成。如图 7-13 所示，这些设备的电气控制包括水池的水位控制、消防用水和加压水泵的启动。水位控制应能显示出水位的变化情况和高、低水位报警及控制水泵的开停。室内消火栓系统由水枪、水龙带、消火栓、消防管道等组成。为保证喷水枪在灭火时具有足够的水压，需要采用加压设备。常用的加压设备有两种：消防水泵和气压给水装置。采用消防水泵时，在每个消火栓内设置消防按钮，灭火时用小锤击碎按钮上的玻璃小窗（按钮不受压而复位），从而通过控制电路启动消防水泵。水压增高后，灭火水管有水，用水枪喷水灭火。采用气压给水装置时，由于采用了气压水罐，并以气水分离器来保证供水压力，所以水泵功率较小，可采用电接点压力表，通过测量供水压力来控制水泵的启动。

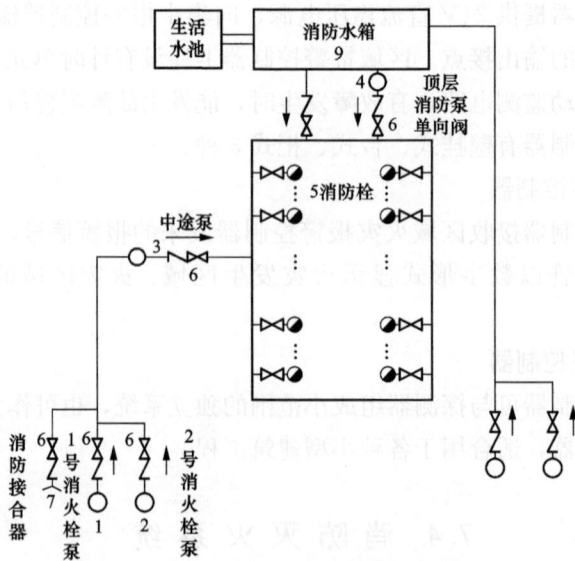

图 7-13　室内消火栓灭火系统

2. 室内消防水泵的控制方法

（1）由消防按钮控制消防水泵的启停。

（2）水流报警启动器控制消防水泵启停。

（3）中心发出主令信号控制消防泵启停。

3. 消火栓灭火系统的控制要求

（1）选用打碎玻璃启动的按钮。

（2）消防按钮启动后，消火栓泵应自动投入运行。

（3）防止消防泵误启使水压过高而导致管网爆裂，需加设管网压力监视保护。

（4）消火栓工作泵发生自动投入故障需要强投时，备用泵自动投入运行，也可以手动强投。

（5）泵房应设有检修用开关和启动/停止按钮，检修时将检修开关接通，切断消火栓泵的控制回路以确保维修安全，并设有开关信号灯。

7.4.3　自动喷水灭火系统

1. 基本功能

（1）火灭发生后，自动地进行喷水灭火。

（2）能在喷水灭火的同时发出警报。

2. 湿式自动喷水灭火系统

湿式自动喷水灭火系统属于固定式灭火系统，是最安全可靠的灭火装置，适用于温度不低于 4℃（低于 4℃时受冻）和不高于 70℃的场所。

湿式自动喷水灭火系统由喷头、报警止回阀、延迟器、水力警铃、压力开关（安装在干管上）、水流指示器、管道系统、供水设施、报警装置及控制盘等组成。

湿式自动喷水灭火系统动作程序如图 7-14 所示。

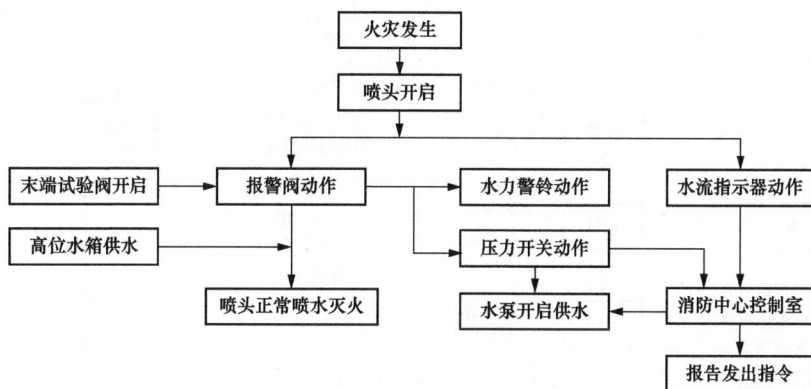

图 7-14　湿式自动喷水灭火系统动作程序图

当发生火灾使温度达到动作值时，喷头内玻璃球式温敏元件炸裂，密封垫脱开，喷头喷水。报警阀自动开启后，流动的消防水使水流指示器桨片摆动，带动其电接点动作。火灾报警器接到该信号后，发出指令启动报警系统或启动消防水泵等电气设备，并可显示火灾发生区域。通过消防控制室启动水泵供水灭火，保证喷头有水喷出。

7.5　联 动 控 制 设 备

根据报警位置、自动喷水灭火系统以及防排烟设备的设置情况，联动控制设备应具有如下几项功能：

（1）消火栓水泵的启停控制；工作或故障状态的显示；指示消火栓水泵启动按钮的位置。

（2）自动喷水灭火系统的控制；工作或故障状态的显示；发出报警信号的水流指示器和报阀的位置显示。

（3）接收到火灾报警信号后，停止相关部位的空调机、送风机，关闭管道上的防火阀，接收被控制设备动作的反馈信号。

（4）启动防排烟系统，接收被控制设备动作的反馈信号。

（5）火灾确认后，关闭相关部位的电动防火门和防火卷帘门，并接收反馈信号。防火卷帘门通常采用两段控制，接到报警信号后，卷帘门先下降到距地面 1.8m 处，经一段延时后再下降到底。防火卷帘门两侧应安装手动控制按钮，以便于现场控制。

（6）向电梯控制屏发出信号并强制全部的电梯降至底层，除消防电梯处于待命状态外，其余电梯停止使用；同时接收反馈信号。

（7）切断相关部位的非消防电源，接通火灾事故照明和疏散指示灯。

（8）按疏散顺序接通火灾事故广播系统，以便及时指挥和组织人员疏散。

主要消防控制设备有手动报警器、水流指示器、声光报警器和消防通信系统等。图 7-15 所示为火灾自动报警及消防联动控制系统相互联系示意图。

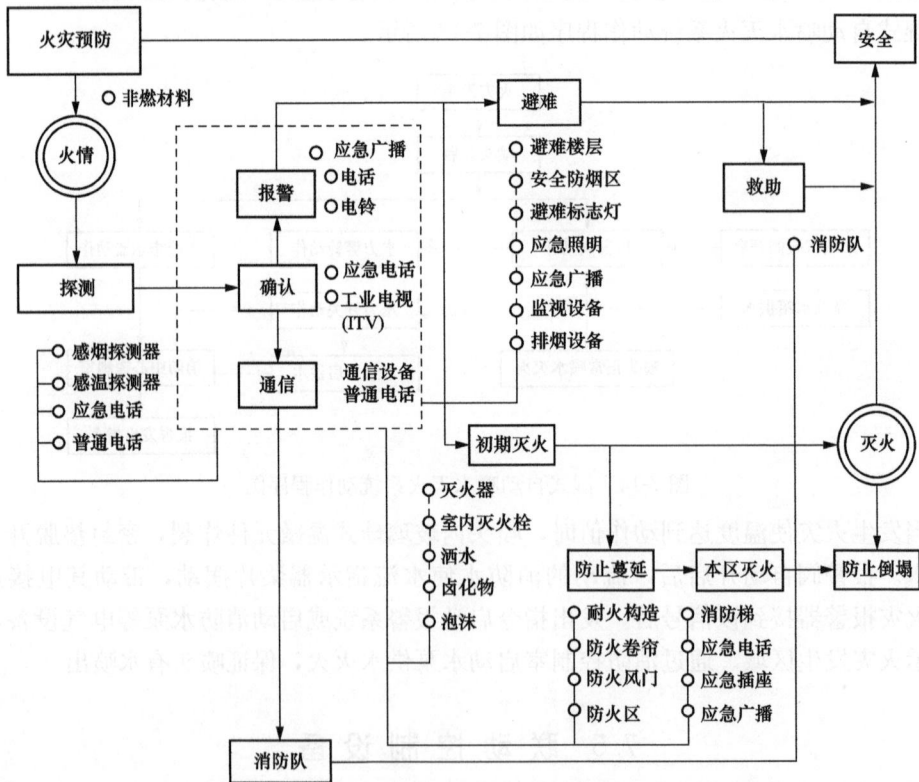

图 7-15 火灾自动报警及消防联动控制系统相互联系示意图

7.6　其　他　器　件

1. 手动火灾报警按钮

火灾自动报警系统应有自动和手动两种触发装置。各种类型的火灾探测器是自动触发装置，而手动火灾报警按钮是手动触发装置。它具有在应急情况下人工手动通报火警或确认火警的功能。

手动火灾报警按钮的紧急程度比探测器报警紧急，一般不需要确认。所以手动火灾报警按钮要求更可靠、更确切，处理火灾要求更快。

随着火灾自动报警系统的不断更新，手动火灾报警按钮也在不断发展，不同厂家生产的不同型号的报警按钮各有特色，但其主要作用基本是一致的。

规范要求报警区域内每个防火分区应至少设置一只手动火灾报警按钮。从一个防火分区内的任何位置到最邻近的一个手动火灾报警按钮的步行距离不应大于 30m。应设置在明显和便于操作的部位，即设置在建筑物的大厅、过厅、主要公共活动场所出入口，餐厅、多功能厅等处的主要出入口，值班人员工作场所，主要通道门厅等经常有人通过的地方，安装在墙上距地（楼）面高度 1.5m 处明显和便于操作的部位。手动火灾报警按钮应在火灾报警控制器或消防控制室的控制盘上显示部位号，但以不同显示方式或不同的编码区段与其他触发装置信号区别开。

2. 编址模块

（1）编址输入模块。输入模块可将各种消防输入设备的开关信号（报警信号或动作信号）接入探测总线，实现信号向火灾报警控制器的传输，从而实现报警或控制的目的。

输入模块适用于水流指示器、报警阀、压力开关、非编址手动火灾报警按钮、普通型感烟和感温火灾探测器等。

（2）编址输入/输出模块。输入/输出模块能将报警器发出的动作指令通过继电器触点来控制现场设备，以完成规定的动作；同时将动作完成信息反馈给报警器。它是联动控制柜与被控设备之间的桥梁，适用于排烟阀、送风阀、风机、喷淋泵、消防广播、警铃（笛）等。

3. 底座与编码底座

底座与感烟、感温火灾探测器配套使用。

在二总线制火灾报警系统中，一般由地址编码器为探测器确定地址。地址编码器有的设在探测器内，有的设在底座上，设有地址编码器的底座称为编码底座。

4. 短路隔离器

短路隔离器用在传输总线上，对各分支线作短路时的隔离作用。它能自动使短路部分两端呈高阻态或开路状态，使之不损坏控制器，也不影响总线上其他部件的正常工作。当这部分短路故障消除时，能自动恢复这部分回路的正常工作。这种装置又称总线隔离器。短路隔离器的应用实例如图 7-16 所示。

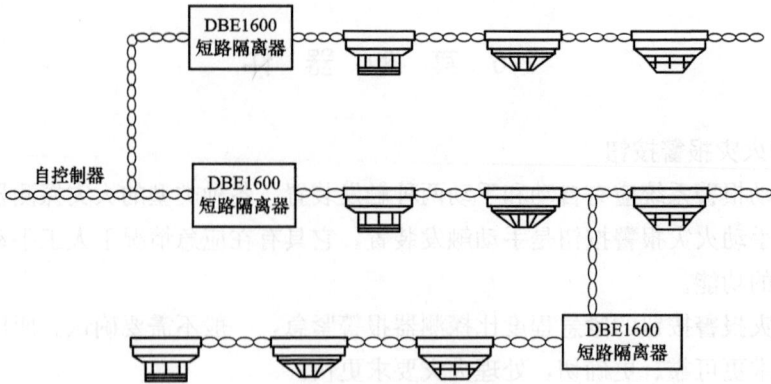

图 7-16　短路隔离器的应用举例

图 7-17　LD-8321 总线中继器外形

5. 总线中继器

中继器可作为总线信号输入与输出间的电气隔离，完成探测器总线的信号隔离传输，可增强整个系统的抗干扰能力，并且具有扩展探测器总线通信距离的功能。总线中继器外形如图 7-17 所示。

6. 总线驱动器

总线驱动器能增强线路的驱动能力。总线驱动器使用场所为：

（1）当一台报警控制器监控的部件超过 200 件以上，每 200 件左右用一只总线驱动器。

（2）所监控设备电流超过 200mA，每 200mA 左右用一只总线驱动器。

（3）当总线传输距离太长、太密，超长（500m）时安装一只总线驱动器（也有厂家超过 1000m 安装一只，应结合厂家产品而定）。

7. 区域显示器

区域显示器显示来自报警器的火警及故障信息，运用于各种防火监视分区或楼层。

（1）具有声音报警功能。当火警或故障送入时，将发出两种不同的声音报警（火警为变调音响，故障为长音响）。

（2）具有控制输出功能。具备一对无源触点，其在火警信号存在时吸合，可用来控制一些报警器类的设备。

（3）具有计时钟功能。在正常监视状态下，显示当前时间。

（4）采用壁式结构，体积小，安装方便。

7.7　火灾自动报警与消防联动控制系统的安装施工

7.7.1　系统布线

火灾自动报警系统的布线应该从以下几方面进行考虑：接线要求、接线方式、联动控制系统的线制、接线工艺、配线选择与导线穿管。

1. 接线要求

（1）火灾自动报警系统的布线，应符合 GB 50311—2016《综合布线系统工程设计规范》、GB 50116—2013《火灾自动报警系统设计规范》和 GB 50303—2015《建筑电气装置工程施工质量验收规范》的规定，对导线的种类、电压等级进行检查。

（2）火灾自动报警系统应单独布线，系统内不同电压等级、不同电流类别的线路，不应布置在同一管内或线槽的同一槽孔内。

（3）导线在管内或线槽内，不应有接头或扭结。导线的接头，应在接线盒内焊接或用端子连接。

（4）从接线盒、线槽等处引到探测器底座、控制设备、扬声器的线路，当采用金属软管保护时，其长度不应大于 2m。

（5）敷设在多尘或潮湿场所管路的管口和管子连接处，均应作密封处理。

（6）管路超过下列长度时，应在便于接线处装设接线盒：

① 管子长度每超过 30m，无弯曲时。

② 管子长度每超过 20m，有 1 个弯曲时。

③ 管子长度每超过 10m，有 2 个弯曲时。

④ 管子长度每超过 8m，有 3 个弯曲时。

（7）金属管子入盒，盒外侧应套锁母，内侧应装护口；在吊顶内敷设时，盒的内外侧均应套锁母。塑料管入盒应采取相应固定措施。

（8）明敷设各类管路和线槽时，应采用单独的卡具吊装或支撑物固定。吊装线槽或管路的吊杆直径不应小于 6m。

（9）线槽敷设时，应在下列部位设置吊点或支点：

① 线槽始端、终端及接头处。

② 距接线盒 0.2m 处。

③ 线槽转角或分支处。

④ 直线段不大于 3m 处。

（10）线槽接口应平直、严密，槽盖应齐全、平整、无翘角。并列安装时，槽盖应便于开启。

（11）同一工程中的导线，应根据不同用途选择不同颜色加以区分，相同用途的导线颜色应一致。电源线正极应为红色，负极应为蓝色或黑色。

2. 接线方式

现行的火灾自动报警系统基本采用总线制接线方式，总线制的接线方式分为单支布线接线方式与多支线接线方式两类。

（1）单支布线接线方式。单支布线接线方式的接线如图 7-18 所示。

图 7-18 说明如下：

① 单对布线可分为串形和环形两种。无虚线接线为串形接法，增加虚线接线为环形接法。

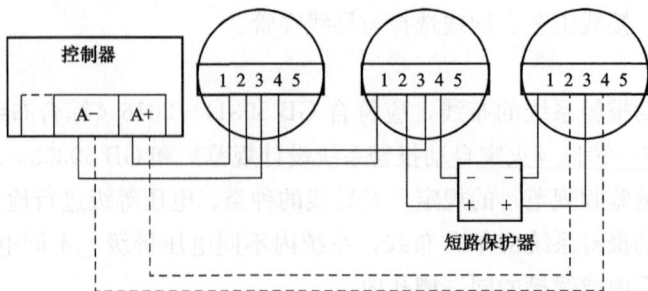

图 7-18 单支布线接线方式的接线图

② 串形接法的优点是总线的传输质量佳，传输距离长。

③ 环形接法的优点是系统线路中任何地点断路时不影响系统的正常运行，环形接法的线路比串形接法的线路要长。

（2）多支线接线方式。多支线接线方式也称为树状系统接线法，细分为鱼骨形接法和小星形接法。

鱼骨形接法的优点是总线的传输质量好，不过必须注意二总线主干线两边的分支距离应小于 10m，这种接线方式传输距离较远。鱼骨形接线方式如图 7-19 所示。

小星形接线方式传输效果不如串形或鱼骨形接线方式，使用时应该注意：以二总线端子到遇到的第一个节点的距离＞50m，由主干线到支路节点的距离＜30m，它的优点是传输距离较远。通常小星形接线线路较短，同一点分支线不宜过多，一般不超过三根。小星形接线方式如图 7-20 所示。

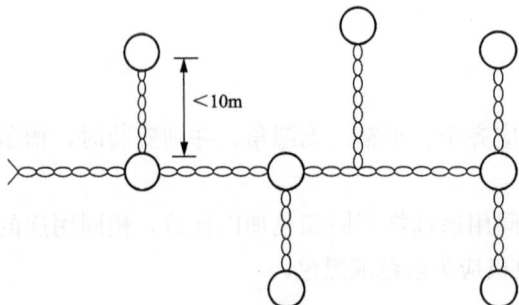

图 7-19 鱼骨形接线图

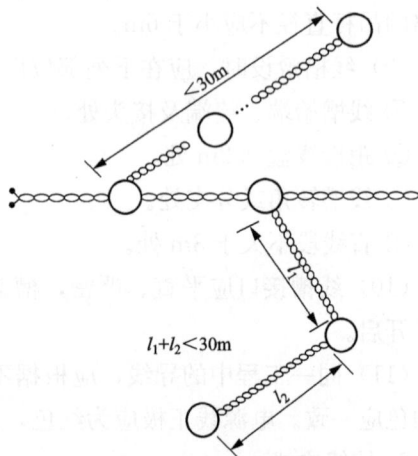

图 7-20 小星形接线图

3. 联动控制系统线制

联动控制系统线制分为总线-多线制、全总线制和混合总线制 3 种形式。

（1）总线-多线制形式。这种形式的联动控制系统从消防控制室到各楼层或消防分区为总线制联动方式，需要 3 根以上的联动总线。从联动控制模块到各联动设备则为多线制方式，其配线遵循多线制联动的原则。多线制联动系统中从消防控制中心到各联动设备点的纵向管线一般只需 10 根左右的总线，但并不减少横向联动管线。这类系统适合用于各层平面面积不太大、大楼高度较高的场合。

（2）全总线制形式。全总线制形式适用于楼层面积较大、各联动设备相距较远的场合。它的特点是系统的管线简单，缺点是设备造价较高。在实际应用中往往要兼顾到各方面的要求，采用复合控制模式，即总线-多线制、总线制、全总线制复合控制模式。例如，有些重要设备采用多线制控制，设备相对集中的场合采用多路输出控制模块，分散的联动设备采用全总线制模式。

（3）混合总线制形式。联动的混合总线制形式的设备一般分为火灾探测器（含编码模块）、报警与回授模块、控制模块。混合总线制形式的总线数量较少，这种形式的功能不分明，系统调试与维护比较麻烦。

4. 接线工艺

（1）导线断点处焊接工艺。导线断点处焊接处理如图 7-21 所示。导线脱出芯线要求≥8mm，焊锡处外径要比导线外皮略粗。当导线焊接处半凉时将导线外皮直径同粗或略粗的塑料套管（热缩管）套在焊接外，套管两端要各套入导线外皮 40m 左右，并用电工胶布将管固定在导线上。

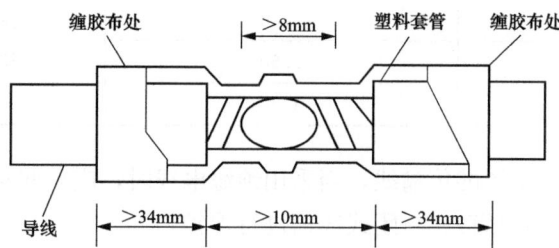

图 7-21　导线断点处焊接图

（2）导线与设备端子的接线要求。导线与设备端子的接线要求是：

① 要求脱出的芯线长度约为 15mm，脱出的多股芯线要绞合在一起，绞合后的芯线接端子紧固螺钉的方向至少绕一圈，拧紧紧固螺钉。

② 要求脱出的芯线长度约为 10mm，脱出的多股芯线要绞合在一起，绞合后的芯线插入端子侧面的固定孔，拧紧端子固定螺钉。

③ 要求脱出的芯线长度约为 10mm，脱出的多股芯线要绞合在一起，绞合后的芯线插入端子压板下，拧紧紧固螺钉。

（3）屏蔽双绞线断点处焊接工艺。屏蔽双绞线断点处焊接要求：将屏蔽层的铜网在断点处的前后一定要接通，即在屏蔽层二总线或三总线的传输距离内不允许出现断点，要求屏蔽层与设备外壳相连接，如图 7-22 所示。

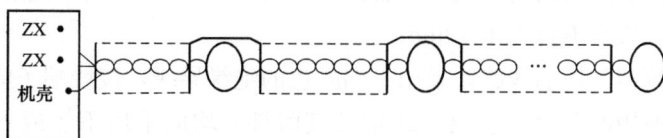

图 7-22　屏蔽双绞线断点处在工程上的处理

5. 布线与配管

火灾自动报警系统的电源线路应采用耐火配线、消防联动控制用线路、消防通信线路、警报线路应采用耐热配线或耐火配线，探测器信号传输线可采用普通配线。线缆品种、型号规格的选择因不同生产厂家的产品而异，但大同小异，有规律可循。

（1）火灾自动报警系统的传输线路应采用铜芯绝缘导线或铜芯电缆，其电压等级不应低于交流 250V，线芯最小截面积要符合表 7-1 的规定。

表 7-1 **火灾自动报警系统用导线最小截面积**

类别	最小截面积（mm²）	备注
穿管敷设的绝缘导线	1.00	—
线槽内敷设的绝缘导线	0.75	—
多芯电缆	0.5	—
由探测器到区域报警器	0.75	多股铜芯耐热线
由区域报警器到集中报警器	1.00	单股铜芯线
水流指示器控制线	1.00	—
显示报警阀及信号阀	1.00	—
排烟防水电源线	1.50	控制线＞1.00mm²
电动卷帘门电源线	2.50	控制线＞1.50mm²
消防栓控制按钮线	1.50	—

（2）火灾自动报警系统的传输线，当采用绝缘电线时，应采取穿管（如金属管、不燃难燃型硬质/半硬质塑料管）、封闭式线槽进行保护。

（3）消防联动控制、自动灭火控制、通信应急照明、事故广播等线路应穿金属管保护，最好暗敷在非燃烧体结构内，其保护层厚度不小于 3cm。当采用明敷时，则应对金属管采用防火保护措施。当采用具有非延燃性绝缘和护套的电缆时，可以不穿金属保护管，但应将其敷设在电缆竖井内。

（4）不同电压等级、不同电流类别、不同系统的线路，不可共管或线槽的同一槽孔内敷设。横向敷设的报警系统传输线路，若采用穿管布线，则不同防火分区的线路不可共管敷设。

（5）弱电线路的电缆与强电线路的电缆竖井分别设置，若因条件限制，必须合用一个电缆竖井时，则应将弱电线路和与强电线路分别布置在竖井两侧。

（6）从线槽、接线盒等处引至火灾探测器的底座盒以及控制设备的接线盒、扬声器箱等的线路，应穿金属软管保护。

（7）向敷设在建筑物内的暗配管，管径不宜大于 25mm，水平或垂直敷设在天棚内或墙内的暗配管，管径不宜大于 40mm。

（8）火灾探测器的传输线路，采用不同颜色的绝缘导线，接线端子应有标号。

（9）配线中使用的非金属管材、线槽及其附件，均应采用不燃或非延燃性材料制成。表 7-2 所示为部分常用导线截面规格。

表 7-2 导 线 截 面 规 格 表

导线截面积（mm²）	聚氯乙烯电线 BV、BVR		导线截面积（mm²）	聚氯乙烯电线 BV、BVR	
	外径（mm）	面积（mm²）		外径（mm）	面积（mm²）
1.0	2.8	6.2	4	4.2	14
1.5	3.1	7.6	6	5	26
2.5	3.7	10.8			

7.7.2　火灾自动报警系统设备的安装要求

1. 控制器类设备安装要求

（1）火灾报警控制器、可燃气体报警控制器、区域显示器、消防联动控制器等控制器类设备（以下称控制器）在墙上安装时，其底边距地（楼）面高度宜为 1.3～15m，其靠近门轴的侧面距墙不应小于 0.5m，正面操作距离不应小于 1.2m；落地安装时，其底边宜高出地（楼）面 0.1～0.2m。

（2）控制器应安装牢固，不应倾斜；安装在轻质墙上时应采取加固措施。

（3）引入控制器的电缆或导线，应符合下列要求：

① 配线应整齐，不宜交叉，并应固定牢靠。

② 电缆芯线和所配导线的端部均应标明编号，并与图纸一致，字迹应清晰且不易褪色。

③ 端子板的每个接线端接线不得超过 2 根。

④ 电缆芯和导线应留有不小于 200mm 余量。

⑤ 导线应绑扎成束。

⑥ 导线穿管、线槽后，应将管口、槽口封堵。

（4）控制器的主电源应有明显的永久性标志，并应直接与消防电源连接，严禁使用电源插头。控制器与其外接备用电源之间应直接连接。

（5）控制器的接地应牢固，并有明显的永久性标志。

2. 火灾探测器安装要求

（1）点型感烟、感温式火灾探测器的安装应符合下列要求：

① 探测器至墙壁、梁边的水平距离，不应小于 0.5m。

② 探测器周围水平距离 0.5m 内，不应有遮挡物。

③ 探测器至空调送风口最近边的水平距离，不应小于 1.5m；至多孔送风顶棚孔口的水平距离，不应小于 0.5m。

④ 在宽度小于 3m 的内走道顶棚上安装探测器时，宜居中安装。点型感温式火灾探测器的安装间距，不应超过 10m；点型感烟火灾探测器的安装间距，不应超过 15m。探测器至端墙的距离，不应大于安装间距的一半。

⑤ 点型火灾探测器宜水平安装，当必须倾斜安装时，倾斜角不应大于 45°。

（2）线型红外光束感烟式火灾探测器的安装应符合下列要求：

① 当探测区域的高度不大于 20m 时，光束轴线至顶棚的垂直距离宜为 0.3～1.0m；当探测区域的高度大于 20m 时，光束轴线距探测区域的地（楼）面高度不宜超过 20m。

② 发射器和接收器之间的探测区域长度不宜超过 100m。

③ 相邻两组探测器的水平距离不应大于 14m。探测器至侧墙水平距离不应大于 7m，且不应小于 0.5m。

④ 发射器和接收器之间的光路上应无遮挡物或干扰源。

⑤ 发射器和接收器应安装牢固，并且不应产生位移。

（3）缆式线型感温火灾探测器在电缆桥架、变压器等设备上安装时，宜采用接触式布置；在各种皮带输送装置上敷设时，宜敷设在装置的过热点附近。

（4）敷设在顶棚下方的线型差温火灾探测器，至顶棚距离宜为 0.1m，相邻探测器之间水平距离不宜大于 5m；探测器至墙壁距离宜为 1~1.5m。

（5）可燃气体探测器的安装应符合下列要求：

① 安装位置应根据探测气体密度确定。若其密度小于空气密度（如氢气、甲烷等），探测器应位于可能出现泄漏点的上方或探测气体的最高可能聚集点的上方；若其密度大于或等于空气密度，探测器应位于可能出现泄漏点的下方。

② 在探测器周围应适当留出更换和标定的空间。

③ 在有防爆要求的场所，应按防爆要求施工。

④ 线型可燃气体探测器在安装时，应使发射器和接收器的窗口避免日光直射，且在发射器与接收器之间不应有遮挡物，两组探测器之间的距离不应大于 14m。

（6）通过管路采样的吸气式感烟火灾探测器的安装应符合下列要求：

① 采样管应固定牢固。

② 采样管（含支管）的长度和采样孔应符合产品说明书的要求。

③ 非高灵敏度的吸气式感烟火灾探测器不宜安装在天棚高度大于 16m 的场所。

④ 高灵敏度吸气式感烟火灾探测器在设为高灵敏度时，可安装在天棚高度大于 16m 的场所，并保证至少有两个采样孔低于 6m。

⑤ 安装在大空间时，每个采样孔的保护面积应符合点型感烟火灾探测器的保护面积要求。

（7）点型火焰探测器和图像型火灾探测器的安装应符合下列要求：

① 安装位置应保证其视场角覆盖探测区域。

② 与保护目标之间不应有遮挡物。

③ 安装在室外时应有防尘、防雨措施。

（8）探测器的底座应安装牢固，与导线连接必须可靠压接或焊接。当采用焊接时，不应使用带腐蚀性的助焊剂。

（9）探测器底座的连接导线，应留有不小于 150m 的余量，且在其端部应有明显标志。

（10）探测器底座的穿线孔宜封堵，安装完毕的探测器底座应采取保护措施。

（11）探测器确认灯应朝向便于人员观察的主要入口方向。

（12）探测器在即将调试时方可安装，在调试前应妥善保管并应采取防尘、防潮、防腐蚀措施。

3. 手动火灾报警按钮安装要求

（1）手动火灾报警按钮应安装在明显和便于操作的部位。当安装在墙上时，其底边距地（楼）面高度宜为 1.3～1.5m。

（2）手动火灾报警按钮应安装牢固，不应倾斜。

（3）手动火灾报警按钮的连接导线，应留有不小于 150mm 的余量，且在其端部应有明显标志。

4. 消防电气控制装置安装要求

（1）消防电气控制装置在安装前，应进行功能检查，不合格者严禁安装。

（2）消防电气控制装置外接导线的端部，应有明显的永久性标志。

（3）消防电气控制装置箱体内不同电压等级、不同电流类别的端子应分开布置，并有明显的永久性标志。

（4）消防电气控制装置应安装牢固，不应倾斜；安装在轻质墙上时，应采取加固措施。

5. 模块安装要求

（1）模块宜在不同报警区域内集中安装在金属箱内。

（2）模块（或金属箱）应独立支撑或固定，安牢固，并应采取防潮、防腐蚀等措施。

（3）模块的连接导线，应留有不小于 150m 的余量，其端部应有明显标志。

（4）隐蔽安装时在安装处应有明显的部位显示和检修孔。

6. 火灾应急广播扬声器和火灾警报装置安装要求

（1）火灾应急广播扬声器和火灾警报装置安装应牢固可靠，表面不应有破损。

（2）火灾光报警装置应安装在安全出口附近明显处，距地面 1.8m 以上。光报警器与消防应急疏散指示标志不宜在同一面墙上，安装在同一面墙上时距离应大于 1m。

（3）扬声器和火灾声警报装置宜在报警区域内均匀安装。

7. 消防专用电话安装要求

（1）消防电话、电话插孔、带电话插孔的手动报警按钮宜安装在明显、便于操作的位置；当在墙面上安装时，其底边距地（楼）面高度宜为 1.3～1.5m。

（2）消防电话和电话插孔应有明显的永久性标志。

8. 消防设备应急电源安装要求

（1）消防设备应急电源的电池应安装在通风良好地方，在密封环境中使用时应通风。

（2）使用酸性电池时，不得安装在带有碱性物质场所；使用碱性电池时，不得安装在带酸性物质的场所。

（3）消防设备应急电源不应安装在靠近带有可燃气体的管道、仓库、操作间等场所。

（4）单相供电额定功率大于 30kW、三相供电额定功率大于 120kW 的消防设备应安装独立的消防应急电源。

9. 系统接地要求

（1）交流供电和 36V 以上直流供电的消防用电设备的金属外壳应有接地保护，接地线应与电气保护接地干线（N）相连接。

（2）接地装置施工完毕后，应按规定测量接地电阻，并作记录。

7.7.3 点型紫外火焰探测器的安装

点型紫外火焰探测器为感光型火灾探测器，它通过探测物质燃烧所产生的紫外线来探测火灾，适用于火灾发生时易产生明火的场所。对发生火灾时有强烈的火焰辐射或无阴燃阶段的火灾以及需要对火焰作出快速反应的场所，均可采用点型紫外火焰探测器。

点型紫外火焰探测器有编码和非编码两种工作模式。适用于爆炸危险场所的1区、2区，可根据现场环境来选用。点型紫外火焰探测器内置单片机，由单片机进行信号处理及与火灾报警控制器通信。传感部件选用技术先进的紫外光敏管，具有灵敏度高、性能可靠、抗粉尘污染、抗潮湿及抗腐蚀能力强等优点。

7.7.4 室内火灾光警报器的安装

室内火灾光警报器一般安装在巡视观察方便的地方，如会议室、餐厅、房间等门口上方。当房间内探测器报警时，警报器上的指示灯闪亮，使工作人员在不进入室内的情况下就可知道室内的探测器已触发报警。

1. 室内火灾光警报器安装步骤

（1）安装设备之前，应切断回路的电源并确认全部底壳已安装牢靠，且每一个底壳的连接线准确无误。

（2）安装前应首先检查外壳是否完好无损，标识是否齐全。

（3）底壳采用预埋安装方式，将底壳安装在86预埋盒上，安装孔距和警报器端子如图7-23所示。

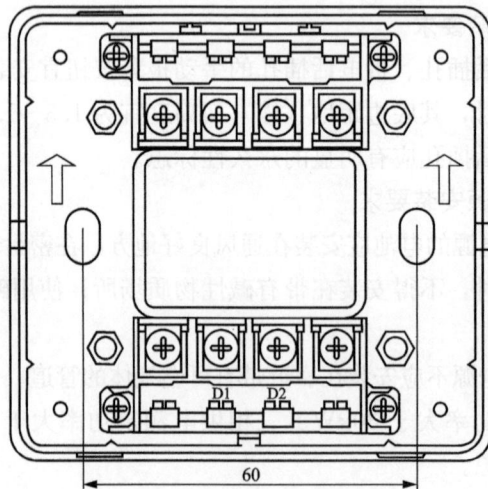

图 7-23 端子示意图

注：D1、D2接电源输入，无极性，D1、D2可选用截面积≥1.0mm² 双绞线；Z1、Z2：接控制器两总线，无极性。

布线要求：Z1、Z2 可选用截面积≥1.0mm² 双绞线。

2. 室内火灾光警报器测试

（1）待全部设备都安装完毕后再接通电源。

（2）警报器安装结束后或在使用过程中至少每年都必须进行测试。

（3）警报器在进行测试之前，应通知有关管理部门，系统将进行维护，会因此而临时停止工作。同时应切断将进行维护的区域或系统的逻辑控制功能，以免造成不必要的报警联动。

（4）接线后启动警报器，使警报器上的红色高亮发光区闪亮。

（5）测试结束后，复位报警信号，警报器上的红色高亮发光区应熄灭，并通知有关管理部门系统恢复正常。在测试过程中，不合格的警报器应检验其连接线是否正确，然后再进行测试，如仍不能通过测试，则应返回维修。

7.7.5　点型红外火焰探测器的安装

点型红外火焰探测器是一种复合红外火焰探测器，它可以通过探测火焰在红外光信号来判断火灾。点型红外火焰探测器探测的最远距离对应 I 级灵敏度为 25m，II 级灵敏度为 17m，III 级灵敏度为 12m。

1. 安装步骤

安装前应首先检查外壳是否完好无损，标识是否齐全，确认无误后对探测器进行编码和设置灵敏度级别。对于非编码模式时，探测器应再增加一个进线孔。然后按照图 7-24 所示步骤进行安装。

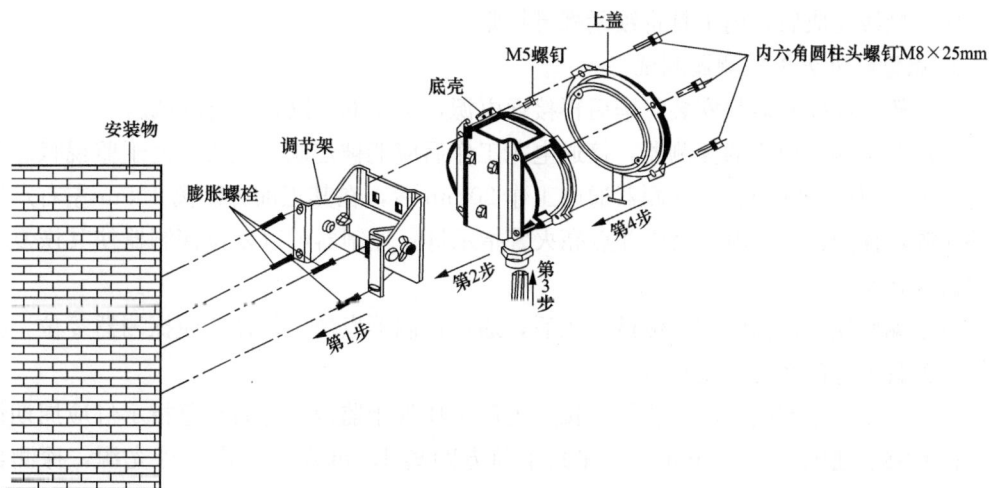

图 7-24　探测器安装示意图

（1）第 1 步：安装调节架。先将调节架用 4 个 M6 膨胀螺栓固定在墙壁上（应固定牢靠），定位后将螺栓拧紧。

（2）第 2 步：安装底壳。将探测器底壳部件上的护罩取下，保留连接螺钉、垫圈，然后将底壳的底板挂在调节架上，并用一个 M5 的螺钉固定。

（3）第3步：连接电缆。

（4）第4步：安装上盖。

（5）第5步：调节调节架，使探测器正对被保护区域，定位后将调节架两侧的锁紧螺钉拧紧。

2. 布线

（1）在爆炸危险场所，布线必须符合爆炸危险场所规定相应的要求。探测器连接电缆可选用铜芯屏蔽电缆或防爆软管。如选用防爆软管，防爆软管与探测器接头处螺纹应参考探测器锁紧螺母外螺纹尺寸。

（2）将电缆芯剥去外皮留出金属导线5mm，依次将电缆穿过锁紧螺母、金属垫圈、密封橡胶套，进入探测器内部。

（3）现场安装时，如果探测器采用编码模式工作，总线无极性连接探测器的接线端子 Z1（D1）、Z2（D2）即可。接线端子示意图如图7-25所示。

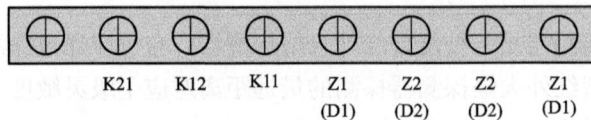

图7-25 接线端子示意图

如果探测器采用非编码模式工作，DC12电源线无极性连接探测器的接线端子 Z1（D1）、Z2、（D2），接线端子 K11、K12 为火警无源输出触点，接线端子 K21、K22 为故障无源输出触点。

（4）接线完成后，用工具将锁紧螺母拧紧。

3. 点型红外火焰探测器测试

（1）待全部探测器都安装完毕后再接通电源，工作60s以后进行测试。

（2）对于编码模式的探测器，接通电源工作后应能被控制器注册；处于监视状态时红色指示灯应周期性闪亮；探测器通电工作20min后，在其正前方距离1.5m左右点燃红外光源，探测器30s内应报警并点亮火警指示灯；控制器可以复位探测器使其恢复到正常监视状态。

对于编码模式的探测器，测试结束后，通过控制器发出通信命令使探测器复位，并通知有关管理部门系统恢复正常。

（3）对于非编码模式的探测器，接通电源工作处于监视状态时红色指示灯应周期性闪亮；探测器通电工作20min后，在其正前方距离1.5m左右点燃红外光源，探测器30s内应传送出火警触点信号并点亮火警指示灯。

对于非编码模式的探测器，测试结束后直接断电，并通知有关管理部门系统恢复正常。

7.7.6 火灾声光警报器的安装

火灾声光警报器内嵌微处理器，通过微处理器实现与控制器通信、电源总线掉电检测、声光信号启动。当通过外控触点直接启动声光信号时，定时振荡电路控制蜂鸣器通断产生报警声,控制6只超高亮发光二极管发出闪亮的光信号。警报器接收到控制器的启动命令后,启动声光信号并通过控制定时振荡电路中的参数改变报警声通断及闪光的频率。火灾声光警报器的安装步骤如下:

(1)安装前应首先检查外壳是否完好无损,标识是否齐全。

(2)警报器采用明装方式,在普通高度空间下,以距顶棚0.2m处为宜,如图7-26所示。

(3)当进线管预埋时,可将底壳安装在86H50型预埋盒上;当进线管明装时需配用厚底座,应将底壳侧面的敲落孔敲掉后与进线管相接,其安装方式分别如图7-27与图7-26所示。当警报器配用薄底座时只能采用进线管预埋安装方式,其安装方式如图7-28所示。

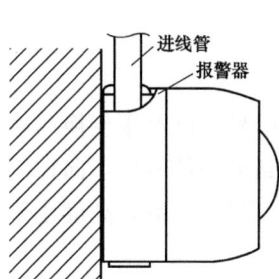

图7-26 进线管明装
安装方式

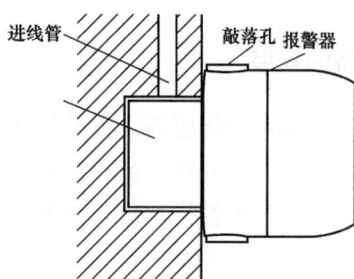

图7-27 进线管预埋
安装方式

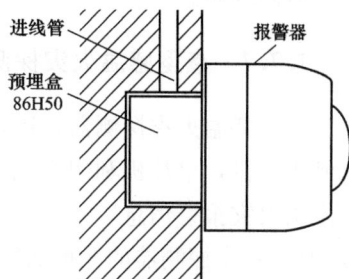

图7-28 进线管预埋安装
方式(薄底型)

(4)若底壳与警报器之间采用旋接式结构安装,安装时只需摘下警报器,从底壳的进线孔中穿入电缆并接在相应的端子上,再将警报器旋到底壳上即可。

若警报器有防拆要求,将警报器上盖的拱形敲落孔敲落,用ST2.9×6.5mm的自攻螺钉将其固定(此时,必须用专用工具才能拆开)。

(5)火灾声光警报器信号总线、电源总线的接线方式及利用手动报警按钮的无源动合辅助触点直接控制的示意图如图7-29所示。

注:信号总线Z1、Z2采用RVS双绞线,截面积≥1.0mm²;电源线D1、D2及外控线S、G均采用BV线,截面积≥1.5mm²。

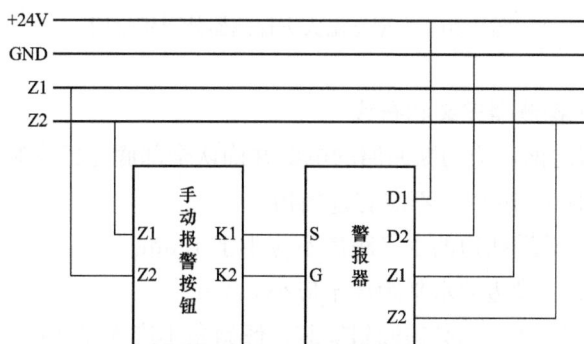

图7-29 手动报警按钮直接控制示意图

Z1、Z2—控制器信号总线,无极性;D1、D2—接DC24V电源,无极性;SG—外控无源输入

火灾声光警报器测试步如下所述：

（1）待全部设备都安装完毕后再接通电源。

（2）警报器安装结束后或在使用过程中至少每年都必须进行测试。

（3）警报器在进行测试之前，应通知有关管理部门，系统将进行维护，会因此而临时停止工作。同时应切断将进行维护的区域或系统的逻辑控制功能，以免造成不必要的报警联动。

（4）测试时分别利用外控触点和控制器启动，警报器动作，发出声或声光警报。

（5）测试结束后，复位警报器，并通知有关管理部门系统恢复正常。在测试过程中，不合格的警报器检验其连接线是否正常，然后再进行测试，如仍不能通过过测试，则应返回维修。

7.7.7 点型感温火灾探测器的安装

点型感温火灾探测器采用热敏电阻作为传感器，传感器输出信号经过电压变换后输入到单片机，单片机利用智能算法进行信号处理。当单片机检测到火警信号后，向控制器发出火灾报警信息，并通过控制器点亮火警指示灯，探测角度≤5°，当空间高度小于8m时，一个探测器的保护面积一般为 $20\sim30m^2$。

1. 点型感温火灾探测器结构特征

点型感温火灾探测器外形示意图如图 7-30 所示。

图 7-30　点型感温火灾探测器外形示意图

2. 点型感温火灾探测器安装和布线

（1）安装探测器之前，应切断回路的电源并确认全部底座已安装牢靠。

① 在探测器周围 0.5m 内，不应有遮挡物。

② 探测器至空调送风孔边的水平距离不应小于 1.5m。

③ 探测器至墙壁、梁边的水平距离不应小 0.5m。

④ 探测器宜水平安装，如必须倾斜安装，倾斜角不应大于 45°。

⑤ 探测器底座应安装牢固，其导线连接必须可靠。

⑥ 在进行维护保养时应小心，以避免损坏探测器。

172

⑦ 在宽度小于 3m 的内走道顶棚上设置探测器时，宜居中布置，感温探测器的安装间距不应超过 10m。

⑧ 在可能产生阴燃火的场所，不宜选用感温探测器。

（2）安装方法。点型感温火灾探测器安装示意图如图 7-31 所示。

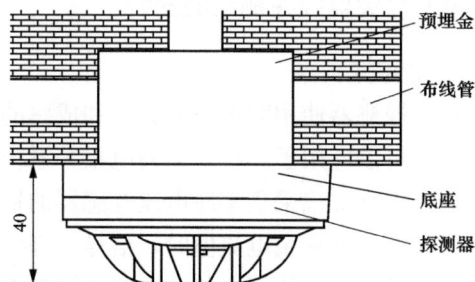

图 7-31　探测器安装示意图

将定位底座用两个自攻螺钉固定，然后将点型感温火灾探测器总线接在接线端子上。待定位底座安装牢固后，将探测器底部上的对位标识 A 对准定位底座 B 处，将探测器顺时针旋转到定位底座 C 处即可安装好探测器，如图 7-32 和图 7-33 所示。

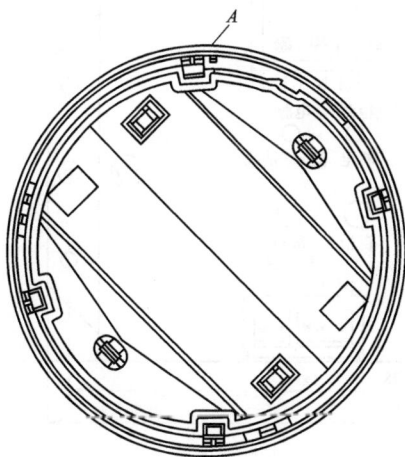

图 7-32　探测器的底部示意图　　　　图 7-33　定位底座外形示意图

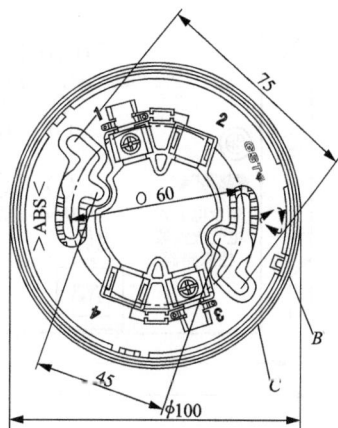

（3）布线方式：探测器二总线宜选用截面积的 RVS 双绞线，穿金属管或阻燃管敷设。

3. 点型感温火灾探测器测试

（1）待全部探测器都安装完毕后再接通电源。

（2）探测器安装结束后或每次定期维护保养后必须进行测试。

（3）测试内容。

① 注册。确认安装与布线正确之后，通过连接的控制器进行在线设备注册，核对

已安装的探测器数量与控制器到注册的探测器数量是否一致。

② 模拟火警。注册测试后任选一探测器，人为使它满足火警条件，验证探测器是否正常报火警。测试结束后，通过控制器发出通信命令使探测器复位，并通知有关管理部门系统恢复正常。

7.7.8 剩余电流式电气火灾监控探测器的安装

1. 剩余电流式电气火灾监控探测器

剩余电流式电气火灾监控探测器使用双重供电方式和成熟的总线技术，工作稳定可靠。该探测器应用方式灵活，可以应用于总线式的漏电报警系统。剩余电流式电气火灾监控探测器通过信号采集电路网络准确采集零序电流互感器的输出电流值，并上传给电气火灾监控设备。当达到预先设定的剩余电流值时，信号处理模块有声光指示，同时将报警信息上传给电气火灾监控设备，并执行电气火灾监控设备下达的命令，执行触点的开启与闭合。剩余电流式电气火灾监控探测器具备自检功能，能检测探测器的功能是否正常，如有故障能及时上传给电气火灾监控设备，有助于故障的定点排除。

剩余电流式电气火灾监控探测器由信号处理模块和零序电流互感器两部分组成，其中信号处理模块外形示意如图 7-34 所示。

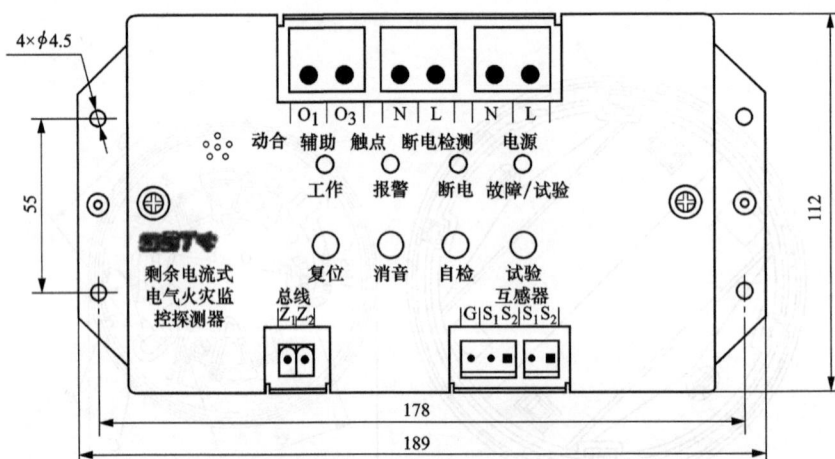

图 7-34　信号处理模块外形示意图

2. 剩余电流式电气火灾监控探测器安装与布线

(1) 安装。安装前应首先检查外壳是否完好无损，标识是否齐全。

① 第 1 步：在安装衬板上打孔。先将配电箱安装衬板按规格尺寸打 4 个 φ5 通孔（也可直接打 4 个 M4 螺纹孔）。将互感器所带安装片插入互感器下方的方孔，对准衬板的通孔，压紧安装片与衬板，将螺钉组件 M5×16mm 拧入，在衬板背部用螺母拧紧（如果衬板上为螺纹孔，可直接用螺钉紧固）。

② 第 2 步：安装信号处理模块。将信号处理模块安装孔对准衬板通孔，将螺钉组

件 M4×12mm 穿入，在衬板背部用螺母拧紧（如果衬板上为螺纹孔，可直接用螺钉紧固）。

③ 第3步：连接电缆。

第3步：连接电缆。

注意：探测器的安装应满足相应安装规范的要求，并保证探测器外壳完好无损。遇到异常现象应及时通知安装方进行处理，严禁带电开盖进行现场维修。

（2）接线端子。接线端子如图 7-35 所示，具体接线端子说明如表 7-3 所示。

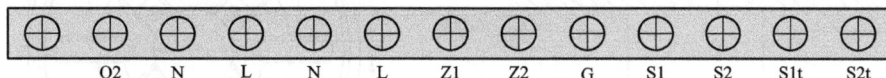

图 7-35　接线端子示意图

表 7-3　接线端子说明

端子名称	说明	极数	连接方式	功能
电源	N、L	2	N接入N线，L接入断路器入线端A、B、C任意一项	供电电源输入端
断电检测	N、L	2	N接入N线，L接入断路器出线端A、B、C任意一项	检测断路器输出状态
动合辅助触点	O_1、O_2	2	N接入N线，L接入断路器出线端A、B、C任意一项	控制断路器的拉闸与合闸
零序电流互感器	G、S_1、S_2、S_{1t}、S_{2t}	5	S_1、S_2接入零序电流互感器的漏电检试线圈，S_{1t}、S_{2t}接入零序电流互感器的漏电测试线圈，G为备用端子	输入测试信号，输出检测信号
总线	Z_1、Z_2	2	外接总线，与监控设备连接	通信，总线供电

（3）布线要求。

① 电源、断电检测、动合辅助触点线：采用阻燃电缆，截面积大于 $0.5mm^2$。

② 总线：采用阻燃双绞线，截面积大于 $1.0mm^2$。

③ 零序电流互感器：采用4芯阻燃屏蔽电缆，截面积大于 $0.5mm^2$，长度小于 2m。

7.7.9　点型光电感烟火灾探测器的安装

点型光电感烟火灾探测器采用红外线散射原理探测火灾，在无烟状态下，只接收很弱的红外光；当有烟尘进入时，由于散射作用，使接收光信号增强；当烟尘达到一定浓度时，可输出报警信号。为减少干扰及降低功耗，发射电路采用脉冲方式工作，可延长发射管使用寿命。

点型光电感烟火灾探测器安装示意如图 7-36 所示

安装点型光电感烟火灾探测器之前，应切断回路的电源并确认全部底座已安装牢靠。探测器通用底座外形示意如图 7-37 所示。底座上有 4 个导体片，片上带接线端

175

子，底座上不设定位卡，便于调整探测器报警确认灯的方向。布线管内的探测器总线分别接在任意对角的两个接线端子上（不分极性），另一对导体片用来辅助固定探测器。

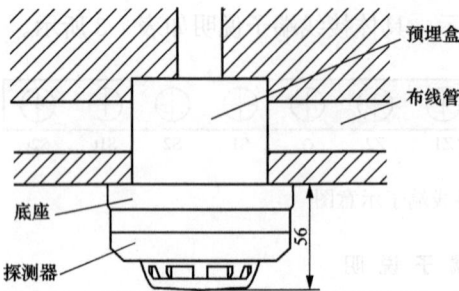

图 7-36　探测器安装示意图　　　　图 7-37　探测器通用底座外形示意图

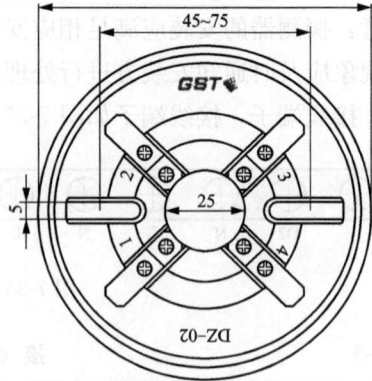

待底座安装牢固后，将探测器底部对正底座顺时针旋转，即可将探测器安装在底座上。

探测器二总线宜选用截面积的 RVS 双绞线，穿金属管或阻燃管敷设。

7.7.10　总线制火灾报警控制器的安装

1. 总线制火灾报警控制器

总线制火灾报警控制器，适合用于小型消防工程的使用。总线制火灾报警控制器采用壁挂式结构，具有体积小、功能强、可靠性高、配置灵活、安装使用方便的优点。控制器容量为 16 点或 32 点。选择 16 点时，1～16 号为探测器类输入设备；选择 32 点时，1～32 号为探测器类输入设备。探测器采用无极性二总线连接，最大布线长度为 1000m。

2. 总线制火灾报警控制器对外接线端子

总线制火灾报警控制器对外接线端子如图 7-38 所示。其中：Z1、Z2 为无极性信号二总线端子。+24V、GND 为 DC24V 输出端子（最大输出电流为 300mA）。FIRE1、FIRE2 为火灾报警输出端子（可设无源动合或动断，报警时动作。设置方法：主板上 XS1 有短路环而 XS2 无短路环时为无源动合；相反时为无源动断。本控制器默认为无源动合）；FAULT1、FAULT2 为探测器故障输出端子（可设无源动合或动断，故障时动作。设置方法：主板上 XS6 有短路环而 XS3 无短路环时为无源动合；相反时为无源动断。本控制器默认为无源动合）。

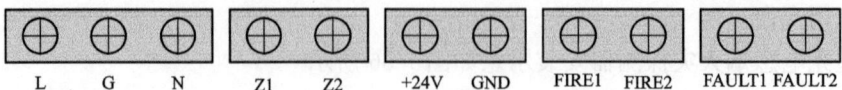

图 7-38　总线制火灾报警控制器对外接线端子

L、G、N 为交流 220V 输入端子及交流接地端子。

布线要求如下：

（1）信号二总线 Z1、Z2 采用 VSR 双绞线，截面积 $\geqslant 1.0\text{mm}^2$。

（2）DC24V 输出线采用 BV 线，截面积 $\geqslant 2.5\text{mm}^2$。

3. 总线制火灾报警控制器安装要求

（1）开机检查。控制器进入现场后，应接通电源进行开机检查。检查内容包括：

① 观察控制器的指示灯和数码管的各段是否全部能点亮，喇叭是否能发出洪亮的三种有明显区别的警报声音。

② 在注册过程中，显示的控制器配置（如打印机等设备）是否与实际相符：打印机在线，数码管显示 P.On，否则显示 P.OFF；通信板在线显示 L.On，否则显示 L.OFF。

③ 进入正常监视状态后，观察有无电源故障，操作控制器按键是否有嘀嘀声，以及观察配备的设备是否正常。

④ 如在某一步发现异常，应按表 7-4 故障处理进行处理，如问题继续存在，应通知公司技术服务部。

表 7-4　　　　　　　　　　　　故　障　处　理

序号	故障现象	原因	解决办法
1	开机后无反应	电源板与主板间电源线未连接好	检查连线，并重新接好
2	开机后报电源故障	（1）无主电输入 （2）交流熔断器烧坏	（1）检查交流电输入 （2）更换交流熔断器
3	开机后报备电源故障	（1）备用电源开关未打开 （2）备用电源欠电压或损坏	（1）打开备用电源开关 （2）在交流供电情况下开机给备用电源充电 8h，若仍保故障需更换电池
4	打印机不打印	（1）打印机连线接触不良 （2）打印机损坏	（1）检查打印机连线 （2）更换打印机
5	开机不显示	（1）总线滤波器损坏 （2）自复熔断器损坏	（1）更换总线滤波器 （2）更换熔断器
6	无声音输出	喇叭损坏	更换喇叭

（2）外部设备检查。检查与本控制器相连的总线状况探测器总线与地的绝缘电阻应大于 $20\text{M}\Omega$，总线负载应大于 $1\text{k}\Omega$。

（3）接线。控制器及外部设备检查完毕后，如各项测试均符合要求，将外部设备与控制器进行正确的连接。

（4）调试。当接线完成后，经过仔细检查无误便可以进行开机调试调试可以参照以下步骤：

① 打开电源控制器自动检测指示灯、数码管及声音，然后逐点注册外接设备，显示注册结果。注册设备点数应与现场实际情况一致。注册完毕后，系统进入正常监控状态。

② 操作设备定义键，对探测器进行定义。操作探测器传警，控制器报警信息应与

探测器类型相符合。

③ 关掉电源，摘掉主板上 XS7 处的短路环，再打开电源控制器自动检测指示灯、数码管及声音后，系统直接进入正常监控状态，而不对外接设备进行注册。

④ 操作设备检查键，全面检查设备状态（设备状态应与现场情况相一致）。在调试过程中如出现故障，应参照表 7-4 进行相应处理。

7.7.11 壁挂式区域火灾报警控制器的安装

1. 壁挂式区域火灾报警控制器

（1）壁挂式区域火灾报警控制器内部结构。壁挂式区域火灾报警控制器内部结构如图 7-39 所示。

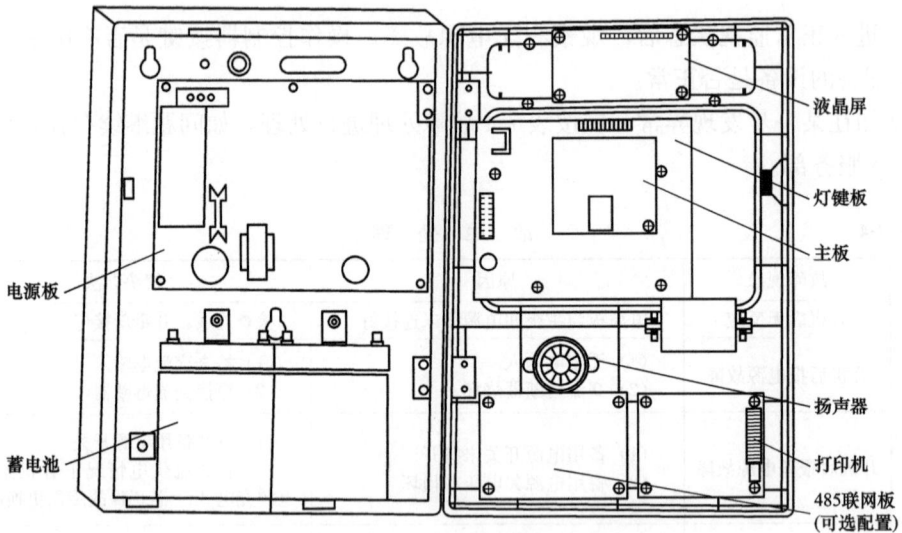

图 7-39　壁挂式区域火灾报警控制器内部结构图

（2）壁挂式区域火灾报警控制器面板。控制器面板由液晶屏、指示灯区、键盘区及打印机四部分组成，如图 7-40 所示。

① 报警分区指示灯（8 组，每组 2 个 LED）：当该区域有火警信息时，红色指示灯常亮；该区域有故障信息则黄灯闪亮；该区域全部设备被屏蔽则黄灯常亮。

② 工作指示灯（绿色）：开机正常运行时该灯点亮。

③ 自检指示灯（黄色）：系统处于自检状态时该灯点亮。

④ 延时指示灯（红色）：系统中有延时的设备时该灯点亮。

⑤ 警报消音指示灯（黄色）：外部讯响器处于消音状态时该灯点亮。

⑥ 火警指示灯（红色）：系统处于火警状态时该灯点亮。

⑦ 预警指示灯（红色）：系统处于预警状态时该灯点亮。

⑧ 监管指示灯（红色）：系统处于监管状态（盗警、可燃气体泄漏、探测器报警）时该灯点亮。

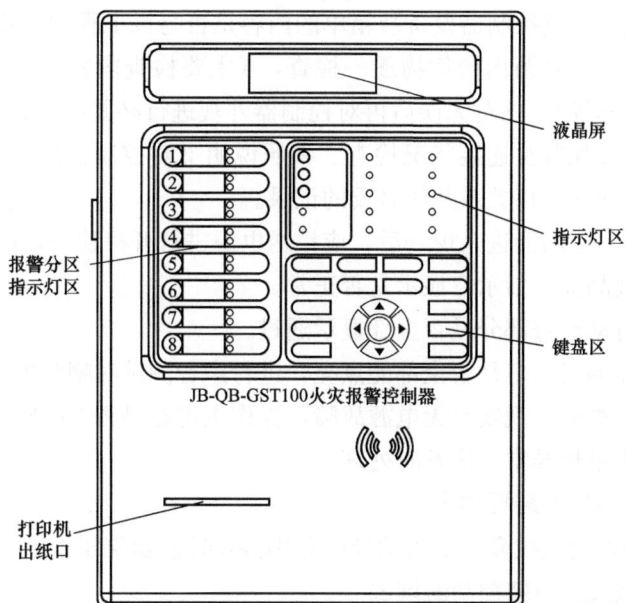

图 7-40 壁挂式区域火灾报警控制器面板中指示灯及按键说明

⑨ 火警输出指示灯：火警输出有故障时黄灯闪烁；火警输出禁止时黄灯常亮；火警输出反馈时红灯常亮。

⑩ 声光警报器屏蔽指示灯（黄色）：声光警报器输出禁止时黄灯常亮。

⑪ 声光警报器故障指示灯（黄色）：声光警报器输出故障时黄灯常亮。

⑫ 屏蔽指示灯（黄色）：系统有被屏蔽设备时该灯点亮。

⑬ 故障指示灯：黄色，控制器有故障时该灯点亮。

⑭ 主电故障指示灯：黄色，系统主电源发生故障时该灯点亮。

⑮ 备电故障指示灯：黄色，系统备用电源发生故障时该灯点亮。

⑯ 系统故障指示灯：黄色，系统程序无法执行或存储器发生故障时该灯点亮。

（3）壁挂式区域火灾报警控制器对外接线端子。壁挂式区域火灾报警控制器外接端子如图 7-41 所示。

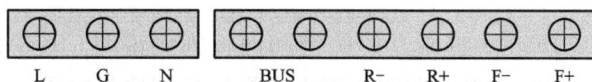

图 7-41 壁挂式区域火灾报警控制器

L、G、N—交流 220V 接线端子及机壳保护接地线端子；

BUS—探测器总线（无极性）；

R+、R——声光警报器输出端子；

F+、F——火警输出端子。

2. 壁挂式区域火灾报警控制器安装要求

在安装前，应首先对现场设备进行检查。

（1）开箱检查。检查控制器设备装箱单的内容是否与该工程配置相符。打开包装箱后，根据装箱单的内容对箱内的货物逐一检查，（主要检查内容包括安装使用说明书、熔断器、控制器钥匙等），核对无误后再对控制器外观进行必要的检查。

（2）控制器内部配置及连接状况检查。参照说明书对控制器的内部配置进行检查，同时检查各部件之间的连接关系并作必要的记录。

（3）开机检查。控制器进入现场后，应接通电源进行开机检查，检查内容包括：

① 控制器的液晶屏、指示灯显示是否正常。

② 接通电源自动检查部分是否全部显示通过。

③ 观察控制器的指示灯是否全部能点亮，进行声音测试时喇叭发声是否正确。

④ 进入正常监视后，观察有无电源故障，操作主键盘是否有嘀嘀声。

⑤ 如在某一步发现异常，应及时处理。

（4）壁挂式控制器安装要固定。

（5）连线。将墙内接线盒里引出的导线分别接在控制器端子上。

3. 壁挂式区域火灾报警控制器调试

当接线完成后，经过仔细检查无误便可以进行开机调试了，满试可以参照以下步骤：

（1）进入调试状态。

（2）对系统外部设备进行注册，若是开机第一次注册，控制器自动识别总线设备，设备根据自身编码自动分区，用户可将 1～15 号之间的设备安装在同区域内，16～30 号之间的设备安装在另外区域内，以此类推。

（3）退出调试状态，进入正常监控状态。

7.7.12　联动型火灾报警控制器的安装

1. 火灾报警控制器结构

火灾报警控制器结构分为柜式、琴台式和壁挂式结构。火灾报警控制器的典型配置包括控制器主机、智能手动消防启动盘、多线制控制盘，其中控制器主机包括母板、主板、回路板、485 通信板、232 通信板等功能扩展板。

2. 按键及面板

以柜式 JB-QG-GST5000 控制器的按键和面板为例说明。其中图 7-42 为 JB-QG-GST5000 火灾报警控制器外观示意图。该火灾报警控制器集报警、联动于一体，可完成探测报警及消防设备的启停控制。主控面板包括液晶显示屏、指示灯区、时间显示、键盘及打印机五部分，如图 7-43 所示。

图 7-43 所示的指示灯及按键说明如下：

（1）火警灯（红色）：此灯亮表示控制器检测到外接探测器处于火警状态，具体信息见液晶显示。控制器进行复位操作后，此灯熄灭。

（2）监管灯（红色）：此灯亮表示控制器检测到了外部设备的监管报警信号，具体信息见液晶显示。控制器进行复位操作后，此灯熄灭。

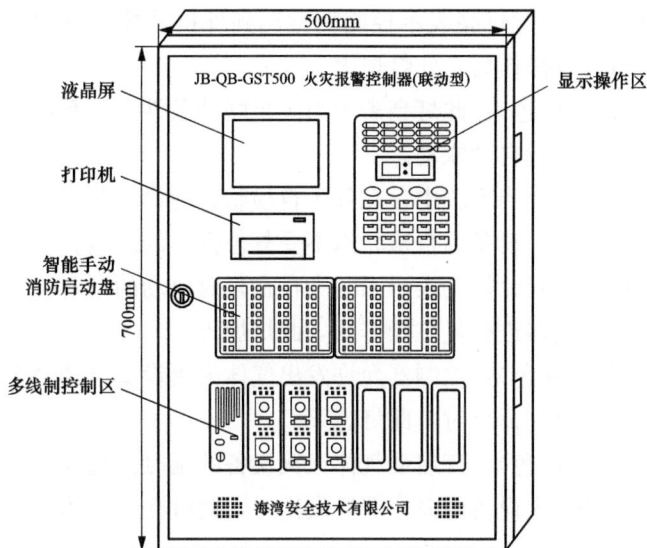

图 7-42　JB-QG-GST5000 火灾报警控制器外观示意图

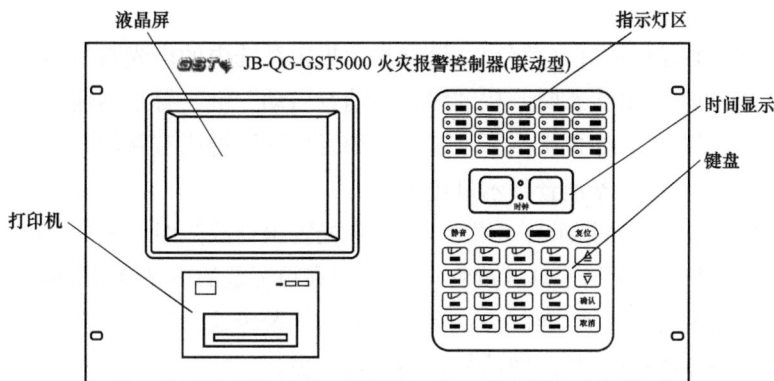

图 7-43　主控面板示意图

（3）屏蔽灯（黄色）：有设备处于被屏蔽状态时此灯点亮，此时报警系统中被屏蔽设备的功能丧失，需要尽快恢复，并加强被屏蔽设备所处区域的人工检查。控制器没有屏蔽信息时此灯自动熄灭。

（4）系统故障灯（黄色）：此灯亮表示控制器处于不能正常使用的故障状态，以提示用户立即对控制器进行修复。

（5）主电工作灯（绿色）：当控制器由主电源供电时，此灯点亮。

（6）备电工作灯（绿色）：当控制器由备用电源供电时，此灯点亮。

（7）故障灯（黄色）：此灯亮表示控制器检测到外部设备（探测器、模块或火灾显示盘）有故障，或控制器本身出现故障，具体信息见液晶显示。除总线短路故障需要手动清除外，其他故障排除后可自动恢复。所有故障排除或控制器进行复位操作后，此灯熄灭。

（8）启动灯（红色）：当控制器发出启动命令时，此灯点亮。启动命令消失或控制器进行复位操作后，此灯熄灭。

（9）反馈灯（红色）：此灯亮表示控制器检测到外接被控设备的反馈信号。反馈信号消失或控制器进行复位操作后，此灯熄灭。

（10）自动允许灯（绿色）：此灯亮表示当满足联动条件后，系统自动对联动设备进行联动操作。否则不能进行自动联动。

（11）自检灯（黄色）：当系统中存在处于自检状态的设备时，此灯点亮；所有设备退出自检状态后此灯熄灭；设备的自检状态不受复位操作的影响。

（12）延时灯（红色）：此灯亮表示系统中存在延时启动的设备，具体信息见液晶显示。所有延时结束或控制器进行复位操作后，此灯熄灭。

（13）喷洒允许灯（绿色）：控制器允许发出气体灭火设备启动命令时，此灯亮。控制器禁止发出气体灭火启动命令时，此灯熄灭。

（14）喷洒请求灯（红色）：有启动气体灭火设备的延时信息存在或当控制器在喷洒禁止状态下有启动气体灭火设备的命令需要发出时，此灯亮。气体灭火设备启动命令发出后此灯熄灭。

（15）气体喷洒灯（红色）：气体灭火设备喷洒后，控制器收到气体灭火设备的反馈信息后此灯亮。

（16）警报器消音指示灯（黄色）：该灯指示报警系统内的声光警报器是否处于消音状态。当警报器处于输出状态时，按"警报器消音启动"键，警报器输出将停止，同时警报器消音指示灯点亮。如再次按下"警报器消音启动"键或有新的警报发生时，警报器将再次输出，同时警报器消音指示灯熄灭。

（17）声光警报器故障指示灯（黄色）：当声光警报器故障时，此灯点亮。

（18）声光警报器屏蔽指示灯（黄色）：当系统在被屏蔽的声光警报器时，此灯点亮。

（19）火警传输动作反馈（红色）：当控制器向火警传输设备传输火警信息后，该灯闪亮；若收到火警传输设备的反馈信号，则该灯常亮。

（20）火警传输故障屏蔽（黄色）：当控制器和火警传输设备的连接线路故障或火警传输设备发生故障时，该灯闪亮；若控制器屏蔽了火警传输设备，则该灯保持常亮。

3. JB-QG-GST5000 控制器对外接线端子说明

柜式和琴台式 GST5000 控制器外接端子相同，以柜式 GST5000 控制器为例说明，端子示意如图 7-44 所示。

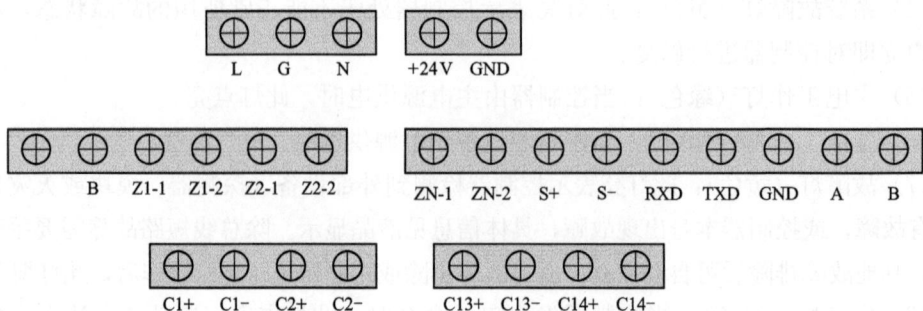

图 7-44　柜式 GST5000 控制器外接端子

L、G、N—AC220V 接线端子及机柜保护接地线端子；

+24V、GND—DC 24V、6A 供电电源输出端子；

A、B（左侧）—连接火灾显示盘的通信总线端子；

ZN-1、ZN-2（N：1~18）—探测器总线（无极性）；

S+、S—火灾报警输出端子（报警时 24V 电源输出）；

RXD、TXD、GND—连接彩色 CRT 系统的接线端子；

A、B（右侧）—连接其他各类控制器的通信总线端子；

C1+、C1-~C14+、C14—控制盘输出端子（最多 14 路）

4. 安装

在安装前，应首先对现场设备进行检查。

（1）配置检查。检查控制设备装箱单的内容是否与该工程配置相符。打开包装箱后，根据装箱单的内容对箱内的货物逐一检查，主要检查内容包括安装使用说明书、熔断器、备用螺钉、控制器钥匙等，核对无误后再对控制器外观进行必要的检查。

（2）控制器内部配置及连接状况检查。对控制器的内部配置进行检查，如回路板数量、手动消防启动盘配置联动电源的情况等。同时检查一下各部件之间的连接关系并作必要的记录，如手动消防启动盘与回路板的连接关系、通信回路与主板或通信板的连接关系、回路板与各总线通道的连接关系等，以便在下面的安装调试中使用。

（3）开机检查。控制器进入现场后，应接通电源进行开机检查。检查内容包括：

① 控制器的液晶屏、数码管、指示灯显示是否正常。

② 上电自动检查部分是否全部显示通过。

③ 观察控制器和手动消防启动盘的指示灯和数码管的各段是否全部能点亮，喇叭是否能发出洪亮的三种连续警报声音。

④ 注册结束后，显示的系统配置（包括回路板数、手动消防启动盘数、多线制控制盘数等）是否和实际相符。

⑤ 进入正常监视后，观察有无电源故障，操作主键盘、手动消防启动盘键盘是否有嘀嘀声，以及附加配备的设备是否正常。

（4）外部设备检查。

① 外接线状态检查。检查与本控制器相连的总线状况，测量不同回路总线间及总线与地之间的绝缘电阻回路的负载状况。其中，绝缘电阻应大于 20MΩ，回路负载应大于 1kΩ。

② 设备检查。利用调试装置检查回路设备状况，即设备数量、编码及工作状态是否符合设计要求，排除存在的故障，做好系统连接的准备。

5. 接线和设置

主机及外部设备检查完毕后如各项测试均符合要求，应按照安装使用说明书将外部设备与主机进行正确的连接和对多线制控制盘、手动消防启动盘等进行设置。每一步连接后都应再次进行测试并将结果填写到安装调试表中，以供调试和各种后续编程定义使用。

6. 调试

当接线完成后经仔细检查无误便可以进行开机调试，调试时可以参照以下步骤：

（1）查看总线设备的注册情况是否正确。如发生丢失，应首先检查联动电源和各楼层总线隔离器，然后对个别设备检查，再次注册，观察是否注册完全。

（2）查看火灾显示盘的注册情况是否正确，如有问题，重点检查 A、B 通信线和 24V 电源线。

（3）参照火灾显示盘和总线设备，同时对联动设备定义手动消防启动盘操作键，并做好手动消防启动盘和多线制控制盘的标签纸分别插入和粘贴在相应的位置。

（4）进行探测器报警试验、火灾显示盘传警试验、多线制控制盘操作试验。

（5）退出调试状态，进入正常监控。

（6）全面检查设备定义，修改不适当的部分。

（7）编辑联动公式，进行自动联动试验。

（8）接入重要设备（如气体灭火设备等），并培训操作者正确的操作使用方法。

7.7.13　手动火灾报警按钮的安装

在公共场所当人工确认火灾发生后按下报警按钮上的有机玻璃片，可向控制器发出火灾报警信号，控制器接收到报警信号后，显示出报警按钮的编码信息并发出报警声响。

1. 报警按钮的外形

报警按钮的外形示意如图 7-45 所示。

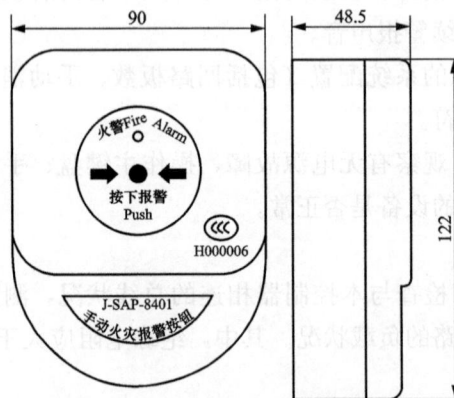

图 7-45　报警按钮的外形示意图

2. 安装与布线

（1）安装设备之前，应切断回路的电源并确认全部底壳已安装牢靠且每一个底壳的连接线极性准确无误。

（2）安装前应首先检查外壳是否完好无损，标识是否齐全。

（3）安装时只需拔下报警按钮，从底壳的进线孔中穿入电缆并接在相应端子上，再插好报警按钮即可。报警按钮底壳安装采用明装和暗装两种方式，安装示意如图 7-46 所示。

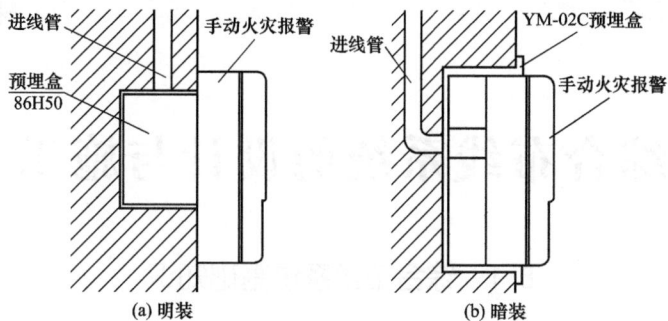

图 7-46　安装示意图

（4）报警按钮端子示意如图 7-47 所示。

布线要求：Z1、Z2 可选用截面积不小于 $1.0mm^2$ 的 RVS 双绞线。

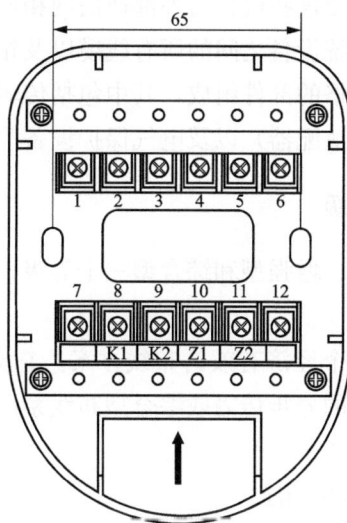

图 7-47　端子示意图

Z1、Z2—无极性信号二总线接线端子；

K1、K2—无源常开输出端子，当报警按钮按下时，输出触点闭合信号，可直接控制外部设备

第 8 章

综合布线系统的设计与施工

8.1 综合布线系统基础知识

8.1.1 综合布线系统概述

综合布线是建筑物内或建筑群之间的一个模块化、灵活性极高的信息传输通道，是智能建筑的"信息高速公路"。它既能使语音、数据、图像设备和交换设备与其他按钮信息管理系统彼此相连，也能使这些设备与外部通信网相连接。它包括建筑物外部网络和电信线路的连线点与应用系统设备之间的所有线缆以及相关的连接部件。

综合布线由不同系列和规格的部件组成，其中包括传输介质、相关连接硬件（如配线架、连接器、插座、插头、适配器）以及电气保护设备等。

8.1.2 综合布线系统等级

综合布线系统分为基本型、增强型和综合型三个等级。

1. **基本型综合布线系统**

基本型综合布线系统是一个经济有效的布线方案。它支持语音或综合型语音/数据产品，并能够全面过渡到数据的异步传输或综合型布线系统。

（1）基本配置。

① 每一个工作区有 1 个信息插座。

② 每个工作区的配线为 1 条 4 对对绞电缆。

③ 完全采用 110A 交叉连接硬件，并与未来的附加设备兼容。

④ 每个工作区的干线电缆至少有 2 对双绞线。

（2）基本特性。

① 能够支持所有语音和数据传输应用。

② 支持语音、综合型语音/数据高速传输。

③ 便于维护人员维护、管理。

④ 能够支持众多厂家的产品设备和特殊信息的传输。

2. **增强型综合布线系统**

增强型综合布线系统不仅支持语音和数据的应用，还支持图像、影像、影视、视频会议等。它具有为增加功能提供发展的余地，并能够利用接线板进行管理。

（1）基本配置。

① 每个工作区有 2 个以上信息插座。

② 每个工作区的配线为 2 条 4 对对绞电缆。

③ 具有 110A 交叉连接硬件。

④ 每个工作区的干线电缆至少有 3 对双绞线。

（2）基本特性。

① 每个工作区有 2 个信息插座，灵活方便、功能齐全。

② 任何一个插座都可以提供语音和高速数据处理应用。

③ 便于管理与维护。

④ 能够为众多厂商提供服务环境的布线方案。

3. 综合型综合布线系统

综合型综合布线系统适用于配置标准较高的场合，是将光缆、双绞电缆或混合电缆纳入建筑物布线的系统。

（1）基本配置。应在基本型和增强型综合布线的基础上增设光缆及相关连接件。

（2）基本特性。由于引入了光缆，可以适用于规模较大、功能较多的智能建筑，其余特点与基本型和增强型相同。

8.1.3　综合布线系统的特点

综合布线的主要优点如下：

（1）结构清晰，便于管理维护。传统的布线方法是，各种不同的设施的布线分别进行设计和施工，如电话系统、消防与安全报警系统、能源管理系统等都是独立进行的。在一个自动化程度较高的大楼内，各种线路分布如麻，拉线时又免不了在墙上打洞，在室外挖沟，造成一种"填填挖挖挖挖填，修修补补补补修"的难堪局面，而且还造成难以管理，布线成本高、功能不足和不适应形势发展的需要。综合布线就是针对这些缺点而采取的标准化的统一材料、统一设计、统一布线、统一安装施工，做到结构清晰，便于集中管理和维护。

（2）材料统一先进，适应今后的发展需要。综合布线系统采用了先进的材料，如五类非屏蔽双绞线，传输速率在 100Mbit/s 以上，完全能够满足未来 50 年的发展需要。

（3）灵活性强，适应各种不同的需求，使综合布线系统使用起来非常灵活。一个标准的插座，既可接入电话，又可以用来连接计算机终端，实现语音/数据点互换，也适应各种不同拓扑结构的局域网。

（4）便于扩充，节约费用，提高了系统的可靠性。综合布线系统采用的冗余布线和星形结构的布线方式，既提高了设备的工作能力又便于用户扩充。虽然传统布线所用线材比综合布线的线材要便宜，但是在统一布线的情况下，统一安排线路走向，统一施工，这样就减少用料和施工费用，也减少使用大楼的空间，而且使用的线材是一个较高质量的材料。

8.1.4 综合布线系统的布线构成

综合布线系统由 6 个子系统组成，它们是工作区子系统、水平子系统、管理子系统、垂直干线子系统、建筑群子系统和设备间子系统。子系统之间的关系如图 8-1 所示。

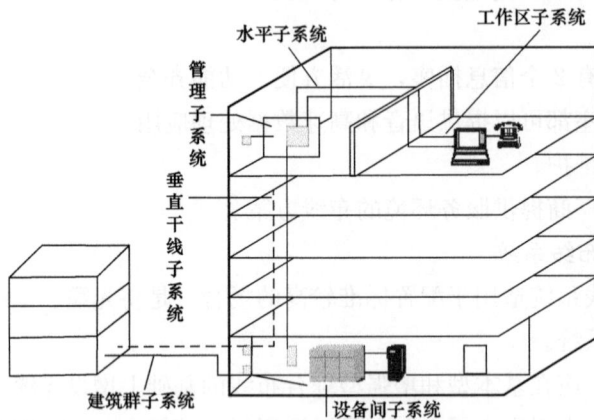

图 8-1 综合布线系统的结构示意图

综合布线系统中需要用到的功能部件，一般有以下几种：

（1）建筑群配线架（CD）。

（2）建筑群干线电缆或建筑群干线光缆。

（3）建筑物配线架（BD）。

（4）建筑物干线电缆或建筑物干线光缆。

（5）楼层配线架（FD）。

（6）水平电缆或水平光缆。

（7）转接点（TP）（选用）。

（8）信息插座（IO）。

（9）通信引出端（TO）。

1. 工作区子系统

工作区子系统由终端设备连接到信息插座的连线（或软线）组成。它包括装配软线、适配器和连接所需的扩展软线，并在终端设备和 I/O 之间搭桥。在进行终端设备和 I/O 连接时，可能需要某种传输电子装置，但是这种装置并不是工作区子系统的一部分。例如，有限距离调制解调器能为终端与其他设备之间的兼容性和传输距离的延长提供所需的转换信号。有限距离调制解调器不需要内部的保护线路，但一般的调制解调器都有内部的保护线路。

工作区布线是用接插软线把终端设备连接到工作区的信息插座上。工作区布线随着系统终端应用设备不同而改变，因此它是非永久的。工作区子系统的终端设备可以是电话机、微机和数据终端，也可以是仪器仪表、传感器和探测器。图 8-2 所示为工作区子系统的信息插座配置，图 8-3 为工作区子系统组成示意图。

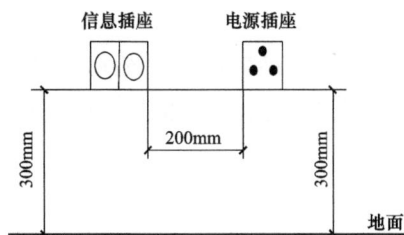

图 8-2 工作区子系统的信息插座配置

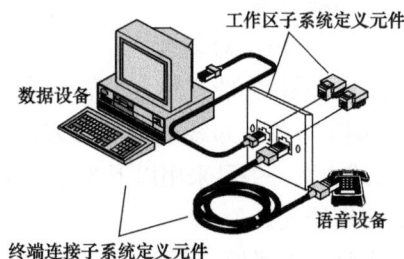

图 8-3 工作区子系统组成示意图

2. 水平子系统

从楼层配线架到各信息插座的布线属于水平干线子系统。水平子系统是整个布线系统的一部分，它将干线子系统线路延伸到用户工作区。水平干线子系统总是处在一个楼层上，并接在信息插座或区域布线的中转点上。SYSTIMAX SCS（配线架）将上述的电缆数限制为 4 对或 25 对 UTP（非屏蔽双绞线），它们能支持大多数现代通信设备。在需要某些宽带应用时，可以采用光缆。水平布线子系统一端端接在信息插座上，另一端端接在干线接线间、卫星接线间或设备机房的管理配线架上。

水平干线子系统包括水平电缆、水平光缆及其在楼层配线架上的机械终端、接插软线和跳接线。水平电缆或水平光缆一般直接连接至信息插座。必要时，楼层配线架和每一个信息插座之间允许有一个转接点。进入和接出转接点的电缆线对或光纤应按 1∶1 连接，以保持对应关系。转接点处的所有电缆或光缆应作机械终端。转接点处只包括无源连接硬件，应用设备不应在这里连接。转接点处宜为永久连接，不应作配线用。

图 8-4 所示为水平子系统，它由工作区用的信息插座及其至楼层配线架（FD）以及它们之间的缆线组成。水平子系统设计范围遍及整个智能化建筑的每一个楼层，且与房屋建筑和管槽系统有密切关系。

（1）水平子系统概述。

水平子系统涉及水平子系统的传输介质和部件集成，主要有以下 5 点：

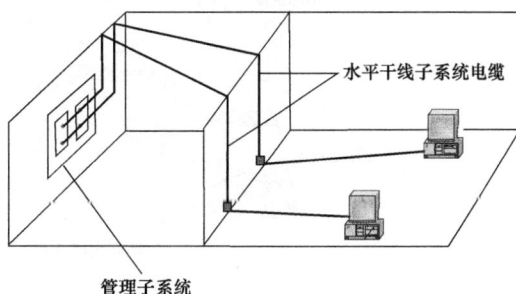

图 8-4 水平干线子系统

① 确定线路走向。

② 确定线缆、槽、管的数量和类型。

③ 确定电缆的类型和长度。

④ 订购电缆和线槽。

⑤ 如果采用吊杆或托架走支撑线槽，确定吊杆或托架的数量。

（2）水平子系统布线线缆。水平布线系统中常用的线缆有以下 4 种。

① 100Ω 非屏蔽双绞线（UTP）电缆。

② 100Ω 屏蔽双绞线（STP）电缆。

③ 75Ω 同轴电缆。

④ 62.5/125μm 光纤线缆。

（3）水平子系统布线方案。水平子系统根据建筑物的结构特点，按路由（线）最短、造价最低、施工方便、布线规范等几方面考虑，优选最佳的水平布线方案。如图 8-5 所示，水平布线方案一般可采用以下 3 种布线方式：

① 直接埋管式。

② 先走吊顶内线槽，再走支管到信息出口。

③ 地面线槽方式。

（a）直接埋管布线方式   （b）先走线槽再走支管布线方式

（c）地面线槽方式

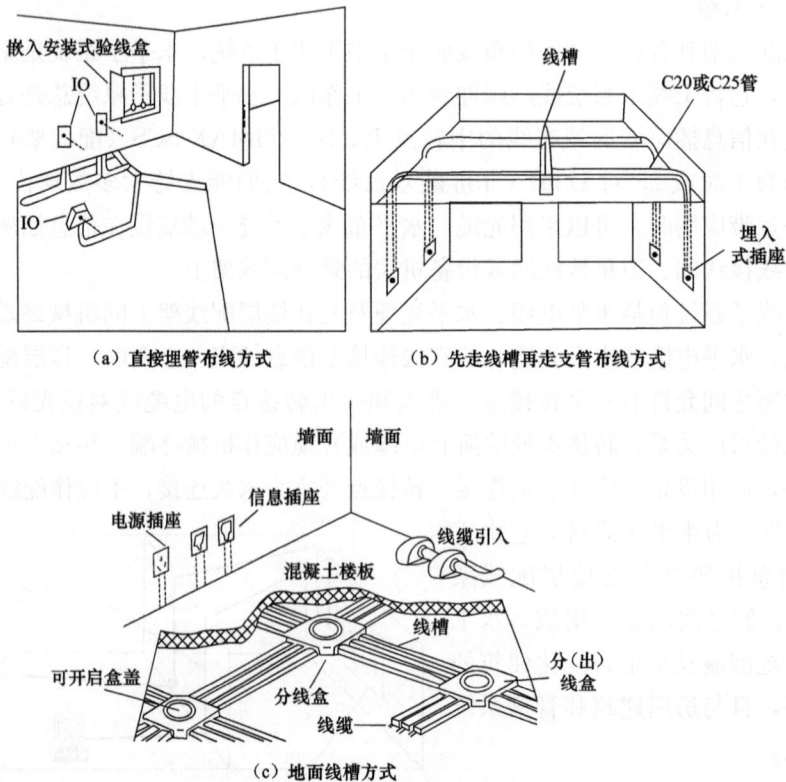

图 8-5　水平子系统布线方案

水平子系统的网络结构都为星形结构，它是以楼层配线架（FD）为主节点，各个信息插座为分节点，两者之间采取独立的线路相互连接，形成以 FD 为中心向外辐射的星形线路网状态。这种网络结构的线路较短，有利于保证传输质量，降低工程造价和维护管理。

布线线缆长度等于楼层配线间或楼层配线间内互联设备电端口到工作区信息插座的缆线长度。水平子系统的双绞线最大长度为 90m。工作区、跳线及设备电缆总和不超过 10m，即 A＋B＋E≤10m。图 8-6（a）给出了水平布线的距离限制。当需要有转接点的情况时，布线距离如图 7-6（b）所示。要合理安排好弱电竖井的位置，如水平线缆长度超过 90m，则要增加 IDF（楼层配线架）或弱电竖井的数量。

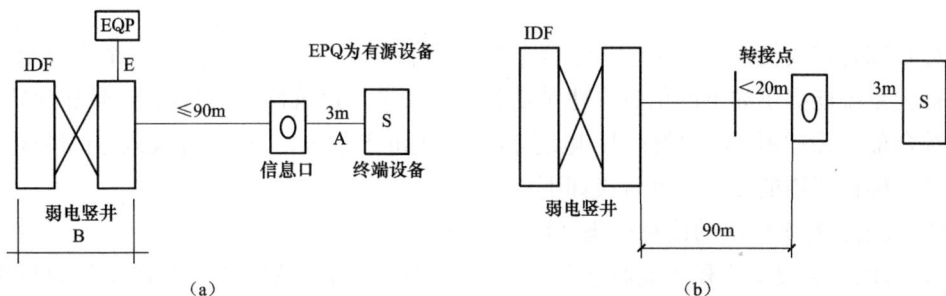

图 8-6 水平子系统布线距离限制

3. 管理子系统

管理子系统的作用是提供与其他子系统连接的手段，使整个综合布线系统及其所连接的设备、器件等构成一个完整的有机体。通过对管理子系统交接的调整，可以安排或重新安装系统线路的路由，使传输线路能延伸到建筑物内部的各工作区。管理子系统由交接间的配线设备、输入/输出设备等组成。管理应对设备间、交接间和工作区的配线设备、线缆、信息插座等设施，按一定的模式进行标识和记录。

（1）管理交接方案。一般有两种管理方案可供选择，即单点管理和双点管理。常用的管理方案如图 8-7 所示。

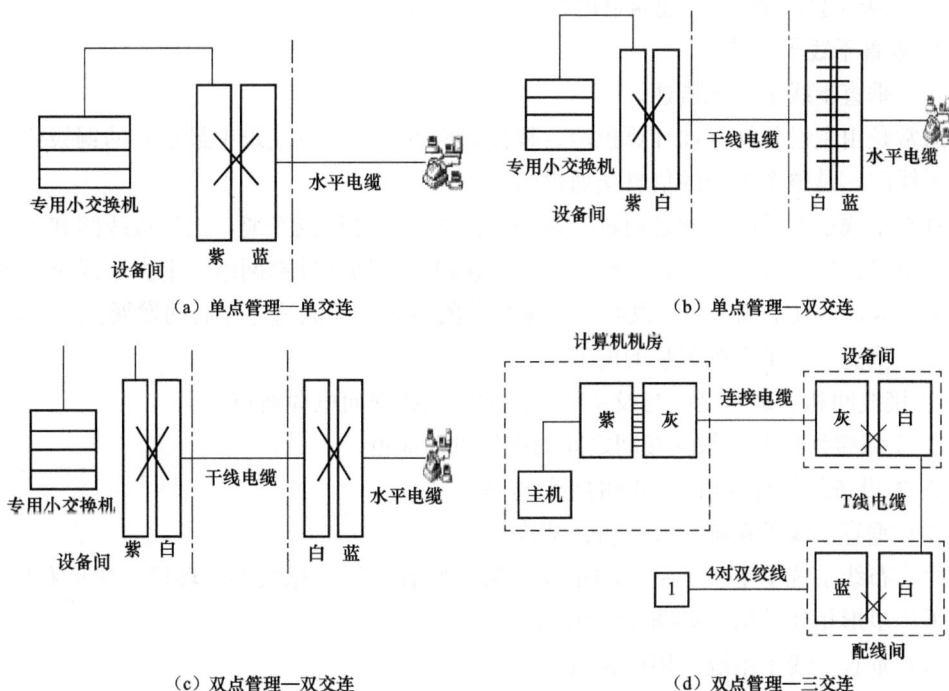

（a）单点管理—单交连

（b）单点管理—双交连

（c）双点管理—双交连

（d）双点管理—三交连

图 8-7 管理交接方案

单点管理位于设备间里面的交换机附近，通过线路直接连至用户间或连至服务接线间里面的第二个硬件接线交连区。如果没有服务间，第二个交连可安放在用户房间的墙壁上。

（2）综合布线交连系统标记。综合布线系统中标记是管理子系统的一个重要组成部分，标记系统能提供如下的信息：建筑物名称（如果是建筑群）、位置、区号和起始点。

综合布线系统使用了三种标记：电缆标记、场标记和插入标记。其中插入标记最常用。

插入标记所用的底色及其含义如下：

① 蓝色：对工作区的信息插座（I/O）实现连接。

② 白色：实现干线和建筑群电缆的连接。端接于白场的电缆布置在设备间与楼层配线间及二级交接间之间或建筑群各建筑物之间。

③ 灰色：配线间与二级交接间之间的连接电缆或二级交接之间的连接电缆。

④ 绿色：来自电信局的输入中继线。

⑤ 紫色：来自 PBX（指用户电话交换机的缩写）或数据交换机之类的公用系统设备的连线。

⑥ 黄色：来自控制台或调制解调器之类的辅助设备的连线。

常见的标记如下：

① 端口场（公用系统设备）的标记。

② 设备间干线/建筑群电缆（白场）的标记。

③ 干线接线间的干线电缆（白场）标记。

④ 二级交接间的干线/建筑群电缆（白场）标记。

4. 垂直干线子系统

（1）垂直干线子系统概述。

通常是由主设备间（如计算机房、程控交换机房）提供建筑中最重要的铜线或光纤线主干线路，是整个大楼的信息交通枢纽。

垂直干线子系统的功能是通过建筑物内部的传输电缆或光缆，把各接线间和二级交接间的信号传送到设备间，直至传送到最终接口，再通往外部网络。垂直干线子系统如图 8-8 所示。垂直干线子系统既必须满足当前的需要，又能适应今后的发展。

（2）垂直干线子系统包括的内容。

① 接线间和二级交接间与设备间之间的竖向或横向电缆通道。

② 干线接线间和二级交接间之间的连接电缆通道。

③ 主设备间与计算机中心间的干线电缆。

（3）垂直干线子系统布线的拓扑结构。

综合布线系统中干线子系统的拓扑结构主要有星形、总线形、环形、树形和网形。推荐采用星形拓扑结构，如图 8-9 所示。

（4）垂直干线子系统常用的介质。

① 100Ω 大对数非屏蔽电缆。

② 150Ω FTP 电缆。

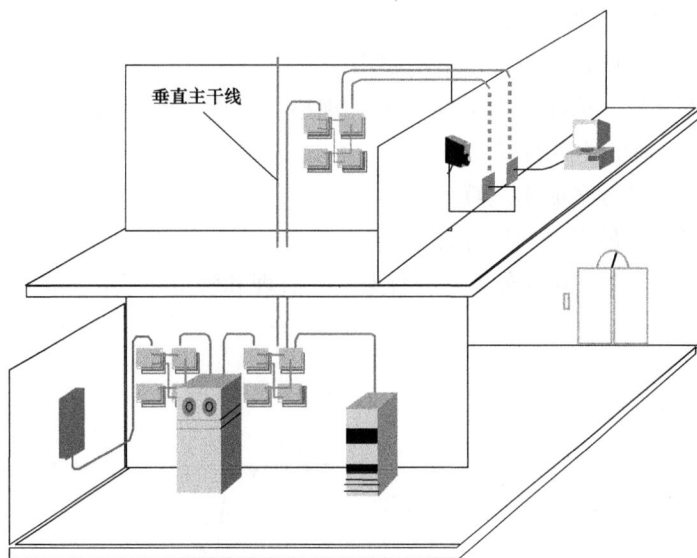

图 8-8　垂直干线子系统

③ 62.5/125μm 多模光缆。

④ 8.3/125μm 单模光缆。

（5）垂直干线子系统布线的距离。

垂直干线子系统布线的最大距离，即楼层配线架到设备间主配线架之间的最大允许距离，与信息传输速率、信息编码技术以及所选的传输介质和相关连接件有关。

图 8-9　干线子系统的拓扑结构

5. 设备间子系统

设备间子系统是安装公用设备（如电话交换机、计算机主机、进出线设备、网络主交换机、综合布线系统的有关硬件和设备）的场所。设备间使用面积的大小主要与设备数量有关，最小不得小于 20m²。设备间净高一般与使用面积有关，但不得低于 2.5m。门的高度不小于 2.0m，宽不小于 0.9m。楼板承重一般不低于 500kg/m²。设备间内在距地面 0.8m 处，照度不应低于 300lx。应设事故照明，在距地面 0.8m 处，其照度不应低于 5lx。设备间供电电源为 50Hz、380/220V，采取三相五线制/单相三线制。一般应考虑备用电源。可采用直接供电和不间断供电相结合的方式。噪声、温度、湿度应满足相应要求，安全和防火应符合相应规范。

6. 建筑群子系统

连接各建筑物之间的传输介质和各种支持设备（硬件）组成了综合布线建筑群子系统。

（1）建筑群子系统布线的设计步骤。

① 根据小区建筑详细规划图，了解整个小区的大小、边界、建筑物数量。

② 确定电缆系统的一般参数。

193

③ 确定建筑物的电缆入口。

④ 查清障碍物的位置，以确定电缆路由。

⑤ 根据前面资料，选择所需电缆类型、规格、长度、敷设方式，穿管敷设时的管材、规格、长度；画出最终的施工图。

⑥ 进行每种选择方案成本核算。

⑦ 选择最经济、最实用的设计方案。

（2）电缆布线方法。电缆布线方法有架空、直埋和管道布线，如图 8-10 所示。

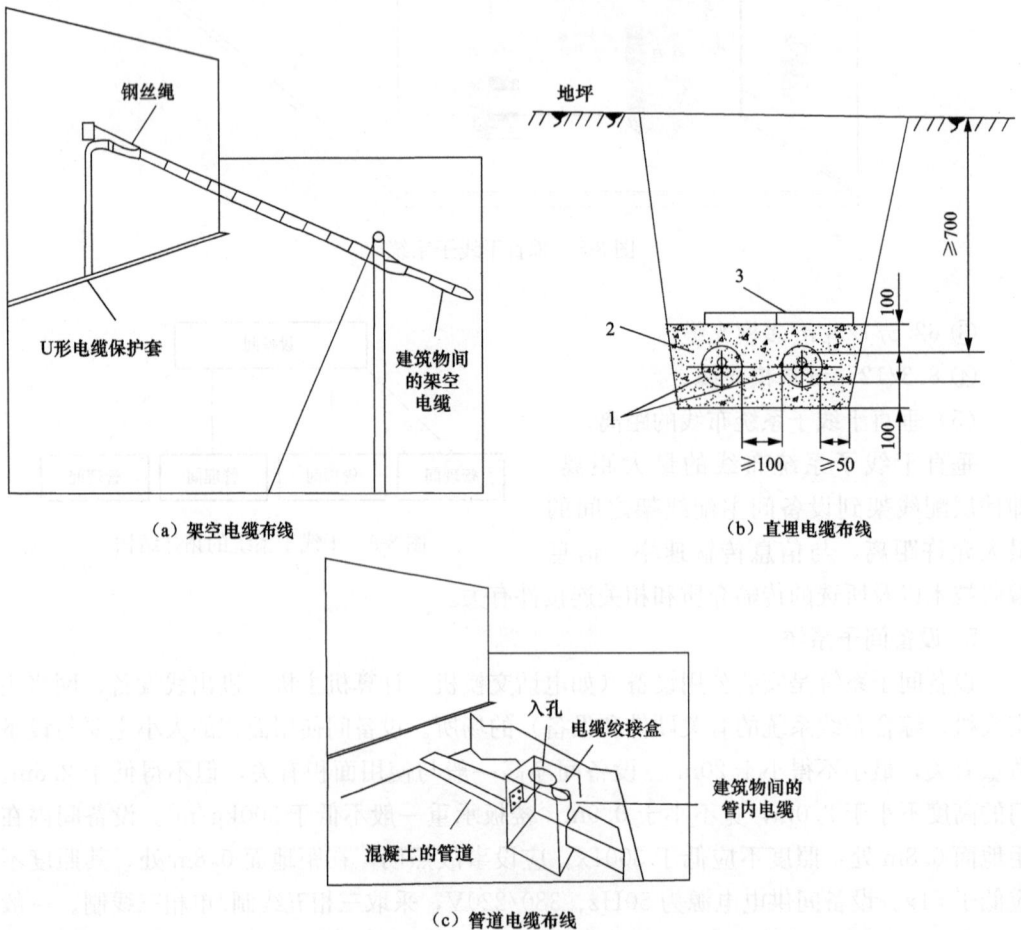

（a）架空电缆布线

（b）直埋电缆布线

（c）管道电缆布线

图 8-10 电缆布线方法

8.1.5 综合布线系统线缆系统的分级与分类

1. 综合布线系统铜线缆的分级

综合布线彩铜线缆分为 A、B、C、D、E、F 级，如表 8-1 所示。

3 类、5/5e 类（超 5 类）、6 类、7 类布线系统应能支持向下兼容的应用。

表 8-1   综合布线系统电缆的 7 级表

系统分级	支持带宽（Hz）	支持应用器件	
		电缆	连接硬件
A	100k	—	—
B	1M	—	—
C	16M	3类	3类
D	100M	5/5e	5/5e
E	250M	6类	6类
F	600M	7类	7类

2. 综合布线系统光纤线缆的分级

综合布线系统中的光纤信道分为光纤 A 级 300m（OF—300）、B 级光纤 500m（OFF—500）和 C 级光纤 2000n（OF—2000）三个等级。各等级光纤信道应支持的应用长度不应小于 300、500m 及 2000m。多模光纤，62.5、50mμm；单模光纤，9、10μm。

3. 综合布线系统等级与类别的选用

综合布线系统工程应综合考虑建筑物的功能、应用网络业务的需求、性价比、现场安装条件等因素，选用布线系统等级与类别如表 8-2 所示。

综合布线系统应采用标称波长为 850m 的多模光纤及标称波长为 1310m 和 1550m 的单模光纤。

表 8-2   综合布线系统等级与类别的选用

业务种类	配线子系统		干线子系统		建筑群子系统	
	等级	类别	等级	类别	等级	类别
语音	D/E	5e/6	C	3类大对数线	C	3类大对数线
数据	D/E/F	5e/6/7	D/E/F	5e/6/7		
	光纤	电缆	光纤	62.5、50μm 多模光纤 或 9、10μm 单模光纤	光纤	62.5、50μm 多模光纤 或 9、10μm 单模光纤
其他应用	其他应用指数字监控摄像头、楼宇自控现场控制器（DDC）、门禁系统用网络端口传送数字信息时的应用。上课采用 5e/6 类 4 对对绞电缆以及 62.5、50μm 多模光纤和 9、10μm 单模光纤					

8.1.6　缆线长度划分

综合布线系统缆线长度划分的一般要求如下：

（1）综合布线系统缆线水平缆线与建筑物主干缆线及建筑群主干缆线之和所构成信道的总长度不应大于 2000m。

（2）建筑物或建筑群配线设备之间（FD 与 BD、FD 与 CD、BD 与 BD、BD 与 CD 之间）组成的信道出现 4 个连接器件时，主干缆线的长度不应小于 15m。

（3）配线子系统各缆线长度划分如图 8-11 所示。

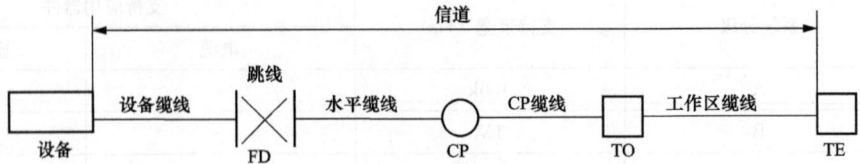

图 8-11　配线子系统各缆线长度划分图

（4）配线子系统各缆线长度应符合的要求如下：

① 配线子系统信道的最大长度不应大于 100m。

② 工作区设备缆线、电信间配线设备的跳线和设备缆线之和不应大于 10m；当大于 10m 时，水平缆线长度（90m）应适当减小。

③ 楼层配线设备（FD）跳线、设备缆线及工作区设备缆线各自的长度不应大于 5m。

④ 配线子系统各段缆线长度限值可按表 8-3 选用。

表 8-3　　　　　　各段电缆长度限值

电缆总长度 （m）	水平布线电缆 （m）	工作区电缆 （m）	电信间跳线和设备电缆 （m）
100	90	5	5
99	85	9	5
98	80	13	5
97	25	17	5
97	70	22	5

8.1.7　综合布线系统的信道

1. 综合布线系统铜线缆的信道

综合布线系统铜线缆的信道最长为 100m（水平缆线最长为 90m、跳线最长为 10m）。布线连接方式分为信道和永久链路。信道和永久链路划分如图 8-12 所示。

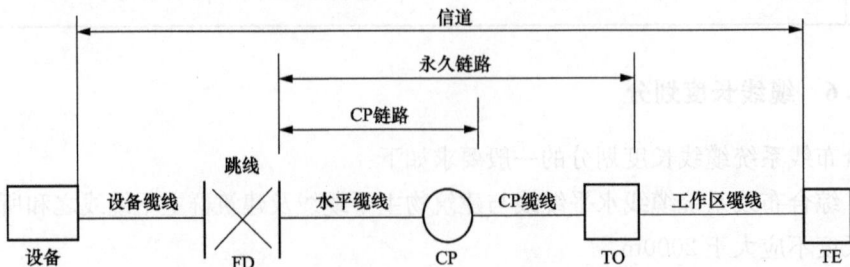

图 8-12　综合布线系统铜线缆的信道和永久链路划分图

2. 光纤信道和连接

光纤信道和连接应符合以下要求：

（1）水平光缆和主干光缆至楼层电信间的光纤配线设备应经光纤跳线连接，光纤跳线连接如图 8-13 所示。

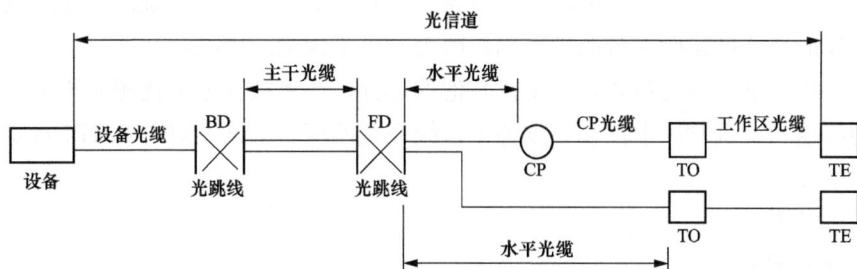

图 8-13 光纤跳线连接图

（2）水平光缆和主干光缆应在楼层电信间端接。光缆在电信间端接如图 8-14 所示。

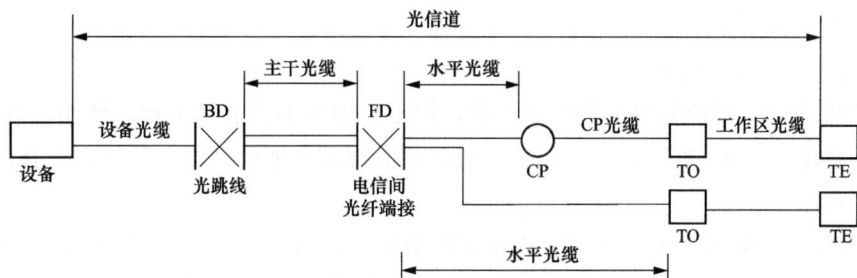

图 8-14 光缆在电信间端接

（3）水平光缆经过电信间直接连接大楼设备间。水平光缆直接连接设备间端接如图 8-15 所示。

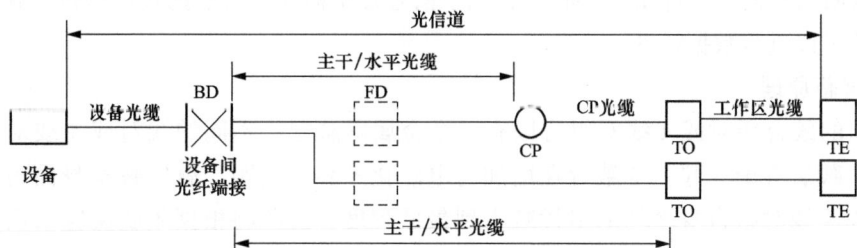

图 8-15 水平光缆直接连接设备间端接图

8.1.8 屏蔽布线系统

1. 屏蔽的目

屏蔽系统是为了保证在有电磁干扰环境下系统的传输性能，这里的抗干扰性应包括两个方面，即抵御外来电磁干扰的能力以及系统本身向外辐射电磁干扰的能力。对于后者而言，欧洲通过了电磁兼容性测试标准 EMC 规范；而对于前者，目前还没有定量的标准规定在外部电磁场强达到多少 V/M 的情况下应该采用屏蔽。虽然从理论上讲，在线缆和连接件外表包上一层金属材料屏蔽层，可以有效地滤除不必要的电磁波（这也是目前绝大多数屏蔽系统采用的方法）。

应视具体情况来确定建设屏蔽的布线系统还是非屏蔽的布线系统。对于公安、银行等保密性强的单位可建设屏蔽的局域网，因为有以下因素的影响：

（1）干扰。电缆和设备通常会干扰其他的部件，或者被其他干扰源所影响，从而破坏数据的传输。严重时，干扰会导致整个系统完全瘫痪。根据 PREN 50174 规定，一些干扰源列举如下：

① 功率分配。

② 荧光灯照明。

③ 无线电传送设备（如无线电话、无线电台、电视机）。

④ UTP 对 UTP 电缆。

⑤ 办公设备（如复印机、打印机、计算机、碎纸机）。

⑥ 雷达。

⑦ 工业机器（发动机等）。

线缆绞合只能保护电缆不被磁场干扰，但不能使其不被电场干扰。然而，许多干扰源发射的是电场或电磁场（辐射场）。因此，只有屏蔽才能使网络免受所有干扰源影响。

（2）窃听。

① 潜在的窃听者、骗子和程序狂在不断增加。他们可以拦截 UTP 线缆上传输的信息，从而引起严重的破坏和损失。使用了屏蔽线缆及元件的屏蔽网络，则可以明显地降低周围环境中的电磁波发射水平。

② 如果没有物理连接，而只将 UTP 线缆当作传送天线时，UTP 线缆是很容易被拦截的。屏蔽双绞线（STP）则由于它较低的散射而很难被拦截。在大多数不被保护状态下，窃听者只需要一部雷达接收器、电子信号发生器和一台便携式计算机，在几百米距离内就可以进行数据拦截。

2. 屏蔽原理

单独的绞合线对或 4 线对组可以有一个金属屏蔽层。不同的线对或 4 线对组可以在金属屏蔽后置于一起。屏蔽旨在增加与电磁化外界的间距。就屏蔽本身而言，它可将线对或 4 线对组自身之间的串扰减少到最低程度。这些将根据集肤反应由反射和吸收完成。

（1）反射：金属屏蔽能够有效地反射来自内外界的大量入射场。

（2）当干扰源产生的交变信号的强度从 200V 逐渐提高到 3500V 时，SFTP 5 类系统中传输的数据信号均未发生任何错误。而在 5 类 UTP 系统中，情况就没有这么好了。当电压升高到 200V 时，UTP 系统就开始产生数据错误和丢失。在实际应用中线缆经常会与强电线缆铺设得很近，强电线路中的 220V 交流电便成为影响布线系统性能的重要干扰源。

（3）综合布线区域内存在的电磁干扰场强高于 3V/m 时，宜采用屏蔽布线系统进行防护。

（4）用户对电磁兼容性有较高的要求（电磁干扰和防信息泄漏），或对网络安全保密的需要时，宜采用屏蔽布线系统。

（5）采用非屏蔽布线系统无法满足安装现场条件对缆线的间距要求时，宜采用屏蔽布线系统。

（6）屏蔽布线系统采用的电缆、连接器件、跳线、设备电缆都应是屏蔽的，并应保持屏蔽层的连续性。

综上所述，当网络布线环境处在强电磁场附近（如发电厂、变电站等）时，布线系统可采用屏蔽系统，以保证网络信息的正常传输。根据环境电磁干扰的强弱，通常可以分三个层次采取不同屏蔽措施。在一般电磁干扰的情况下，可采用金属桥架和管道屏蔽的办法，即把全部线缆都封闭在预先铺设好的金属桥架和管道中，并使金属桥架和管道保持良好的接地，这样同样可以把干扰电流导入大地，取得较好的屏蔽效果，而且还可以节省大量资金。在存在较强电磁干扰源的情况下，可采用屏蔽双绞线和屏蔽连接件的屏蔽系统，再辅助以金属桥架和管道，一般也可取得较好的屏蔽效果。在有极强电磁干扰的情况下，可以采用光缆布线。采用光缆布线成本较高，但屏蔽效果最好，而且可以得到极高的带宽和传输速率。采用光缆布线的网络在 20 年内可保证其具有先进性，网络不会因布线系统落后而淘汰。

8.2 综合布线系统的设计

8.2.1 综合布线系统的设计步骤

一个实施的综合布线系统工程，用户总是要有自己的使用目的和需求，但用户不设计、不施工，因此设计人员要认真、详细地了解工程项目的实施目标、要求，使用户对所设计的布线工程能理解。应根据建筑工程项目范围来定设计布线系统，设计的步骤如下。

（1）用户需求分析。

对用户需求分析时要注意如下内容：

1）确定工程实施的范围。工程实施的范围主要是：确定实施综合布线工程的建筑物数量；各建筑物的各类信息点数量及分布情况；各建筑物配线间和设备间的位置；整个建筑群的中心机房的位置。

2）确定系统的类型。确定本工程是否包括计算机网络通信、电话语音通信、有线电视系统、闭路视频监控等系统，并要求统计各类系统信息点的分布及数量。

3）确定各系统各类信息点接入要求。对于各类系统的信息点接入要求主要掌握以下内容：信息点接入设备类型、未来预计需要扩展的设备数量、信息点接入的服务要求。

（2）了解地理布局。

查看现场，了解建筑物布局。工程设计人员必须到各建筑物的现场考察详细了解以下内容：用户信息点数量和安装的位置；用户的最大距离；在同一楼内，用户之间的从属关系；楼与楼之间布线走向，楼层内布线走向；建筑物预埋的管槽分布情况；建筑物垂直干线布线的走向；水平干线布线的走向；有哪些特殊要求或限制；管理供电问题与解决方式；与外部互连的需求；设备间所在位置；管理所在位置；对工程施工材料的要求。

（3）可能全面地获取工程相关的建筑资料。

（4）结构设计。系统结构设计要重点注意以下内容：

1）工作区配置设计。在综合布线系统中，一个独立的需要安装终端设备的区域称为一个工作区。工作区由终端设备、与水平子系统相连的信息插座以及连接终端设备的软跳线构成。工作区配置设计时应注意如下内容：

① 工作区适配器的选用规定。

a. 设备的连接插座应与连接电缆的插头匹配不同的插座与插头之间应加装适配器。

b. 在连接使用信号的数/模转换、光电转换、数据传输速率转换等相应的装置时采用适配器。

c. 对于网络规程的兼容，采用协议转换适配器。

d. 各种不同的终端设备或适配器均安装在工作区的适当位置，并应考虑现场的电源与接地。

② 每个工作区的服务面积，应按不同的应用功能确定。

2）配线子系统配置设计。配线子系统配置设计时应注意如下内容：

① 根据工程提出的近期和远期终端设备的设置要求、用户性质、网络构成及实际需要，确定建筑物各层需要安装信息插座模块的数量及其位置，配线应留有扩展余地。

② 配线子系统缆线应采用非屏蔽或屏蔽 4 对对绞电缆，在需要时也可采用室内多模或单模光缆。

③ 电信间与电话交换配线及计算机网络设备之间的连接方式要求。

a. 电话交换配线的连接方式应符合电话交换配线的要求。

b. 计算机网络设备连接方式应符合电话交换配线的要求。

④ 每一工作区信息插座模块（电、光）数量不宜少于 2 个，并满足各种业务的需求。

⑤ 底盒数量应以插座盒面板设置的开口数确定，每一个底盒支持安装的信息点数量不宜大于 2 个。

⑥ 光纤信息插座模块安装的底盒大小应充分考虑到水平光缆（2 芯或 4 芯）终接处的光缆盘留空间和满足光缆对弯曲半径的要求。

⑦ 工作区的信息插座模块应支持不同的终端设备接入，每一个 8 位模块通用插座应连接一根 4 对对绞电缆；对每一个双工或 2 个单工光纤连接器件及适配器连接一根 2 芯光缆。

⑧ 从电信间至每一个工作区水平光缆宜按 2 芯光缆配置。光纤至工作区域满足用户群或大客户使用时，光纤芯数至少应有 2 芯备份，按 4 芯水平光缆配置。

⑨ 连接至电信间的每一根水平电缆光缆应终接于相应的配线模块，配线模块与缆线容量相适应。

⑩ 电信间 FD 主干侧各类配线模块应按电话交换机、计算机网络的构成及主干电缆/光缆的所需容量要求及模块类型和规格的选用进行配置。

⑪ 电信间 FD 采用的设备缆线和各类跳线宜按计算机网络设备的使用端口容量和电话交换机的实装容量、业务的实际需求或信息点总数的比例进行配置，比例范围为 $25\%\sim50\%$。

3）干线子系统配置设计。干线子系统配置设计应注意如下内容：

① 干线子系统所需要的电缆总对数和光纤总芯数，应满足工程的实际需求，并留有适当的备份容量。主干缆线宜设置电缆与光缆，并互相作为备份路由。

② 干线子系统主干缆线应选择较短的安全的路由。主干电缆宜采用点对点终接，也可采用分支递减终接。

③ 如果电话交换机和计算机主机设置在建筑物内不同的设备间，宜采用不同的主干缆线来分别满足语音和数据的需要。

④ 在同一层若干电信间之间宜设置干线路由。

⑤ 主干电缆和光缆所需的容量要求及配置应符合以下规定：

a. 对语音业务，大对数主干电缆的对数应按每一个电话 8 位模块通用插座配置 1 对线，并在总需求线对的基础上至少预留约 10% 的备用线对。

b. 对于数据业务，应以集线器（HUB）或交换机（SW）群（按 4 个 HUB 或 SW 组成 1 群），或以每一个 HUB 或 SW 设备设置 1 个主干端口配置。每 1 群网络设备或每 4 个网络设备宜考虑 1 个备份端口，主干端口为电端 ICI 时应按 4 对线容量，为光端口时按 2 芯光纤容量配置。

c. 当工作区至电信间的水平光缆延伸至设备间的光配线设备（BD/CD）时，主干光缆的容量应包括所延伸的水平光缆光纤的容量在内。

d. 建筑物与建筑群配线设备处各类设备缆线和跳线的配备，按计算机网络设备的使用端口容量和电话交换机的实装容量、业务的实际需求或信息点总数的比例进行配置，比例范围为 $25\%\sim50\%$。

4）建筑群子系统配置设计。建筑群子系统配置设计应注意如下内容：

① CD 宜安装在进线间或设备间，并可与入口设施或 BD 合用场地。

② CD 配线设备内外侧的容量应与建筑物内连接 BD 配线设备的建筑群主干缆线容量及建筑物外部引入的建筑群主干缆线容量相一致。

5）设备间配置设计。设备间配置设计应注意如下内容：

① 在设备间内安装的 BD 配线设备干线侧容量应与主干缆线的容量相一致，设备侧的容量应与设备端口容量相一致或与干线侧配线设备容量相同。

② 配线设备与电话交换机及计算机网络设备的连接方式应符合电信间与电话交换配线及计算机网络设备之间的连接方式要求。

6）进线间配置设计。进线间配置设计应注意如下内容：

① 建筑群主干电缆和光缆、公用网和专用网电缆、光缆及天线馈线等室外缆线进入建筑物时，应在进线间成端转换成室内电缆光缆，并在缆线的终端处可由多家电信业务经营者设置入口设施，入口设施中的配线设备应按引入的电、光缆容量配置。

② 电信业务经营者在进线间设置安装的入口配线设备应与 BD 或 CD 之间敷设相应的连接电缆、光缆，实现路由互通。缆线类型与容量应与配线设备相一致。

③ 接入业务及多家电信业务经营者缆线接入的需求，并应留有 2～4 孔的余量。

7）电信间配置设计。电信间配置设计应注意如下内容：

① 电信间的数量应按所服务的楼层范围及工作区面积来确定。如果该层信息点数量不大于 400 个，水平缆线长度在 90m 范围以内，宜设置一个电信间；当超出这一范围时宜设两个或多个电信间；如果每层的信息点数量数较少，且水平缆线长度不大于990m，宜几个楼层合设一个电信间。

② 电信间应与强电间分开设置，电信间内或其紧邻处应设置缆线竖井。

③ 电信间的使用面积不应小于 5m²，也可根据工程中配线设备和网络设备的容量进行调整。

④ 电信间的设备安装和电源要求，应符合相关规范的规定。

⑤ 电信间应采用外开丙级防火门，门宽大于 0.7m。电信间内温度应为 10～35℃，相对湿度宜为 20%～80%。如果安装信息网络设备，应符合相应的设计要求。

8）技术管理。技术管理应注意如下内容：

① 对设备间、电信间、进线间和工作区的配线设备缆线、信息点等设施应按一定的模式进行标识和记录，并符合下列规定。

a. 综合布线系统工程宜采用计算机进行文档记录与保存，简单且规模较小的综合布线系统工程可按图纸资料等纸质文档进行管理，并做到记录准确、及时更新、便于查阅；文档资料应实现汉化。

b. 综合布线的每一电缆、光缆、配线设备、端接点、接地装置、敷设管线等组成部分均应给定唯一的标识符，并设置标签。标识符应采用相同数量的字母和数字等标明。

c. 电缆和光缆的两端均应标明相同的标识符。

d. 设备间、电信间、进线间的配线设备宜采用统一的色标，以区别各类业务与用途的配线区。

② 所有标签应保持清晰、完整，并满足使用环境要求。

③ 对于规模较大的布线系统工程，为提高布线工程维护水平与网络安全，宜采用电子配线设备对信息点或配线设备进行管理，以显示与记录配线设备的连接、使用及变更状况。

④ 综合布线系统相关设施的工作状态信息应包括设备和缆线的用途、使用部门、组成局域网的拓扑结构、传输信息速率、终端设备配置状况、占用器件编号、色标、链路与信道的功能和各项主要指标参数及完好状况、故障记录等，还应包括设备位置和缆线走向等内容。

8.2.2　工作区子系统的设计

（1）一个独立的需要设置终端设备的区域宜划分为一个工作区。工作区子系统应由配线（水平）布线系统的信息插座延伸到工作站终端设备处的连接电缆及适配器组成。工作区主要的设备有信息插座、软跳线。信息插座由底盒、模块、面板组成。一个工作区的服务面积可按 8～10m² 估算，每个工作区设置电话机或计算机终端设备，或按用户要求设置。工作区应安装足够的信息插座，以满足计算机、电话机、传真机、电视机等终端设备的安装使用。

工作区子系统包括办公室、写字间、作业间、技术室等需用电话机、计算机终端、电视机等设施的区域和相应设备的统称。

（2）工作区适配器的选用应符合下列要求：

① 在设备连接器处采用不同信息插座的连接器时，可以用专用电缆或适配器。

② 当在单一信息插座上开通 ISDN 业务时，宜用网络终端适配器。

③ 在配线（水平）子系统中选用的电缆类别（介质）不同于设备所需的电缆类别（介质）时，宜采用适配器。

④ 在连接使用不同信号的数/模转换或数据速率转换等相应的装置时，宜采用适配器。

⑤ 对于网络规程的兼容性，可用配合适配器。

⑥ 根据工作区内不同的电信终端设备可配备相应的终端适配器。

（3）工作区设计要考虑以下几点：

① 工作区内信息插座要与建筑物内装修相匹配，工作区内线槽要布得合理、美观。

② 工作区的信息插座分为暗埋式和明装式两种方式，暗埋方式的插座底盒嵌入墙面，明装方式的插座底盒直接在墙面上安装。用户可根据实际需要选用不同的安装方式，以满足不同的需要。在通常情况下，新建建筑物采用暗埋方式安装信息插座；已有的建筑物增设综合布线系统则采用明装方式安装信息插座。安装信息插座时应符合以下安装要求。

① 安装在地面上的信息插座应采用防水和抗压的接线盒。

② 安装在墙面或柱子上的信息插座底部离地面的高度宜为 30cm 以上。

③ 每 1 个工作区至少应配置 1 个 220V 交流电源插座。

④ 工作区的电源插座应选用带保护接地的单相电源插座，保护接地与零线应严格分开。

⑤ 信息插座附近有电源插座的，信息插座应距离电源插座 30m 以上。

（4）信息插座要设计在距离地面 30cm 以上。

（5）信息插座与计算机设备的距离保持在 5m 范围内。

（6）购买的网卡类型接口要与线缆类型接口保持一致。

（7）所有工作区所需的信息模块、信息插座、面板的数量。

（8）RJ45 所需的数量。RJ45 头的需求量一般用下述方式计算：$m = n \times 4 + n \times 4 \times$

15%

式中：m 为 RJ45 的总需求量；n 为信息点的总量；$n \times 4 \times 15\%$ 为留有的富余量。

信息模块的需求量一般为：$m = n + n \times 3\%$

式中：m 为信息模块的总需求量；n 为信息点的总量；$n \times 3\%$ 为富余量。

8.2.3 配线（水平）子系统的设计

配线（水平）子系统是综合布线系统的一部分，从工作区的信息插座延伸到楼层配线间管理子系统。配线（水平）子系统由与工作区信息插座相连的水平布线电缆或光缆等组成，配线（水平）子系统线缆沿楼层平面的地板或房间吊顶布线。

1. 配线子系统设计要求

（1）配线子系统宜由工作区用的信息插座，每层配线设备至信息插座的配线电缆、楼层配线设备和跳线等组成。配线子系统用于每层配线（水平）电缆的统称。

（2）配线子系统应根据下列要求进行设计：

① 根据工程提出近期和远期的终端设备要求。

② 每层需要安装的信息插座数量及其位置。

③ 终端将来可能产生移动、修改和重新安排的详细情况。

④ 一次性建设与分期建设的方案比较。

（3）配线子系统宜采用 4 对对绞电缆。配线子系统在有高速率应用的场合，宜采用光缆。配线子系统根据整个综合布线系统的要求，应在二级交接间、交接间或设备间的配线设备上进行连接，以构成电话、数据、电视系统并进行管理。

（4）配线系统宜选用普通型铜芯对绞电缆。

（5）综合布线系统的信息插座宜按下列原则选用：

① 单个连接的 8 芯插座宜用于基本型系统。

② 双个连接的 8 芯插座宜用于增强型系统。

一个给定的综合布线系统设计可采用多种类型的信息插座。

（6）配线子系统电缆长度应为 90m 以内。

（7）信息插座应在内部作固定线连接。

（8）配线子系统缆线宜采用在吊顶、墙体内穿管或设置金属密封线槽及开放式（电缆桥架、吊挂环等）敷设，当缆线在地面布放时，应根据环境条件选用地板下线槽、网络地板、高架（活动）地板布线等安装方式。

（9）缆线应远离高温和电磁干扰的场地。

（10）管线的弯曲半径应符合表 8-4 的要求。

表 8-4　　　　　　　　　　　　管 线 敷 设 弯 曲 半 径

线缆类型	弯曲半径
2 芯或 4 芯水平光缆	＞25mm
其他芯数和主干光缆	不小于光缆外径的 10 倍

线缆类型	弯曲半径
4 对非屏蔽电缆	不小于电缆外径的 4 倍
4 对屏蔽电缆	不小于电缆外径的 8 倍
大对数主干电缆	不小于电缆外径的 10 倍
室外光缆、电缆	不小于电缆外径的 10 倍

注　当缆线采用电缆桥架布放时，桥架内侧的弯曲半径不应小于 300mm。

（11）缆线布放在管与线槽内的管径与截面利用率，应根据不同类型的缆线作不同的选择。管内穿放大对数电缆或 4 芯以上光缆时，直线管路的管径利用率应为 50%～60%，弯管路的管径利用率应为 40%～50%。管内穿放 4 对对绞电缆或 4 芯光缆时，截面利用率应为 25%～30%。布放缆线在线槽内的截面利用率应为 30%～50%。

2. 配线子系统设计概述

配线子系统设计涉及配线子系统设计的传输介质和部件集成，主要有以下 7 点：

（1）确定线路走向。

（2）确定线缆、槽、管的数量和类型。

（3）确定电缆的类型和长度。

（4）订购电缆和线槽。

（5）如果打吊杆走线槽，则所需要吊杆的数量。

（6）如果不用吊杆走线槽，则所需托架的数量。

（7）语音点、数据点互换时，应考虑语音点的水平干线线缆同数据点线缆类型。

确定线路走向一般要由用户、设计人员、施工人员到现场根据建筑物的物理位置和施工难易度来确立。

信息插座的数量和类型、电缆的类型和长度一般在总体设计时便已确定，但考虑到产品质量和施工人员的误操作等因素，在订购时要留有余地。订购电缆时，必须考虑：①确定介质布线方法和电缆走向；②确认到管理间的接线距离；③留有端接容差。

电缆的计算公式有 3 种，即

$$订货总量（总长度 m）＝所需总长＋所需总长×10\%＋n×6$$

式中：所需总长为 n 条布线电缆所需的理论长度；所需总长×10% 为备用部分；$n×6$ 为端接容差。

$$整幢楼的用线量＝\sum NC$$

式中：N 为楼层数；C 为每层楼用线量，$C＝[0.55×(L＋S)＋6]×n$；L 为本楼层离水平间最远的信息点距离；S 为本楼层离水平间最近的信息点距离；n 为本楼层的信息插座总数；055 为备用系数；6 为端接容差。

$$总长度＝A＋B/2×n×1.2$$

式中：A 为最短信息点长度；B 为最长信息点长度；n 为楼内需要安装的信息点数；1.2 为余量参数（富余量）。

设计人员可用这 3 种算法之一来确定所需线缆长度。

对于水平布线通道内，关于电信电缆与分支电源电缆要说明以下几点：

① 屏蔽的电源导体（电缆）与电信电缆并线时不需要分隔。

② 可以用电源管道障碍（金属或非金属）来分隔电信电缆与电源电缆。

③ 对非屏蔽的电源电缆，最小的距离为 10cm。

④ 在工作站的信息口或间隔点，电信电缆与电源电缆的距离最小应为 6cm。

水平间设计的最后一点是确定水平间与干线接合配线管理设备。

打吊杆走线槽时，一般是间距 1m 左右一对吊杆。吊杆的总量应为水平干线的长度 $(m) \times 2$（根）。

使用托架走线槽时，一般是 $1 \sim 15$m 安装一个托架，托架的需求量应根据水平干线的实际长度去计算。

托架应根据线槽走向的实际情况来选定，一般有以下 2 种情况：

第一种，水平线槽不贴墙，则需要订购托架。

第二种，水平线贴墙走，则可购买角钢的自制托架。

3. 配线子系统布线方案

配线子系统布线，是将电缆线从管理间子系统的配线间接到每一楼层的工作区的信息输入/输出（I/O）插座上。设计时要根据建筑物的结构特点，从路由（线）最短、造价最低、施工方便、布线规范等几个方面考虑。但由于建筑物中的管线比较多，往往会遇到一些矛盾，所以设计水平子系统时必须折中考虑，优选最佳的水平布线方案。一般可采用 3 种类型：直接埋管式；先走吊顶内线槽，再走支管到信息出口的方式；适合大开间及后打隔断的地面线槽方式（其余都是这 3 种方式的改良型和综合型）。

（1）直接埋管线槽方式。直接埋管布线方式是由一系列密封在现浇混凝土里的金属布线管道或金属馈线走线槽组成的，这些金属管道或金属线槽从水平间向信息插座的位置辐射。根据通信和电源布线的要求、地板厚度和占用的地板空间等条件，直接埋管布线方式采用厚壁镀锌管或薄型电线管，这种方式在老式的设计中非常普遍。

现代楼宇不仅有较多的电话语音点和计算机数据点，而且语音点与数据点可能还要求互换，以增加综合布线系统使用的灵活性。因此综合布线的水平线缆比较粗，如 3 类 4 对非屏蔽双绞线外径为 1.7mm，截面积为 17.34mm^2；5 类 4 对非屏蔽双绞线外径为 5.6mm，截面积为 24.62mm^2。对于目前使用较多的 SC 镀锌钢管及阻燃高强度 PVC 管，建议容量为 60%。

对于新建的办公楼宇，要求面积为 $8 \sim 10$m^2 拥有一对语音、数据点，要求稍差的是 $10 \sim 12$m^2 便拥有一对语音、数据点（设计布线时，要充分考虑到这一点）。

（2）先走线槽再走支管方式。线槽由金属或阻燃高强度 PVC 材料制成，有单件扣合方式和双件扣合式两种类型。

线槽通常悬挂在天花板上方的区域，用在大型建筑物或布线系统比较复杂而需要有额外支持物的场合，用横梁式线槽将电缆引向所要布线的区域。由弱电井出来的缆线先走吊顶内的线槽，到各房间后，经分支线槽从横梁式电缆管道分叉后将电缆穿过一段支管引向墙柱或墙壁，贴墙而下到本层的信息出口（或贴墙而上，在上一层楼板钻一个孔，将电缆引到上一层的信息出口）；最后端接在用户的插座上。

在设计、安装线槽时应多方考虑，尽量将线槽放在走廊的吊顶内，并且去各房间的支管应适当集中至检修孔附近，以便于维护。如果是新楼宇，应赶在走廊吊顶前施工，这样不仅减少布线工时，还利于已穿线缆的保护，不影响房内装修；一般走廊处于中间位置，布线的平均距离最短，节约线缆费用，提高综合布线系统的性能（线越短，传输的质量越高）；尽量避免线槽进入房间，否则不仅费钱，而且影响房间装修，不利于以后的维护。

弱电线槽能走综合布线系统、公用天线系统、闭路电视系统（24V 以内）及楼宇自控系统信号线等弱电线缆（这可降低工程造价）。同时由于支管经房间内吊顶贴墙而下至信息出口，在吊顶与其他的系统管线交叉施工，减少了工程协调量。

（3）地面线槽方式。地面线槽方式就是弱电井出来的线走地面线槽到地面出线盒或由分线盒出来的支管到墙上的信息出口。由于地面出线盒或分线盒或柱体直接走地面垫层，因此这种方式适用于大开间或需要打隔断的场合。

地面线槽方式就是将长方形的线槽打在地面垫层中，每隔 4～8m 安装一个过线盒或出线盒（在支路上出线盒起分线盒的作用），直到信息出口的出线盒。线槽有 2 种规格：70 型外形尺寸为 70mm×25mm，有效截面积为 1470mm²，占空比取 30%，可穿 24 根水平线（3、5 类混用）；50 型外形尺寸为 50mm×25mm，有效截面积为 960mm²，可穿插 15 根水平线。分线盒与过线盒均由两槽或三槽分线盒拼接。

地面线槽方式有如下优点：

① 用地面线槽方式，信息出口离弱电井的距离不限。地面线槽每 4～8m 接一个分线盒或出线盒。布线时拉线非常容易，因此距离不限。

强、弱电可以同路由。强、弱电可以走同路由相邻的地面线槽，而且可接到同一线盒内的各自插座。当然，地面线槽必须接地屏蔽，产品质量也要过关。

② 适用于大开间或需打隔断的场合。如交易大厅面积大，计算机离墙较远，用较长的线接墙上的网络出口及电源插座，显然是不合适的。这时在地面线槽的附近留一个出线盒，联网及取电都解决了。又如一个楼层要出售，需视办公家具确定房间的大小与位置来打隔断，这时离办公家具搬入的时间已经比较近了，为了不影响工期，使用地面线槽方式是最好的方法。

③ 地面线槽方式可以提高商业楼宇的档次。大开间办公是现代流行的管理模式，只有高档楼宇才能提供这种无杂乱无序线缆的大开间办公室。

地面线槽方式的缺点也是明显的，主要体现在如下几个方面：

第一，地面线槽做在地面垫层中，需要至少 6.5cm 的垫层厚度，这对于尽量减少挡板及垫层厚度是不利的。

第二，地面线槽由于做在地面垫层中，如果楼板较薄，有可能在装潢吊顶过程中被吊杆打中，影响使用。

第三，不适合楼层中信息点特别多的场合。如果一个楼层中有 500 个信息点，按 70 号线槽穿 25 根线算，需 20 根 70 号线槽，线槽之间有一定空隙，每根线槽大约占 100mm 宽度，20 根线槽就要占 2.0m 的宽度，除门可走 6～10 根线槽外，还需开 1.0～

1.4m 的洞，但弱电井的墙一般是承重墙，开这样大的洞是不允许的。另外地面线槽多了，被吊杆打中的机会相应增大。因此建议超过 300 个信息点，应同时用地面线槽与吊顶内线槽两种方式，以减轻地面线槽的压力。

第四，不适合石质地面。地面出线盒宛如大理石地面长出了几只不合时宜的眼睛，地面线槽的路径应避免经过石质地面或不在其上放出线盒与分线盒。

第五，造价昂贵。如地面出线盒为了美观，盒盖是铜的，一个出线槽盒的售价为 300～400 元。这是墙上出线盒所不能比拟的。总体而言，地面线槽方式的造价是吊顶内线槽方式的 3～5 倍。目前，地面线槽方式大多数用在资金充裕的金融业楼宇中。

在地面线槽选型与设计中还应注意以下几点：

① 选型时，应选择那些在有工程经验的厂家，其产品要通过国家电气屏蔽检验，避免强弱电同路对数据产生影响；铺设地面线槽时，厂家应派技术人员现场指导，避免打上垫层后再发现问题而影响工期。

② 应尽量根据甲方提供的办公家具布置图进行设计，避免地面线槽出口被办公家具挡住。无办公家具图时，地面线槽应均匀地布放在地面出口；对有防静电地板的房间，只需布放一个分线盒即可，出线走铺设静电地板下。

③ 地面线槽的主干部分尽量打在走廊的垫层中。楼层信息点较多，应同时采用地面管道与吊顶内线槽两种相结合的方式。

8.2.4 干线（垂直干线）子系统的设计

1. 干线子系统设计要求

（1）干线子系统应由设备间的配线设备和跳线以及设备间至各楼层配线间的连接电缆组成。干线子系统用于楼层之间垂直干线电缆的统称。

（2）在确定干线子系统所需要的电缆总对数之间，必须确定电缆中语音和数据信号的共享原则。对于基本型每个工作区可选定 2 对；对于增强型每个工作区可选定 3 对对绞线。对于综合型每个工作区可在基本型或增强型的基础上增设光缆系统。

（3）应选择干线电缆最短、最安全和最经济的路由。宜选择带门的封闭型通道敷设干线电缆。建筑物有大类型的通道封闭型和开放型。封闭型通道是指一连串上下对齐的交接间，每层楼都有一间，利用电缆竖井、电缆孔、管道电缆桥架等穿过这些房间的地板层。每个交接间通常还有一些便于固定电缆的设施和消防装置。开放型通道是指从建筑物的地下室到楼顶的一个开放空间、中间没有任何楼板隔开。例如通风通道或电梯通道，不能敷设干线子系统电缆。

（4）干线电缆可采用点对点端接，也可采用分支递减端接以及电缆直接连接方法。点对点端接是最简单、最直接的接合方法，干线子系统每根干线电缆直接延伸到指定的楼层和交接间。

分支递减端接是用 1 根大容量干线电缆足以支持若干个交接间或若干楼层的通信容量，经过电缆接头保护箱分出若干根小电缆，它们分别延伸到每个交接间或每个楼层，并端接于目的地的连接硬件。

而电缆直接连接方法是特殊情况使用的技术。一种情况是一个楼层的所有水平端接都集中在干线交接间；另一种情况是二级交接间太小，在干线交接间完成端接。

（5）如果设备间与计算机机房处于不同的地点，而且把语音电缆连至设备间，把数据电缆连至计算机房，则宜在设计中选取不同的干线电缆或干线电缆的不同部分来分别满足不同路由语音和数据的需要。当需要时，也可采用光缆系统予以满足。

（6）确定干线线缆类型及线对。干线线缆主要有铜缆和光缆两种类型，具体选择要根据布线环境的限制和用户对综合布线系统设计等级的考虑，计算机网络系统的主干线缆可以选用 4 对双绞线电缆或光缆，电话语音系统的主干电缆可以选用 3 类大对数双绞线电缆，有线电视系统的主干电缆一般采用 75Ω 同轴电缆，主干电缆的线对要根据水平布线线缆对数以及应用系统类型来确定。

（7）干线线缆的交接。为了便于综合布线的路由管理，干线电缆、干线光缆布线的交接不应多于两次。从楼层配线架到建筑群配线架之间只应通过一个配线架，即建筑物配线架（在设备间、电信间内）。当综合布线只用一级干线布线进行配线时，放置干线配线架的二级交接间可以并入楼层配线间。

2. 干线子系统设计

干线子系统的任务是通过建筑物内部的传输电缆，把各个服务接线间的信号传送到设备间，直到传送到最终接口，再通往外部网络。它既必须满足当前的需要，又要适应今后的发展。

干线子系统包括：

（1）供各条干线接线间之间的电缆走线用的竖向或横向通道。

（2）主设备间与计算机中心间的电缆，设计时要考虑以下几点：确定每层楼的干线要求；确定整座楼的干线要求；确定从楼层到设备间的干线电缆路由；确定干线接线间的接合方法；选定干线电缆的长度；确定铺设附加横向电缆时的支撑结构。

在铺设电缆时，对不同的介质电缆要区别对待。

（3）光纤电缆。

① 光纤电缆铺设时不应绞结。

② 光纤电缆在室内布线时要走线槽。

③ 光纤电缆在地下管道中穿过时要用 PVC 管。

④ 光纤电缆需要拐弯时，其曲率半径不能小 30cm。

⑤ 光纤电缆的室外裸露部分要加铁管保护，铁管要固定牢固。

⑥ 光纤电缆不要拉得太紧或太松，并要有一定的膨胀收缩余量。

⑦ 光纤电缆埋地时，要加铁管保护。

（4）同轴粗电缆。

① 同轴粗电缆铺设时不应扭曲，要保持自然平直。

② 同轴粗电缆在拐弯时，其弯角曲率半径不应小 3cm。

③ 同轴粗电缆接头安装要牢靠。

④ 同轴粗电缆布线时必须走线槽。

⑤ 同轴粗电缆的两端必须加终接器，其中一端应接地。

⑥ 同轴粗电缆上连接的用户间隔必须在 2.5m 以上。

⑦ 同轴粗电缆室外部分的安装与光纤电缆室外部分安装相同。

（5）双绞线。

① 双绞线铺设时线要平直，走线槽，不要扭曲。

② 双绞线的两端点要标号。

③ 双绞线的室外部分要加套管，严禁搭接在树干上。

④ 双绞线不要拐硬弯。

（6）同轴细电缆。同轴细电缆的铺设与同轴粗电缆有以下几点不同：

① 同轴细电缆弯曲半径不应小于 20cm。

② 同轴细电缆上各站点距离不小于 0.5m。

③一般同轴细电缆长度为 183m，粗缆长度为 500m。

3. 干线子系统设计方法

确定从管理间到设备间的干线路由应选择干线段最短、最安全和最经济的路由，在大楼内通常有如下 2 种方法：

（1）电缆孔方法。干线通道中所用的电缆孔是很短的管道，通常用直径为 10m 的刚性金属管做成。它们嵌在混凝土地板中，这是在浇注混凝土地板时嵌入的，比地板表面高出 10~25cm。电缆往往捆在钢绳上，而钢绳又固定到墙上已铆好的金属条上。当配线间上下都对齐时，一般采用电缆孔方法。

（2）电缆井方法。电缆井方法常用于干线通道，也是常说的竖井。电缆井是指在每层楼板上开出些方孔，使电缆可以穿过这些电缆井从某层楼延伸到相邻的楼层。电缆井的大小依所用电缆的数量而定。与电缆孔方法一样，电缆也是捆在或箍在支撑用的钢绳上，钢绳靠墙上金属条或地板三脚架固定住。离电缆井很近的墙上立式金属架可以支撑很多电缆井的选择性非常灵活，可以让粗细不同的各种电缆以任何组合方式通过。电缆井方法虽然比电缆孔方法灵活，但是在原有建筑物中开电缆井安装电缆造价较高，它的另一个缺点是使用的电缆井很难防火。如果在安装过程中没有采取措施去防止损坏楼板支撑件，则楼板的结构完整性将受到破坏。

在多层楼房中，经常需要使用干线电缆的横向通道才能从设备间连接到干线通道，以及在各个楼层上从二级交接间连接到任何一个配线间。请记住，横向走线需要寻找一个易于安装的方便通道，因而两个端点之间很少是一条直线。在水平干线、垂直干线子系统布线时，应考虑数据线、语音线以及其他弱电系统共槽问题。

8.2.5　设备间子系统的设计

设备间是建筑物综合布线系统的线路汇聚中心，各房间内信息插座经水平线缆连接，再经干线线缆最终汇聚连接至设备间。设备间还安装了各应用系统相关的管理设备，为建筑物各信息点用户提供各类服务，并管理各类服务的运行状况。

1. 设备间设计要求

（1）设备间位置应根据设备的数量、规模、网络构成等因素，综合考虑确定。

（2）如果电话交换机与计算机网络设备分别安装在不同的场地或根据安全需要，也可设置 2 个或 2 个以上设备间，以满足不同业务的设备安装需要。

（3）建筑物综合布线系统与外部配线网连接时，应遵循相应的接口标准要求。

（4）设备间的设计应符合下列规定：

① 设备间宜处于干线子系统的中间位置，并考虑主干缆线的传输距离与数量。

② 设备间宜尽可能靠近建筑物线缆竖井位置，有利于主干缆线的引入。

③ 设备间的位置宜便于设备接地。

④ 设备间应尽量远离高低压变配电、电机、X 射线、无线电发射等有干扰源存在的场地。

⑤ 设备间室温度应为 10～35℃，相对湿度应为 20％～80％，并应有良好的通风。

⑥ 设备间内应有足够的设备安装空间，其使用面积不应小于 $10m^2$，该面积不包括程控用户交换机、计算机网络设备等设施所需的面积在内。

⑦ 设备间梁下净高不应小于 2.5m，采用外开双扇门，门宽不应于 1.5m。

（5）设备间应防止有害气体（如氯碳水化合物、硫化氢、氮氧化物、二氧化碳等）侵入，并应有良好的防尘措施。

（6）在地震区的区域内，设备安装应按规定进行抗震加固。

（7）设备安装宜符合下列规定：

① 机架或机柜前面的净空不应小于 800mm，后面的净空不应小于 600mm。

② 壁挂式配线设备底部离地面的高度不宜小于 300mm。

（8）设备间应提供不少于两个 220V 带保护接地的单相电源插座，但不作为设备供电电源。

（9）如果设备间安装电信设备或其他信息网络设备，设备供电应符合相应的设计要求。

2. 设备间子系统设计要点

（1）设备间子结构的考虑。设备间子系统是一个公用设备存放的场所，也是设备日常管理的地方，有服务器交换机路由器、稳压电源等设备。在高层建筑内，设备间可设置在 2、3 层。在设计设备间时应注意以下几点：

① 设备间应设在位于干线综合体的中间位置。

② 应尽可能靠近建筑物电缆引入区和网络接口。

③ 设备间应在服务电梯附近，便于装运笨重设备。

④ 设备间内要注意：

a. 室内无尘土，通风良好，要有较好的照明亮度；

b. 要安装符合机房规范的消防系统；

c. 使用防火门，墙壁使用阻燃漆；

d. 提供合适的门锁，至少要有一个安全通道。

⑤ 防止可能的水害（如暴雨成灾、自来水管爆裂等）带来的灾害。

⑥ 防止易燃易爆物的接近和电磁场的干扰。

⑦ 设备间空间（从地面到天花板）应保持 2.5m 高度的无障碍空间，门高为 2.1m，宽为 1.5m，地板承重压力不能低于 500kg/m^2。

因此设备间设计时，必把握下述要素：最低高度；房间大小；照明设施；地板负重；电气插座；配电中心；管道位置；楼内气温控制；门的大小、方向与位置；端接空间；接地要求；备用电源；保护设施；消防设施。防雷电设备间不宜放置在楼宇的四个边角上。

（2）设备间使用面积。设备间的主要设备有数字程控交换机、计算机等，对于它的使用面积，必须有一个通盘的考虑。目前，对设备间的使用面积有以下两种方法来确定。

① 方法一：面积 $S=K\sum S$

式中：S 为设备间使用的总面积，m^2；K 为系数，每一个设备预占的面积，一般 K 选择 5、6 或 7 这三个数的之一（根据设备大小来选择）；$\sum$ 为求和；S_j 为代表设备件；i 为变量 1，2…，n（n 代表设备间内共有设备总数）。

② 方法二：面积 $S=KA$

式中：S 为设备间使用的总面积，m^2；K 为系数，同方法一；A 为设备间所有设备的总数。

（3）设备间子系统设计的环境考虑。设备间子系统设计时要对环境问题进行认真考虑。

8.3　综合布线系统的施工

8.3.1　网络工程布线施工技术要点

1. 布线工程开工前的准备工作

工程实施的第一步就是开工前的准备工作，要求做到以下几点：

（1）设计综合布线实际施工图。确定布线的走向位置。供施工人员、督导人员和主管人员使用。

（2）备料。工程施工过程需要许多施工材料，这些材料有的必须在开工前就备好料，有的可以在开工过程中备料。主要有以下几种：

① 光缆、双绞线、插座、信息模块、服务器、稳压电源、集线器、交换机、路由器等，落实购货厂商，并确定提货日期。

② 不同规格的塑料槽板、PVC 防火管、蛇皮管、自攻螺钉等布线用料就位。

③ 如果集线器是集中供电，则准备好导线、铁管和制订好电气设备安全措施（供电线路必须按民用建筑标准规范进行）。

④ 制订施工进度表（要留有适当的余地，施工过程中意想不到的事情随时可能发生，并要求立即协调）。

（3）向工程单位提交开工报告。

2．施工过程中要注意的事项

（1）施工现场督导人员要认真负责，及时处理施工进程中出现的各种情况，协调处理各方意见。

（2）如果现场施工碰到不可预见的问题，应及时向工程单位汇报并提出解决办法供工程单位当场研究解决，以免影响进度。

（3）对工程单位计划不周的问题要及时妥善解决。

（4）对工程单位新增加的点要及时在施工图中反映出来。

（5）对部分场地或工段要及时进行阶段性检查验收，确保工程质量。

（6）制订工程进度表。

在制订工程进度表时，要留有余地，还要考虑其他工程施工时可能对本工程带来的影响避免出现不能按时完工的问题。因此，建议使用工作间施工表、督导指派任务表，督导人员对工程的监督管。

（7）布线施工要求：

① 所有的电缆从信息口到信息点是一条完整的电缆，中间不能有接头。

② 每条电缆的长度要尽量缩短，以提高信号的质量。

③ 严格控制每段线路的长度，不能超过设计的长度。

④ 注意和供电供水、供暖、排水的管线分离，用于保护网线的安全。

⑤ 敷设的位置要安全、隐蔽、美观，要方便使用和日后的维修。

8.3.2　线槽铺设技术

综合布线工程在布线路由确定以后，首先考虑线槽铺设，线槽按使用材料分为金属槽、管塑料（PVC）管，按布槽范围分为工作间线槽、水平干线线槽、垂直干线线槽。线槽系用何种材料，则根据用户的需求、投资来确定。

1．金属管的铺设

（1）金属管的加工要求。综合布线工程使用的金属管应符合设计文件的规定，表面不应有穿孔、裂缝和明显的凹凸不平，内壁应光滑，不允许有锈蚀，在易受机械损伤的地方和在受力较大处直埋时应采用足够强度的管材。

金属管的加工应符合下列要求：

① 为了防止在穿电缆时划伤电缆，管口应无毛刺和尖锐棱角。

② 为了减小直埋管在沉陷时管口处对电缆的剪切力，金属管口宜做成喇叭形。

③ 金属管在弯制后，不应有裂缝和明显的凹瘪现象。弯曲程度过大，将减小金属管的有效管径，造成穿设电缆困难。

④ 金属管的弯曲半径不应小于所穿入电缆的最小允许弯曲半径。

⑤ 镀锌管锌层剥落处应涂防腐漆，可延长使用寿命。

（2）金属管切割套丝。在配管时，应根据实际需要长度，对管子进行切割。管子的切割可使用钢锯、管子切割刀或电动切管机，严禁用气割。

管子和管子连接，管子和接线盒、配线箱的连接，都需要在管子端部进行套丝。焊接钢管套丝，可用管子铰板（俗称代丝）或电动套丝机。硬塑料管套丝，可用圆丝板。套丝时，先将管子在管子压力上固定压紧，然后再套丝。若利用电动套丝机，可提高工效。套完丝后，应随时清扫管口，将管口端面和内壁的毛刺用锤刀锉光使管口保持光滑，以免割破线缆绝缘护套。

（3）金属管弯曲。在铺设金属管时应尽量减少弯头。每根金属管的弯头不应超过3个，直角弯头不应超过2个，并且不应有S、Z弯出现。弯头过多，将造成穿电缆困难。对于较大截面的电缆不允许有弯头。当实际施工中不能满足要求时，可采用内径较大的管子或在适当部位设置拉线盒，以利于线缆的穿设。

金属管的弯曲一般都用弯管器进行。先将管子需要弯曲部位的前段放在弯管器内，焊缝放在弯曲方向背面或侧面，以防管子弯扁。然后用脚踩住管子，手扳弯管器进行弯曲，并逐步移动弯管器，使可得到所需要的弯度。弯曲半径应符合下列要求：

① 明配时，一般不小于管外径的6倍；只有一个弯时，可不小于管外径的4倍；整排钢管在转弯处，宜弯成同心圆的弯儿。

② 暗配时，不应小于管外径的6倍；铺设于地下或混凝土楼板内时，不应小于管外径的10倍。

（4）金属管的连接应符合下列要求：金属管连接应牢固，密封应良好，两管口应对准，套接的短套管或带螺纹的管接头的长度不应小于金属管外径的2.2倍。金属管的连接采用短套接时，施工简单方便；采用管接头螺纹连接则较为美观，保证金属管连接后的强度。无论采用哪一种连接方式均应保证牢固、密封。

金属管进入信息插座的接线盒后，暗埋管可用焊接固定，管口进入盒的露出长度应小于5mm。明设管应用锁紧螺母或管帽固定，露出锁紧螺母的丝扣为2扣。

引至配线间的金属管管口位置，应便于与线缆连接。并列铺设的金属管管口应排列有序，以便于识别。

（5）金属管铺设。

① 金属管的暗设应符合下列要求：

a. 预埋在墙体中间的金属管内径不宜超过50mm，楼板中的管径宜为15～25mm，直线布管30m处设置暗线盒。

b. 铺设在混凝土、水泥里的金属管，其地基应坚实平整、不应有沉陷，以保证铺设后的线缆安全运行。

c. 金属管连接时，管孔应对准接缝严密，不得有水和泥浆渗入。管孔对准无错位，以免影响管路的有效管理，保证铺设线缆时穿设顺利。

d. 金属管道应有不小于0.1%的排水坡度。

e. 建筑群之间金属管的埋设深度不应小于0.8m，在人行道下面铺设时，不应小于0.5m。

f. 金属管内应安置牵引线或拉线。

g. 金属管的两端应有标记，表示建筑物、楼层、房间和长度。

② 金属管明铺时应符合下列要求：

a. 金属管应用卡子固定。这种固定方式较为美观，且在需要拆卸时方便拆卸。

b. 金属的支持点间距，有要求时应按照规定设计，无设计要求时不应超过 3m。

c. 在距接线盒 0.3m 处，用管卡将管子固定。在弯头的地方，弯头两边也应用管卡固定。

③ 光缆与电缆同管铺设时，应在暗管内预置塑料子管。将光缆铺设在子管内，使光缆和电缆分开布放。子管的内径应为光缆外径的 2.5 倍。

（6）预埋金属线槽保护要求。

① 在建筑物中预埋线槽，宜按单层设置，每一路由进出同一过线盒的预埋线槽均不应超过 3 根，线槽截面高度不宜超过 25m，总宽度不宜超过 300mm。线槽路由中若包括过线盒和出线盒，截面高度宜在 70～100mm 范围内。

② 线槽直埋长度超过 30m 或在线槽路由交叉、转弯时，宜设置过线盒，以便于布放缆线和维修。

③ 过线盒盖能开启，并与地面齐平，盒盖处应具有防灰与防水功能。

④ 过线盒和接线盒盒盖应能抗压。

⑤ 从金属线槽至信息插座模块接线盒间或金属线槽与金属钢管之间相连接时的缆线宜采用金属软管敷设。

（7）预埋暗管保护要求。

① 预埋在墙体中间暗管的最大管外径不宜超过 50mm，楼板中暗管的最大管外径不宜超过 25mm，室外管道进入建筑物的最大管外径不宜超过 100mm。

② 直线布管每 30mm 处应设置过线盒装置。

③ 暗管的转弯角度应大于 90°，在路径上每根暗管的转弯角不得多于 2 个，并不应有 S 弯出现，有转弯的管段长度超过 20m 时，应设置管线过线盒装置；有 2 个弯时，不超过 15m 应设置过线盒。

④ 暗管管口应光滑，并加有护口保护，管口伸出部位宜为 25～50mm。

⑤ 至楼层电信间暗管的管口应排列有序，以便于识别与布放缆线。

⑥ 暗管内应安置牵引线或拉线。

⑦ 金属管明敷时，在距接线盒 300mm 处，弯头处的两端，每隔 3m 处应采用管卡固定。

⑧ 管路转弯的曲半径不应小于所穿入缆线的最小允许弯曲半径，并且不应小于该管外径的 6 倍，如暗管管外径大于 50mm，不应小于 10 倍，

2. 金属线槽的铺设

金属桥架多由厚度为 0.4～1.5mm 的钢板制成，与传统桥架相比具有结构轻、强度高、外形美观、无须焊接、不易变形、连接款式新颖、安装方便等特点。它是铺设线缆的理想配套装置。

金属桥架分为槽式和梯式 2 类。槽式桥架是指由整块钢板弯制成的槽形部件，梯式桥架是指由侧边与若干个横档组成的梯形部件。桥架附件是用于直线段之间、直线段与弯通之间连接所必需的连接固定或补充直线段、弯通功能部件。支、吊架是指直接支撑

桥架的部件，它包括托臂、立柱、立柱底座、吊架以及其他固定用支架。

为了防止金属桥架腐蚀，其表面可采用电镀锌、烤漆、喷涂粉末、热浸镀锌。镀镍锌合金纯化处理或采用不锈钢板。我们可以根据工程环境、重要性和耐久性，选择合适的防腐处理方式。一般腐蚀较轻的环境可采用镀锌冷轧钢板桥架；腐蚀较强的环境可采用镀镍锌合金纯化处理桥架，也可采用不锈钢桥架。综合布线中所用线缆的性能，对环境有一定的要求。为此，在工程中常选用有盖无孔型槽式桥架（简称金属线槽）。

（1）金属线槽安装要求。

安装金属线槽应在土建工程基本结束以后，与其他管道（如风管、给排水管）同步进行，也可比其他管道稍迟一段时间安装。但尽量避免在装饰工程结束以后进行安装，否则将造成铺设线缆的困难。安装金属线槽应符合下列要求：

① 金属线槽安装位置应符合施工图规定，左右偏差视环境而定，最大不超过 50mm。

② 金属线槽水平度每米偏差不应超过 2mm。

③ 垂直金属线槽应与地面保持垂直，并无倾斜现象，垂直度偏差不应超过 3mm。

④ 金属线槽节与节间接处应平滑、无毛刺，用接头连接板拼接，螺钉应拧紧。两线槽拼接处水平偏差不应超过 2mm。

⑤ 当直线段桥架超过 30m 或跨越建筑物时，应有伸缩缝，其连接宜采用伸缩连接板。

⑥ 线槽转弯半径不应小于其槽内的线缆最小允许弯曲半径的最大者。

⑦ 盖板应紧固，并且要错位盖槽板。

⑧ 支吊架应保持垂直，整齐牢固，无歪斜现象。为了防止电磁干扰，宜用辫式铜带把线槽连接到其经过的设备间，或楼层配线间的接地装置上，并保持良好的电气连接。

（2）缆线桥架和线槽保护要求。

① 缆线桥架底部应高于地面 2.2m 及以上，顶部距建筑物楼板不宜小于 300mm，与梁及其他障碍物交叉处间的距离不宜小于 50mm。

② 缆线桥架水平敷设时，支撑间距宜为 1.5～3m。垂直敷设时固定在建筑物结构体上的间距宜小于 2m，距地面 1.8m 以下部分应加金属盖板保护，或采用金属走线柜包封，门应可开启。

③ 直线段缆线桥架每超过 15～30m 或跨越建筑物变形缝时，应设置伸缩补偿装置。

④ 金属线槽敷设时，在下列情况下应设置支架或吊架：线槽接头处；每间距 3m 处；离开线槽两端出口 0.5m 处；转弯处。

⑤ 塑料线槽槽底固定点间距宜为 1m。

⑥ 缆线桥架和缆线线槽转弯半径不应小于槽内线缆的最小允许弯曲半径，线槽直角弯处最小弯曲半径不应小于槽内最粗缆线外径的 10 倍。

⑦ 桥架和线槽穿过防火墙体或楼板时缆线布放完成后应采取防火封堵措施。

⑧ 管线敷设弯曲半径，管线敷设弯曲半径如表 8-4 所示。

（3）水平子系统线缆铺设支撑保护要求。

① 预埋金属线槽（金属管）支撑保护要求。

a. 在建筑物中预埋线槽（金属管）可为不同的尺寸，按一层或两层设备，应至少预埋两根，线槽截面高度不宜超过 25mm。

b. 线槽直埋长度超过 15m 或在线槽路由交叉、转变时宜设置拉线盒，以便布放线缆和维护。

c. 接线盒盖应能开启，并与地面齐平，盒盖处应采取防水措施。

d. 线槽宜采用金属引入分线盒内。

② 设置线槽支撑保护要求。

a. 水平铺设时，支撑间距一般为 1.5～2m，垂直铺设时固定在建筑物构体上的间距宜小于 2m。

b. 金属线槽铺设时，在下列情况下设置支架或吊架。

——线槽接头处；

——间距 1.5～2m 处；

——离开线槽两端口 0.50m 处；

——转弯处。

c. 塑料线槽底固定点间距一般为 1m。

③ 在活动地板下铺设线缆时，活动地板内净空不应小于 150mm。如果活动地板内作为通风系统的风道使用，地板内净高不应小于 300mm。

④ 采用公用立柱作为吊顶支撑柱时，可在立柱中布放线缆。立柱支撑点宜避开沟槽和线槽位置，支撑应牢固。

⑤ 在工作区的信息点位置和线缆铺设方式未定的情况下，或在工作区采用地毯下布放线缆时，在工作区宜设置交接箱，每个交接箱的服务面积约为 80mm²。

⑥ 不同种类的线缆布放在金属线槽内应同槽分开（用金属板隔开）布放。

⑦ 采用格形楼板和沟槽相结合时，铺设线缆支槽保护要求如下：

a. 沟槽和格形线槽必须沟通。

b. 沟槽盖板可开启，并与地面齐平，盖板和信息插座出口处应采取防水措施。

c. 沟槽的宽度宜小于 600mm。

（4）干线子系统的线缆铺设支撑保护要求。

① 线缆不得布放在电梯或管道竖井中。

② 干线通道间应沟通。

③ 弱电间中线缆穿过每层楼板孔洞宜为方形或圆形，长方形孔尺寸不宜小于 300mm；圆形孔洞处应至少安装三根圆形钢管，管径不宜小于 100mm。

④ 建筑群干线子系统线缆铺设支撑保护应符合设计要求。

（5）槽管大小选择的计算方法。

根据工程施工的体会，对槽、管的选择可采用以下简易方式：

① 根据管径计算方式：$n=D/d-(D/d \times 40\%)$

式中：D 为管径；d 为线径；$D/d \times 40\%$ 为线缆之间浪费的空间。

② 根据面积计算方式：$n=A/a-(A/a \times 40\%)$

式中：A 为管径；a 为线径；$A/a \times 40\%$ 为线缆之间浪费的空间。

③ 根据槽（管）截面积计算方式：n＝（槽管截面/线缆截面）

式中：n 表示用户所要安装的线缆数量（已知数）；槽（管）截面积表示要选择的槽管截面积（未知数）；线缆截面积表示选用的线缆面积（已知数）；70％表示布线标准规定允许的空间；40％～50％表示线缆之间浪费的空间。

上述算法是在施工过程中的总结，供读者参考。

（6）管道敷设线缆。在管道中敷设线缆时，有以下 3 种情况：①小孔到小孔；②在小孔间的直线敷设；③沿着拐弯处敷设。

可用人和机器来敷设线缆，到底采用哪种方法依赖于下述因素：①管道中有没有其他线缆；②管道中拐弯数量；③线缆有多粗和多重。

由于上述因素，很难确切地说是用人力还是用机器来牵引线缆，只能依照具体情况来解决。

（7）地板缆线敷设保护要求。

① 线槽盖板应可开启。

② 主线槽的宽度宜在 200～400mm，支线槽宽度不宜小于 70mm。

③ 可开启的线槽盖板与明装插座底盒间应采用金属软管连接。

④ 地板块与线槽盖板应抗压、抗冲击和阻燃。

⑤ 当网络地板具有防静电功能时，地板整体应接地。

⑥ 网络地板板块间的金属线槽段与段之间应保持良好导通并接地。

⑦ 在架空活动地板下敷设缆线时，地板内净空应为 150～300mm；若空调采用下送风方式，则地板内净高应为 300～50mm。

（8）吊顶支撑柱中电力线和综合布线缆线合一布放时，中间应有金属板隔开，间距应符合设计要求。

（9）当综合布线缆线与大楼弱电系统缆线采用同一线槽或桥架敷设时，子系统之间应采用金属板隔开，间距应符合设计要求。

（10）干线子系统缆线敷设保护要求。

① 缆线不得布放在电梯或供水、供气、供暖管道竖井中，缆线不应布放在强电竖井中。

② 电信间、设备间、进线间之间干线通道应沟通。

3. 塑料槽的铺设

塑料槽的规格有多种，在这里就不再赘述。塑料槽的铺设从理性上讲类似金属槽，但操作上还有所不同。具体表现为以下 4 种方式：

（1）在天花板吊顶采用吊杆或托式桥架。

（2）在天花板吊顶外采用托架桥架铺设。

（3）在天花板吊顶外采用托架加配固定槽铺设。

（4）在天花板吊顶使用 J 形钩铺设。

使用 J 形钩铺设是在天花板吊顶内水平布最常用的方法。具体施工步骤如下：

（1）确定布线路由。

（2）沿着所设计的路由打开天花板，用双手推开每块镶板。多条线很重，为了减轻压在吊顶上的重量，可使用 J 形钩、吊索及其他支撑物来支撑线缆。

（3）在离管理间最远的一端开始，拉到管理间。

采用托架时的一般方法如下：

（1）采用托架时，一般在石膏板（空心砖）墙壁 1m 左右安装一个托架。

（2）在砖混结构墙壁 1.5m 左右安装一个托架。

不用托架时，采用固定槽的方法把槽固定。根据槽的大小可采用以下方法：

（1）对于 25mm×20mm～25mm×30mm 规格的槽，一个固定点应有 2～3 个固定螺钉（呈梯形状排列）。在石膏板（空心砖）墙壁固定点应每隔 0.5m 左右（槽底应刷乳胶）；在砖混结构墙壁固定点应每隔 1m 左右。

（2）对于 25mm×30mm 以上的规格槽，一个固定点应有 3～4 个固定螺钉，呈梯形状排列使槽受力点分散分布。在石膏板（空心砖）墙壁固定点应每隔 0.3m 左右（槽底应刷乳胶）。在砖混结构墙壁固定点应每隔 1m 左右。

（3）除了固定点外应每隔 1m 左右钻 2 个孔，用双绞线穿入，待布线结束后，把所布的双绞线捆扎起来。

（4）水平干线、垂直干线布槽的方法是一样的，差别在一个是横布槽一个是竖布槽。

（5）在水平干线与工作区交接处不易施工时，可采用金属软管（蛇皮管）或塑料软管连接。

（6）对水平干线槽与竖井通道槽交接处要安放一个塑料的套状保护物，以防止不光滑的槽边缘擦破线缆的外皮。

（7）在工作区槽、水平干线槽转弯处，保持美观，不宜用 PVC 槽配套的附件阳角/阴角、直转角、平三通、左三通、右三通、连接头、终端头等。

在墙壁上布线槽一般遵循下列步骤：

（1）确定布线路由。

（2）沿着路由方向放线（讲究直线美观）。

（3）线槽要安装固定螺钉。

（4）布线（布线时线槽容量为 70%）。

在工作区槽、水平干线槽布槽施工结束时的注意事项如下：

（1）清理现场，保持现场清洁、美观。

（2）盖塑料槽盖，盖槽盖应错位盖。

（3）对墙洞、竖井等交接处要进行修补。

（4）对工作区槽、水平干线槽与墙有缝隙时要用粉腻子粉补平。

8.3.3　布线技术

1. 布线线缆

建筑物布线常用以下 6 种线缆：

（1）4 对双绞线电缆（UTP 或 STP）。

（2）2 对双绞线电缆。

（3）100Ω 大对数对绞电缆（UTF 或 STP）。

（4）62.5/125μm 多模光缆。

（5）9/125、10/125μm 单模光缆。

（6）75Ω 有线电视同轴电缆。

2. 布线缆线间的最小净距要求

（1）电源线、综合布线系统的要求。电源线、综合布线系统缆线应分隔布放，并应符合表 8-5 的要求。

表 8-5 对绞电缆与电力电缆最小净距

干扰源类型	线缆与干扰源接近的情况	间距（mm）
小于 2kV·A 的 380V 电力线缆	与电缆平行敷设	130
	其中一方安装在已接地的金属线槽或管道	70
	双方均安装在已接地的金属线槽或管道	10
2～5kV·A 的 380V 电力线缆	与电缆平行敷设	300
	其中一方安装在已接地的金属线槽或管道	150
	双方均安装在已接地的金属线槽或管道	80
大于 5kV·A 的 380V 电力线缆	与电缆平行敷设	600
	其中一方安装在已接地的金属线槽或管道	300
	双方均安装在已接地的金属线槽或管道	150
荧光灯等带电感设备	接近电缆线	150～300
配电箱	接近配电箱	1000
电梯、变压器	远离布设	2000

（2）综合布线与配电箱、变电室、电梯机房、空调机房之间最小净距要求。综合布线与配电箱、变电室、电梯机房、空调机房之间最小净距宜符合表 8-6 的要求。

表 8-6 综合布线与配电箱、变电室、电梯机房、空调机房之间的最小净距表

名称	最小净距离（m）
配电箱	1
电梯机房	2
变电室	2
空调机房	2

（3）建筑物内电、光缆暗管敷设与其他管线最小净距。建筑物内电、光缆暗管敷设与其他管线最小净距表 8-7 的要求。

表 8-7 综合布线缆线及管线与其他管线的间距

管线种类	平行净距离（mm）	垂直交叉净距离（mm）
避雷下线	1000	300
保护地线	50	20
热力管（不包封）	500	500
热力管（包封）	300	300

续表

管线种类	平行净距离（mm）	垂直交叉净距离（mm）
给水管	150	20
煤气管	300	20
市话管道边线	75	25
压缩空气管	150	20

3. 暗道布线

暗道布线是在浇筑混凝土时已把管道预埋好地板管道，管道内有牵引电缆线的钢丝或铁丝，安装人员只需索取管道图纸来了解地板的布线管道系统，确定"路径在何处"，就可以作出施工方案了。

对于老建筑物或没有预埋管道的新建筑物，要向业主索取建筑物的图纸，并到要布线的建筑物现场，查清建筑物内电、水、气管路的布局和走向，然后详细绘制布线图纸确定布线施工方案。

对于没有预埋管道的新建筑物，施工可以与建筑物装修同步进行，这样既便于布线，又不影响建筑物的美观。

管道一般从配线间埋到信息插座安装孔。安装人员只要将 4 对线电缆线固定在信息插座的拉线端，从管道的另一端牵引拉线就可将缆线达到配线间。

4. 线缆牵引技术

用一条拉线（通常是一条绳）或一条软钢丝绳将线缆牵引穿过墙壁管路、天花板和地板管路。所用的方法取决于要完成作业的类型、线缆的质量、布线路由的难度（例如，在具有硬转弯的管道布线要比在直管道中布线难），还与管道中要穿过的线缆的数目有关（在已有线缆的拥挤的管道中穿线要比空管道难）。

不管在哪种场合都应遵循一条规则：使拉线与线缆的连接点应尽量平滑，所以要采用电工胶带紧紧地缠绕在连接点外面，以保证平滑和牢固。

标准的"4 对"线缆很轻，通常不要求做更多的准备，只要将它们用电工带与拉绳捆扎在一起就行了。

如果牵引多条"4 对"线穿过一条路由，可用下列方法：

（1）将多条线缆聚集成一束，并使它们的末端对齐。

（2）用电工带或胶布紧绕在线缆束外面，在末端外绕 50～100mm 长距离就行了。

（3）将拉绳穿过电工带缠好的线缆，并打好结。

（4）将拉绳穿过此环并打结，然后将电工带缠到连接点周围，要缠得结实和不滑。

5. 建筑物主干线电缆连接技术

主干缆是建筑物的主要线缆，它为从设备间到每层楼上的管理间之间传输信号提供通路。在新的建筑物中，通常有竖井通道。

在竖井中铺设主干缆，一般有两种方式：向下垂放电缆和向上牵引电缆。相比较而言，向下垂放比向上牵容易。

（1）向下垂放线缆。向下垂放线缆的一般步骤如下：

① 首先把线缆卷轴放到最顶层。

② 在离房子的开口处（孔洞处）3～4m 处安装线缆卷轴，并从卷轴顶部馈线。

③ 在线缆卷轴处安排所需的布线施工人员（数目视卷轴尺寸及线缆质量而定），每层上要有一个工人以便引寻下垂的线缆。

④ 开始旋转卷轴，将线缆从卷轴上拉出；

⑤ 将拉出的线缆引导进竖井中的孔洞。在此之前先在孔洞中安放一个塑料的套状保护物，以防止孔洞不光滑的边缘擦破线缆的外皮。

⑥ 慢慢地从卷轴上放缆并进入孔洞向下垂放，不要快速地放缆。

⑦ 继续放线，直到下一层布线工人能将线缆引到下一个孔洞。

⑧ 按前面的步骤继续慢慢地放线，并将线缆引入各层的孔洞。

如果要经由一个大孔铺设垂直主干线缆，就无法使用一个塑料保护套了，这时最好使用一个滑车轮来下垂布线，为此需要进行如下操作：

① 在孔的中心处装上一个滑车轮。

② 将线缆拉出绕在滑车轮上。

③ 按前面所介绍的方法牵引线缆穿过每层的孔，当线缆到达目的地时，把每层上的线缆绕成卷放在架子上固定起来，等待以后的端接。

在布线时，若线缆要越过弯曲半径小于允许的值（双绞线弯曲半径为 8～10 倍于线缆的直径，光缆为 20～30 倍于线缆的直径），可以将线缆放在滑车轮上，解决线缆的弯曲问题。

（2）向上牵引线缆。向上牵引线缆可用电动牵引绞车。

① 按照线缆的质量，选定绞车型号，并按绞车制造厂家的说明书进行操作。先往绞车中穿一条绳子。

② 启动绞车，并往下垂放一条拉绳（确认此拉绳的强度能保护牵引线缆），拉绳向下垂放直到安放线缆的底层。

③ 如果线缆上有一个拉眼，则将绳子连接到此拉眼上。

④ 启动绞车，慢慢地将线缆通过各层的孔向上牵引。

⑤ 线缆的末端到达顶层时，停止绞车。

⑥ 在地板孔边沿上用夹具将线缆固定。

⑦ 当所有连接制作好之后，从绞车上释放线缆的末端。

6. 建筑群电缆连接技术

在建筑群中铺设线缆，一般采用 3 种方法，即直埋电缆布线、地下管道铺设和架空铺设。

（1）管道内铺设线缆，在管道中铺设线缆时，有以下 4 种情况：

① 小孔到小孔。

② 在小孔间的直线铺设。

③ 沿着拐弯处铺设。

④ 线缆用 PVC 阻燃管。

可用人和机器来铺设线缆，到底采用哪种方法依赖于下述因素：

① 管道中有没有其他线缆。

② 管道中拐弯数量。

③ 线缆有多粗和多重。

由于上述因素，很难确切地说是用人力还是用机器来牵引线缆，只能依照具体情况来解决。

（2）架空铺设线缆。架空线缆铺设时，一般步骤如下：

① 电杆以 30～50m 的间隔距离为宜。

② 根据线缆的质量选择钢丝绳，一般选 8 芯钢丝绳。

③ 先接好钢丝绳。

④ 每隔 0.5m 架一挂钩。

⑤ 架设光缆。

⑥ 净空高度≥4.5m。

架空敷设时，同杆架设的电力线（1kV 以下）的间距不应小于 1.5m，同广播线的间距不应小于 1m，同通信线的间距不应小于 0.6m，并在电缆端作好标志和编号。

7. 直埋电线布线

（1）挖开路面。

（2）拐弯设人井。

（3）埋钢管。

（4）穿电线。

8. 双绞线布线技术

（1）双绞线布线要求。

① 缆线的布放应自然平直，不得产生扭绞、打圈、接头等现象，不应受外力的挤压和损伤。

② 缆线两端应贴有标签，应标明编号，标签书写应清晰、端正和正确，标签应选用不易损坏的材料。

③ 缆线应有余量以适应终接、检测和变更；对绞电缆预留长度：在工作区宜为 3～6cm，电信间宜为 0.5～2m，设备间宜为 3～5m；光缆布放路由宜盘留，预留长度宜为 3～5m，有特殊要求的应按设计要求预留长度。

④ 线缆的弯曲半径应符合下列规定：非屏蔽 4 对对绞电缆的弯曲半径应至少为电缆外径的 4 倍，屏蔽 4 对对绞电缆的弯曲半径应至少为电缆外径的 8 倍。主干对绞电缆的弯曲半径应至少为电缆外径的 10 倍。

（2）布线方法。双绞线布线，目前从布线方法上有以下 3 种：

① 从管理局向工作区布线（从一层中信息点较少的情况）；

② 从中间向两端布线（中间有隔断情况）；

③ 从工作区向管理间布线（信息点多的情况）。

双绞线布线时要注意：

① 要对线缆端记号。

223

② 要注意节约用线。

③ 布线的线缆不能有扭结，要平放。

9. 光缆布线技术

（1）光缆布线要求。

① 敷设光缆前，应检查光纤有无断点、压痕等损伤。

② 根据施工图纸选配光缆长度，配盘时应使接头避开河沟、交通要道和其他障碍物。

③ 光缆的弯曲半径不应小于光缆外径的 20 倍，光缆可用牵引机牵引，端头应作好技术处理，牵引力应加于加强芯上，牵引力大小不应超过 150kg，牵引速度宜为 10m/min，一次牵引长度不宜超过 1km。

④ 光缆接头的预留长度不应小于 8m。

⑤ 光缆敷设一段后，应检查光缆有无损伤，并对光缆敷设损耗进行抽测，确认无损伤时再进行接续。

⑥ 光缆接续应由受过专门训练的人员操作，接续时应用光功率计或其他仪器进行监视使接续损耗最小接续后应做接续保护，并安装好光缆接头护套。

⑦ 光缆端头应用塑料胶带包扎，盘成圈置于光缆预留盒中。预留盒应固定在电杆上，地下光缆引上电杆，必须穿入金属管。

⑧ 光缆敷设完毕时，需测量通道的总损耗，并用光时域反射计观察光纤通道全程波导衰减特性曲线。

⑨ 光缆的接续点和终端应作永久性标志。

⑩ 2 芯或 4 芯水平光缆的弯曲半径应大于 25m；其他芯数的水平光缆、主干光缆和室外光缆的弯曲半径应至少为光缆外径的 10 倍。

（2）光缆布线方法。在新建的建筑物中，通常有竖井，沿着竖井方向通过各楼层敷设光缆，只需提供防火措即可。在许多老式建筑中，可能有大槽孔的竖井，通常在这些竖井内装有管道，以供敷设气、水电、空调等线缆。若利用这样的竖井来敷设光缆，光缆必须加以保护，也可将光缆固定在墙角上。

在竖井中敷设光缆有两种方法：向下垂放光缆和向上牵引光缆。通常向下垂放比向上牵引容易些，但如果将光缆卷轴机搬到高层上去很困难，则只能由下向上牵引。

向下垂放光缆方法如下：

① 在离建筑层槽孔 1～1.5m 处安放光缆卷轴（光缆通常是绕在线缆卷轴上，而不是放在纸板箱中），以使在卷筒转动时能控制光缆。要将光缆卷轴置于平台上以便保持在所有时间内都是垂直的，放置卷轴时要使光缆的末端在其顶部，然后从卷轴顶部牵引光缆。

② 使光缆卷轴开始转动，并将光缆从其顶部牵出。牵引光缆时要保证不超过最小弯曲半径和最大张力的规定。

③ 引导光缆进入槽孔中去，如果是一个小孔，则首先要安装一个塑料导向板，以防止光缆与混凝土边侧产生摩擦导致光缆的损坏。

如果通过大的开孔下放光缆，则在孔的中心上安装一个滑车轮，然后把光缆拉出交绕到车轮上去。

① 慢慢地从光缆卷轴上牵引光缆，直到下面一层楼上的人能将光缆引入到下一个槽孔中去为止。

② 每隔 2m 左右打一线夹。

（3）吹光纤布线技术。目前有一种新光纤布线方法就是吹光纤技术，吹光纤技术布线的含义是：

① 用一个空的塑料管（即微管）建造一个低成本的网络布线结构，当需要时，将光吹入微管，这样减少了资金投入，同时也减少了对数据网络的干扰。

② 每根微管内可吹入 8 芯光纤。如果光纤被损坏或已过时，可以简单地将其吹出，并用新的光纤代替。当光纤吹入微管后，再与已端接好的尾纤融接，然后放入专门设计的地面出口盒或配线架上的端接盒。

这项技术将光纤与楼宇内的微管分为两部分，当塑料微管安装好以后，只要压缩空气，就能够将高性能的光纤吹入所造管道，能够做到随用随做。

10. 布线时要作标记

作标记的方法有 4 种：①用打号机打号；②用塑料的字号套号；③用标签号；④用油墨笔记号（建议用油墨笔记号）。

信息点的编号原则：根据设计方案楼层 FD 的划分，对其进行划分。信息点的地址码如图 8-16 所示。

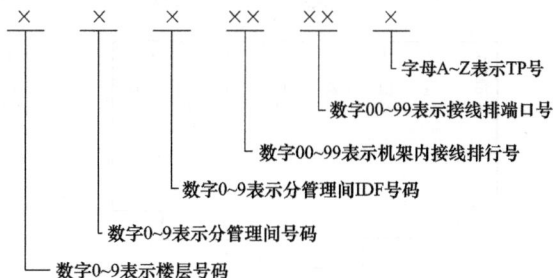

图 8-16　信息点的地址码

8.3.4　缆线终接技术

1. 缆线终接要求

缆线终接应符合下列要求：

（1）缆线在终接前，必须核对缆线标识内容是否正确。

（2）缆线中间不应有接头。

（3）缆线终接处必须牢固、接触良好。

（4）对绞电缆与连接器件连接应认准线号、线位色标，不得颠倒和错接。

2. 对绞电缆终接要求

（1）用户信息插座的安装。安装信息插座要做到一样高、平、牢固。

（2）对绞电缆终接。对绞电缆终接应符合下列要求：

① 终接时，每对对绞线应保持扭绞状态，扭绞松开长度。

a. 3 类电缆不应大于 75m；

b. 5 类电缆不应大于 13m；

c. 6 类电缆应尽量保持扭绞状态，减小扭绞松开长度。

对绞电缆终接时一般有 2 种方式：用打线工具压接和不用打线工具直接压接。

根据工程中的经验体会，一般采用打线工具进行对绞电缆终接。对绞电缆终接时应注意的要点如下：

a. 双绞线是成对相互拧在一处的，按一定距离拧起的导线可提高抗干扰的能力，减小信号的串扰；压接时一对一对拧开放入与信息模块相对的端口上。

b. 在双绞线压处不能拧、撕开，并防止有断线的伤痕。

c. 使用压线工具压接时，要压实，不能有松动的地方。

d. 双绞线开绞不能超过要求。

② 对绞线与 8 位模块式通用插座相连时，必须按色标和线对顺序进行卡接。8 位模块式通用插座（信息模块）相连时分 EIA/TIA 568A 和 EIA/TIA 568B 两种方式，EIA/TIA 568A 信息模块的物理线路分布如图 8-17 所示，EIA/TIA 568B 信息模块的物理线路分布如图 8-18 所示。

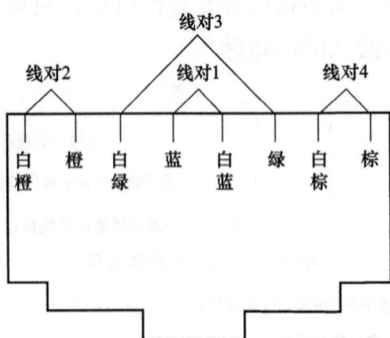

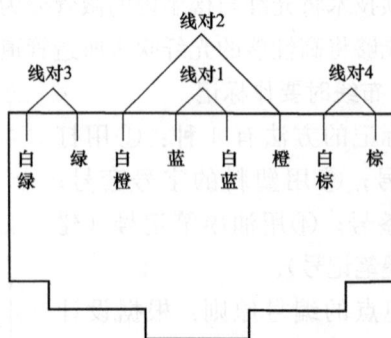

图 8-17　EIA/TIA 568A 物理线路接线方式　　图 8-18　EIA/TIA 568B 物理线路接线方式

无论是采用 568A 还是采用 568B，均在一个模块中实现，但它们的线对分布不一样，减少了产生的串扰对。在一个系统中只能选择一种，即要么是 568A，要么是 568B，不可混用。

568A 第 2 对线（568B 第 3 对线）把 3 和 6 颠倒，可改变导线中信号流通的方向排列，使相邻的线路变成同方向的信号，减少串扰对，如图 8-19 所示。

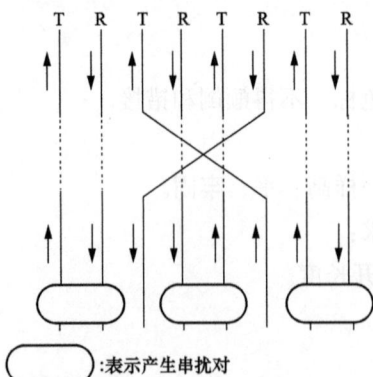

:表示产生串扰对

图 8-19　568 接线排列串扰对

③ 7 类布线系统采用非 RJ45 方式终接时，连接图应符合相关标准规定。

④ 屏蔽对绞电缆的屏蔽层与连接器件终接处：

a. 屏蔽罩应通过紧固器件可靠接触。

b. 缆线屏蔽层应与连接器件屏蔽罩 360°圆周接触。

c. 接触长度不宜小于 10mm。

d. 屏蔽层不应用于受力的场合。

e. 屏蔽线缆的外径较非屏蔽线缆粗，硬度加大，这对安装时的管槽预留尺寸、线缆弯曲半径会有影响。

f. 考虑采用单口、双口面板安装形式，底盒里屏蔽模块多了会影响到实际性能。

⑤ 对不同的屏蔽对绞线或屏蔽电缆，屏蔽层应采用不同的端接方法。应对编织层或金属箔与汇流导线进行有效的端接。

⑥ 每个 2 口 86 面板底盒宜终接 2 条对绞电缆或 1 根 2 芯/4 芯光缆，不宜兼作过路盒使用。

3. 光缆终接

(1) 光缆终接与接续应采用下列方式：

① 光纤与连接器件连接可采用尾纤熔接、现场研磨和机械连接方式。

② 光纤与光纤接续可采用熔接和光连接子（机械）连接方式。

(2) 光缆芯线终接应符合下列要求：

① 采用光纤连接盘对光纤进行连接、保护，在连接盘中光纤的弯曲半径应符合安装工艺要求。

② 光纤熔接处应加以保护和固定。

③ 光纤连接盘面板应有标志。

④ 光纤连接损耗值应符合表 8-8 的规定。

表 8-8 光 纤 连 接 损 耗 值 (dB)

连接类别	多模光缆		单模光缆	
	平均值	最大值	平均值	最大值
熔接	0.15	0.3	0.15	0.3
机械连接	—	0.3	—	0.3

4. 各类跳线的终接

(1) 各类跳线的终接规定。各类跳线的终接应符合下列规定：

① 各类跳线缆线和连接器件间接触应良好，接线无误，标志齐全。

② 跳线选用类型应符合系统设计要求。

③ 各类跳线长度应符合设计要求。

(2) 连接 RJ45 时要注意的事项。RJ45 的连接也分为 568A 与 568B 两种方式，不论采用哪种方式必须与信息模块采用的方式相同。

对于 RJ45 插头与双绞线的连接，需要了解以下事宜（以 568B 为例简述）。

① 首先将双绞线电缆套管自端头剥去大于 20mm，露出 4 对线，如图 8-20 所示。

② 定位电缆线以它们的顺序号是（1、2），（3、6），（4、5），（7、8）排列，如图 8-21 所示。为防止插头弯曲时对套管内的线对造成损伤，导线应并排排列至套管内至少 8m 形成一个平整部分，平整部分之后的交叉部分呈椭圆形状。

③ 为绝缘导线解扭，使其按正确的顺序平行排列，导线 6 是跨过导线 4 和 5 在套管里不应有未扭绞的导线。

④ 导线经修整后（导线端面应平整，避免毛刺影响性能）距套管的长度 14mm，从线头（见图 8-22）开始，至少在 10mm±1mm 之内导线之间不应有交叉，导线 6 应在距套管 4mm 之内跨过导线 4 和 5。

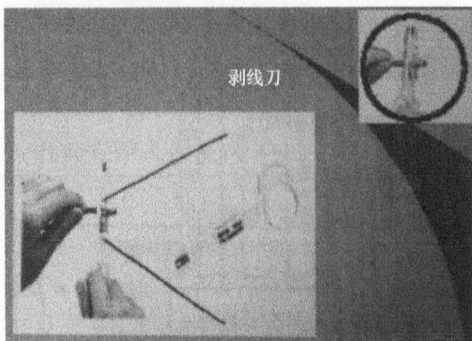

图 8-20　剥线图示

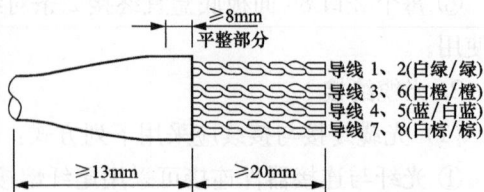

图 8-21　RJ45 连接剥线示意图

⑤ 将导线插入 RJ45 插头，导线在 RJ45，头部能够见到铜芯，套管内的平坦部分应从插塞后端延伸直至初张力消除（见图 8-23），套管伸出插塞后端至少 6mm。

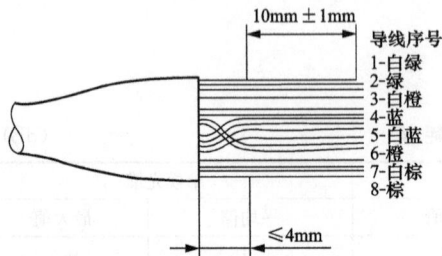

图 8-22　双绞线排列方式和必要的长度

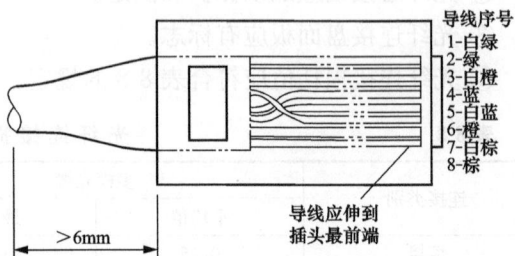

图 8-23　RJ45 压线的要求

⑥ 用压线工具压实 RJ45。

（3）双绞线与 R45 插头的连接。R45 插头不管是哪家公司生产的，它们的排列顺序是 1，2，3，5，6，7，8。端接时可能是 568A 或 568B。

1	2	3	4	5	6	7	8	RJ45 插头引脚
白	橘	白	蓝	白	绿	白	棕	双绞线色标 568B
	橘		绿		蓝		棕	

将双绞线与 R45 连接时应注意的要点如下：

① 按双绞线色标顺序排列，不要有差错；

② 与 RJ45 插接头点斩齐；

③ 用压力钳压实。

RJ45 与信息模块的关系如图 8-24 所示。

8.3.5　安装工艺要求

1. 设备间安装工艺要求

（1）设备间的设计应符合下列规定：

① 设备间应处于干线综合体的最佳网络中间位置。

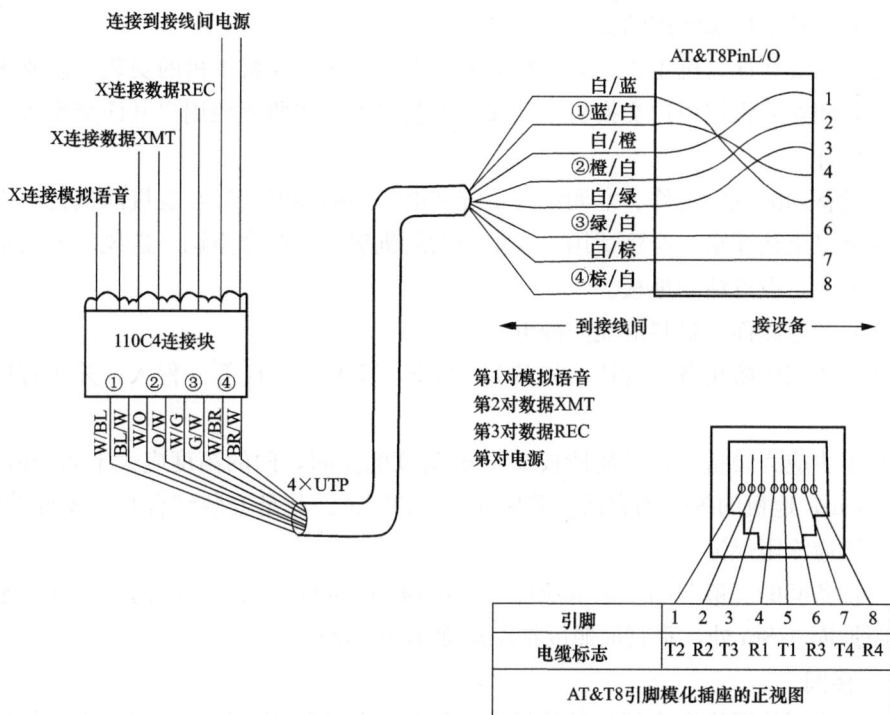

连接到接线间电源

X连接数据REC

X连接数据XMT

X连接模拟语音

AT&T8PinL/O

白/蓝
①蓝/白
白/橙
②橙/白
白/绿
③绿/白
白/棕
④棕/白

1
2
3
4
5
6
7
8

110C4连接块

① ② ③ ④

W/BL
BL/W
W/O
O/W
W/G
G/W
W/BR
BR/W

4×UTP

← 到接线间   接设备 →

第1对模拟语音
第2对数据XMT
第3对数据REC
第对电源

引脚	1	2	3	4	5	6	7	8
电缆标志	T2	R2	T3	R1	T1	R3	T4	R4

AT&T8引脚模化插座的正视图

图 8-24 RJ45 与信息模块的关系

② 设备间应尽可能靠近建筑物电缆引入区和网络接口。电缆引入区和网络接口的相互间隔宜≤15m。

③ 设备间应尽量远离高低压变配电、电机、X 射线、无线电发射等有干扰源存在的场地。

④ 设备间的位置应便于接地装置的安装。

⑤ 设备间室温应保持在 10～27℃之间，相对湿度应保持 60%～80%。

这里未分长期温湿度工作条件与短期温湿度工作条件。长期工作条件的温湿度是在地板上 2m 和设备前方 0.4m 处测量的数值；短期工作定为连续不超过 48h 和每年积累不超过 15 天，也可按生产厂家的标准要求。短期工作条件可低于条文规定数值。

设备间应安装符合法规要求的消防系统，应使用防火防盗门，至少能耐火 1h 的防火墙；

地震区的区域内，设备安装应按规定进行抗震加固。

(2) 设备安装。设备安装应符合下列规定：

① 机架或机柜前面的净空不应小于 800mm，后面的净空不应小于 600mm。

② 壁挂式配线设备底部离地面的高度不宜小于 300mm。

③ 设备间应提供不少于两个 220V 带保护接地的单相电源插座，但不作为设备供电电源。

④ 设备间如果安装电信设备或其他信息网络设备，设备供电应符合相应的设计要求。

⑤ 设备间内所有设备应有足够的安装空间，其中包括程控数字用户电话交换机、

计算机主机、整个建筑物用的交接设备等。

设备间内安装计算机主机，其安装工艺要求应按照计算机主机的安装工艺要求进行设计。设备间安装程控用户交换机，其安装工艺要求应按照程控用户电话交换机的安装工艺进行设计。

（3）设备间的室内装修、空调设备系统和电气照明等安装应在装机前进行。设备间的装修应满足工艺要求，经济适用。容量较大的机房可以结合空调下送风、架间走缆和防静电等要求，设置活动地板。

设备间的地面面层材料应能防静电。

（4）设备间应防止有害气体（如 SO_2、H_2S、NO_2、NH_3 等）侵入，并应有良好的防尘措施。

（5）至少应为设备间提供离地板 2.55m 高度的空间，门的高度应大于 2.1m，门宽应大于 90cm，地板的等效均布活荷载应大于 $5kN/m^2$。凡是安装综合布线硬件的地方，墙壁和天棚应涂阻燃漆。

（6）设备间的一般照明，最低照明度标准应为 150lx（规定照度的被照面，水平面照度指距地面 0.8m 处，垂直面照度指距地面 1.4m 处）。

2. 交接间

（1）确定干线通道和交接间的数目，应从所服务的可用楼层空间来考虑。如果在给定楼层所要服务的信息插座都在 75m 范围以内，宜采用单干线接线系统。凡超出这一范围的，可采用双通道或多个通道的干线系统，也可采用经过分支电缆与干线交接间相连接的二级交接间。

（2）干线交接间兼作设备间时，其面积不应小于 $10m^2$。干线交接间的面积为 $1.8m^2$ 时（$1.2m×1.5m$）可容纳端接 200 个工作区所需的连接硬件和其他设备，如果端接的工作区超过 200 个，则在该楼层增加 1 个或多个二级交接间，其设置要求宜符合表 8-9 的规定，或可根据设计需要确定。

表 8-9 交 接 间 的 设 备 表

工作区数量（个）	交接间数量和大小（个，m^2）	二级交接间数量和大小（个，m）
≤200	1，≥1.2×1.5	0
201～400	1，≥1.2×2.1	1，≥1.2×1.5
401～600	1，≥1.2×2.7	1，≥1.2×1.5
>600	2，≥1.2×1.7	①

注 ① 任何一个交接间最多可以支持两个二级交接间。

3. 工作区

（1）工作区信息插座的安装应符合下列规定：

① 安装在地面上的接线盒应防水和抗压。

② 安装在墙面或柱子上的信息插座底盒、多用户信息插座盒及集合点配线箱体的底部离地面的高度宜为 300mm。

（2）工作区的电源应符合下列规定：

① 每 1 个工作区至少应配置 1 个 220V 交流电源插座。

② 工作区的电源插座应选用带保护接地的单相电源插座，保护接地与零线应严格分开。

4. 电信间

（1）电信间的数量应按所服务的楼层范围及工作区面积来确定。如果该层信息点数量不大于 400 个，水平缆线长度在 90m 范围以内，宜设置一个电信间；当超出这一范围时宜设两个或多个电信间；如果每层的信息点数量数较少，且水平缆线长度不大于 90m，宜几个楼层合设一个电信间。

（2）电信间应与强电间分开设置，电信间内或其紧邻处应设置缆线竖井。

（3）电信间的使用面积不应小于 5m²，也可根据工程中配线设备和网络设备的容量进行调整。

（4）电信间的设备安装和电源要求，应符合相关规范的规定。

（5）电信间应采用外开丙级防火门，门宽大于 0.7m。电信间内温度应为 10～35℃，相对湿度宜为 20%～80%。如果安装信息网络设备，应符合相应的设计要求。

5. 进线间

（1）进线间应设置管道入口。

（2）进线间应满足缆线的敷设路由、成端位置及数量、光缆的盘长空间和缆线的弯曲半径、充气维护设备、配线设备安装所需要的场地空间和面积。

（3）进线间的大小应按进线间的进楼管道最终容量及入口设施的最终容量设计，同时应考虑满足多家电信业务经营者安装入口设施等设备的面积。

（4）进线间宜靠近外墙和在地下设置，以便于缆线引入。进线间设计应符合下列规定：

① 进线间应防止渗水，应设有抽排水装置。

② 进线间应与布线系统垂直竖井沟通。

③ 进线间应采用相应防火级别的防火门，门向外开，宽度不小 1000mm。

④ 进线间应设置防有害气体措施和通风装置，排风量按每小时不小于 5 次容积计算。

（5）与进线间无关的管道不宜通过。

（6）进线间入口管道口所有布放缆线和空闲的管孔应采取防火材料封堵，并作好防水处理。

（7）进线间如安装配线设备和信息通信设施，应符合设备安装设计的要求。

（8）缆线布放在管与线槽内的管径与截面利用率，应根据不同类型的缆线做不同的选择。管内穿放大对数电缆或 4 芯以上光缆时，直线管路的管径利用率应为 50%～60%，弯管路的管径利用率应为 40%～50%。管内穿放 4 对对绞电缆或 4 芯光缆时，截面利用率应为 25%～30%。布放缆线在线槽内的截面利用率应为 30%～50%。

（9）配线子系统电缆在地板下安装方式，应根据环境条件选用地板下桥架布线法、蜂窝状地板布线法、高架地板布线法等安装方式。

（10）配线子系统电缆宜穿钢管或沿金属电缆桥架敷设，并应选择最短捷的路径。此条规定为适应防电磁干扰要求编写。

（11）干线子系统垂直通道有电缆孔、管道、电缆竖井3种方式可供选择，宜采用电缆孔方式。水平通道可选择管道方式或电缆桥架方式。

干线子系统垂直通道有下列3种可供选择：

① 电缆孔方式。通常用一根或数根直径为10cm的金属管预埋在地板内，金属管高出地坪2.5～5cm也可直接在地板上预留一个大小适当的长方形孔洞。

② 管道方式（包括管或暗管敷设）。

③ 电缆竖井方式。在原有建筑物中开电缆井很费钱，且很难防火，如果在安装过程中没有采取措施去防止损坏楼板支撑件，则楼板的结构完整性将受到破坏。

（12）允许综合布线电缆、电缆电视电缆、火灾报警电缆、监控系统电缆合用金属电缆桥架，但与电缆电视电缆宜用金属隔板分开（为了防电磁干扰）。

（13）建筑物内暗配线一般可采用塑料管或金属配线材料。

第 9 章

有线电视系统的设计与施工

9.1 有线电视系统概况

9.1.1 有线电视系统介绍

有线电视网可分为小型、中型和大型几种，其传送的用户数分别可以是几百户、数千户、甚至几十万户以上。中小型有线电视网通常采用电缆传输方式；而大型有线电视网在体制和结构上，已从电缆向光缆干线与电缆网络相结合的形式过渡。

有线电视系统按传输方式分类可分为：

（1）同轴电缆单向传输。

（2）同轴电缆双向传输。

（3）用光缆传输信号。

有线电视系统按传输网络结构分类可分为：

（1）按树形结构布线，连接用户方便，较经济。

（2）按星形结构布线，由中心向四方传输，有利于计算机控制。星形结构一般采用光纤传输，而且双向传输提供了更大的灵活性。

（3）按树-星混合结构布线，既考虑了目前正在建设的电缆电视系统的需要，同时也为今后更新改建为光缆传输、双向传输、数据传输提供方便（今后若需改建，只要更换某一段干线就可以了）。

有线电视系统按系统规模大小分类，可分为以下几类。

（1）A 类：用户数在 10000 户以上，传输距离在 1km 以上。

（2）B 类：用户数在 2000～10000 户以上，传输距离在 500～1000m 以上。

（3）C 类：用户数在 300～2000 户以上，传输距离在 500m 以下。

（4）D 类：用户数在 300 户以下，单幢楼无干线系统。

有线电视系统按频道范围分类可分为：

（1）VHF 频段共用天线电视系统，仅限于 VHF 频段 1～12 频道相间隔传输。

（2）全频道共用天线电视系统，仅限于 VHF、UHF 频段内的电视信号传输。

（3）300MHz 内邻频传输系统，仅限于 VHF 频段内 1～12 频道邻频传输。

（4）300MHz 内增补频道间置传输系统，增补 A、B 两个波段。

（5）860MHz 邻频传输系统。

有线电视系统由信号源接收系统、前端系统、干线信号传输系统和用户分配网络四部分组成。有线电视系统的信号来源主要有卫星电视信号、电视塔发送的电视信号、微波传送的电视信号和自办电视节目信号。卫星地面站接收到的各个卫星发送的卫星电视信号，有线电视台通常从卫星电视频道接收信号纳入系统，然后发送到各个电视用户。多路微波分配系统电视信号的接收必须经一个降频器将 $2.5\sim 2.69$GHz 信号降至 UHF 频段之后，即可等同"开路信号"直接输入前端系统。自办电视节目信号源可以是来自录像机输出的音/视频（A/V）信号，或者由采访者的摄像机输出的音/视频信号等。

前端系统的设备是整套有线电视系统的核心。主要包括电视接收天线、频道放大器、频率变换器、自播节目设备、卫星电视接收设备、导频信号发生器、调制器、混合器以及连接线缆等部件。有线电视系统的前端主要作用是将天线接收的各频道电视信号分别调整到一定电平，然后经混合器混合后送入干线。将电视信号变换成另一频道的信号，然后按这一频道信号进行处理。将卫星电视接收设备输出的信号通过调制器变换成某一频道的电视信号送入混合器。自办节目信号通过调制器变换成某一频道的电视信号而送入混合器。若干线传输距离长，由于电缆对不同频道信号衰减不同等，故加入导频信号发生器，用以进行自动增益控制（AGC）和自动斜率控制。

干线传输系统是把前端接收处理、混合后的电视信号传送到分配网络，这种传输线路分为传输下线和支线。干线可以用电缆、光缆和微波发送接收设备。支线用电缆和线路放大器为主。微波传输适用于地形特殊的地区，例如穿越河流或禁止挖掘路面埋设电缆的特殊状况以及远郊区域与分散的居民区。

用户分配网络是有线电视系统的最后部分，主要包括放大器、分配器、分支器、用户终端以及电缆线路等，它的最终目的是向所有用户提供电平大致相等的优质电视信号。从传输系统传来的电视信号通过干线和支线到达用户区，需用一个性能良好的分配网使各家用户的信号达到标准。分配网有大有小，可根据用户分布情况而定。

9.1.2 有线电视接收天线

电视接收天线是一种向空间辐射电磁波能量或从空间接收电磁波能量的装置。由电磁波理论知，导线载有高频交变电流时，就可以形成电磁波的辐射。辐射的能力与导线的形状和长度有关。当导线的长度增大到可与波长相比拟时，导线上的电流就大大增加，因而形成较强的辐射。

电视接收天线是无线电波进入系统的大门，它将电视信号反馈给前端，然后进行处理和传输。电视信号传输质量，与接收天线有着很大的关系。电视接收天线可以将空间的电视信号转换为电路中传输的高频电流，即空间的电磁波在接收天线中感应电动势，通过馈线形成载有电视信号的高频电流，馈送给前端设备。电视接收天线能够增加接收电视信号的距离。电视广播的频段通常主要由空间波传播。电磁波的传播距离 D 为

$$D = 4.12(\sqrt{h_1} + \sqrt{h_2})$$

式中：h_1 为发射天线离地面高度，m；h_2 为接收天线底地面高度，m。

例如，$h_1=200m$、$h_2=10m$，可得 $D=71.3km$。电视接收天线能够提高接收电视信号的质量。例如，利用接收天线的方向性来避开建筑物等的反射波的干扰，防止屏幕出现雪花或重影；利用提高天线增益的办法，来提高电视机的灵敏度，改善电视图像质量等。

9.1.3　电缆电视系统常用部件

系统常用部件包括混合器、放大器、频率变换器、电视调制器、分配器、分支器、避雷器、用户接线盒和同轴电缆。

1. 混合器

混合器按电路结构可分为两类：一类是滤波器式，另一类是宽带传输线变压器式。滤波器式由若干个 LC 带通滤波器并联而成，其带通滤波器的个数要与混合的频道数一致。这种混合器的优点是插入损耗小，抗干扰性能强。宽带变压器式的电路结构相当于分配器和定向耦合器反接运用。由于它是功率混合方式，对频率没有选择性，故克服了滤波器式混合器的缺点，不需调整就可以进行任意频道的混合，使用比较方便。

选用混合器时，要考虑混合器输入端的频道（或频段）与其相连接的输入端所用的频道相对应。对于频道型混合器，要求带内平坦度和带外衰减满足规定指标要求；而对于频段型混合器，要求相互隔离达到规定要求。小型系统不采用混合器，而直接采用多波段放大器。在中型、大型系统中要选用各种不同的混合器，例如频道混合器、U/V 频段混合器、用于 UHF 频段的腔体滤波器组成的混合器。混合器中的元件主要是电感和电容，故在使用时不要随意乱动。宽带变压器式混合器的电路结构如图 9-1 所示。

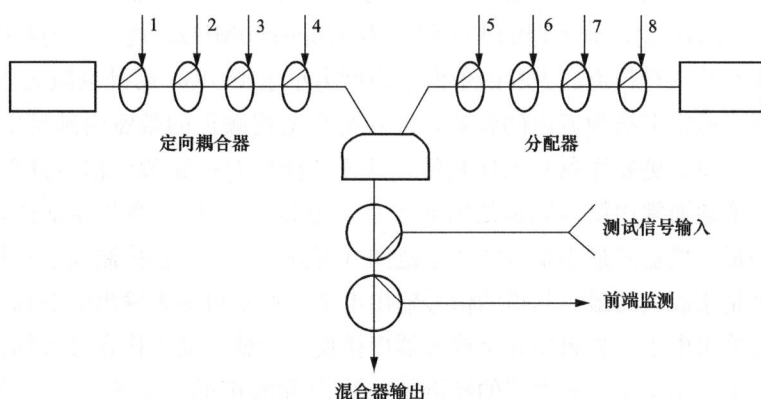

图 9-1　带宽变压器式混合器的电路结构

混合器按输入信号的路数还可分为二混合器、三混合器。根据 GB 11318.2—1989（30MHz~GHz 声音和电视信号的电缆分配系统和部件性能参数要求）对混合器的性能参数规定如表 9-1 所示。

表 9-1 混合器主要性能参数

序号	性能参数		输入道路类型			
			频道（TV）	频段（FM）	段段（TV）	宽带变压器
1	输入损耗（dB）		≤4			不作规定
2	带内平坦度（dB）		±1	±2	±2（各频道内频响±1）	
3	带外衰减（dB）		≥20		不作规定	
4	相互隔离（dB）		不作规定		≥20	
5	反射损耗（dB）	VHF	≥10		≥10	
		UHF	≥7.6		—	

2. 放大器

放大器按频率范围可分为单频道、宽频带和多波段三种放大器。单频道放大器只放大某一个频道的电视信号；宽频带放大器有 VHF、UHF 频段和全频道之分；多波段放大器是放大几个波段的电视信号，其波段按需要而定。

放大器按使用位置可分为前端和线路两类放大器。前端用的放大器有天线放大器、前置放大器、频道放大器；线路用的放大器统称为线路放大器，包括干线放大器、分配放大器、分支放大器、线路延长放大器。

放大器也可以按结构或输入/输出电平高低来划分。放大器按结构划分，可分为分支放大器（放大器与分支器装在同一机盒里）、分配放大器（放大器和分配器装在同一机盒）和防水型放大器（可以单独安装在室外）；放大器按输入、输出电平高低划分，可分为低电平放大器、中电平放大器和高电平放大器。

放大器的技术指标包括工作频带频响、增益、最大输出电平、额定输出电平、噪声系数和反射损耗。单频道放大器的工作频带为 8MHz，VHF 宽带放大器的工作频带为 45～295MHz，UHF 宽带放大器的工作频带为 470～960MHz。放大器的频响包括带内平坦度和带外衰减。对频道放大器的带内平坦度为小于±1dB，带外衰减大于 20dB。对于宽带放大器，通常多指频道内的频响，即在每个电视频道的带宽内满足平坦度要求。对于多波段放大器，更要注意其工作频带，这样才能使对应频段的信号分别进行放大。宽带放大器的增益通常用最高频道的增益表示，为 20～40dB。增益控制是表示增益的变化范围，即最大增益到最小增益的调整范围（可分为自动增益控制和手动增益控制）。最大输出电平是指放大器最高频道的信号输出电平。通常将最大输出电平减去 3dB 作为放大器的额定输出电平。如果用几个放大器串接使用，就不能工作在最大输出电平，而只能工作在额定输出电平。放大器的噪声是系统内部噪声的主要来源，放大器的噪声系数要尽可能低。在弱场强区，天线接收的信号比较弱，对放大器噪声系数的指标就要求更高。专用于弱信号放大器的天线放大器的噪声系数在 3dB 左右，宽带放大器的噪声系数在 10dB 左右。反射损耗表示放大器输入、输出阻抗匹配程度。放大器的输入、输出标称阻抗均为 75Ω；放大器的电压驻波比通常在 2 以下，即反射损耗大于 10dB。

在弱场强区应选用噪声系数低的天线放大器；在前端要用输出电平较高的频道放大器；在传输线路中要有宽带放大器，例如下线放大器和分配放大器等；大型系统采用干线放大器，用来补偿同轴电缆对信号的衰耗；中小型系统采用线路放大器，用来补偿分配分支的损耗，以满足用户区用户电视机输入电平的需要。

3. 频率变换器

频率变换器的主要功能是进行电视频道信号的变换，频道变换器可以避免信号损失。如果直接传送 UHF 频道的电视信号，则信号损失太大，所以常使用 U/V 变换器，将 UHF 频道的信号变成 VHF 频道的信号，再送入混合器和分配传输系统。这样，系统中的放大器、分配器、分支器等就只采用 VHF 频段，可以大大降低系统成本。

频道变换器增强了抗干扰能力。为了避免一个功率强的 VHF 电视频道的干扰，可以把收到的某个 VHF 频道信号转换为另一个 VHF 频道信号后，再送入系统的混合器中。

频率变换器按变换的频段不同可分为 U/V 频率变换器、V/V 频率变换器、V/U 频率变换器和 U/U 频率变换器，按电路结构和工作方式的不同可分为一次变频式和二次变频式。

4. 电视调制器

电视调制器从调制方式来分，可分为直接高频调制和中频调制两类：

（1）直接高频调制适用于电气性能要求比较低的场合。例如一些简易调制器。

（2）中频调制适用于电气性能要求比较高的场合。中频调制方式是将视频和音频信号调制在图像中频 38MHz、伴音中频 31.5MHz 上，然后再用上变频器将中频变为 VHF 或 UHF 频段任一频道的电视信号。

5. 分配器

分配器是一种分配电视信号、保持线路匹配的装置。分配器可分为二分配器、三分配器、四分配器、六分配器等。分配器的主要技术指标有分配损耗、相互隔离、阻抗和反射损耗。分配损耗是将信号从输入端分配到输出端的传输损耗，也就是输入信号电平（dB）与转移到输出端信号电平（dB）之差。分配器在某一输出端加入一信号电平（dB）与转移到另一输出端的信号电平（dB）之差称为相互隔离。相互隔离越大，表示分配器各输出端之间的相互影响越小。通常分配器的相互隔离在 20dB 以上。分配器的相互隔离如图 9-2 所示。分配器的输入端和输出端与同轴电缆匹配，分配器的输入阻抗和输出阻抗为 75Ω。反射损耗是衡量各部件阻抗偏离 75Ω 标称阻抗大小的重要指标，反射损耗在规定范围内才能保证阻抗匹配。分配器的主要技术指标如表 9-2 所示。

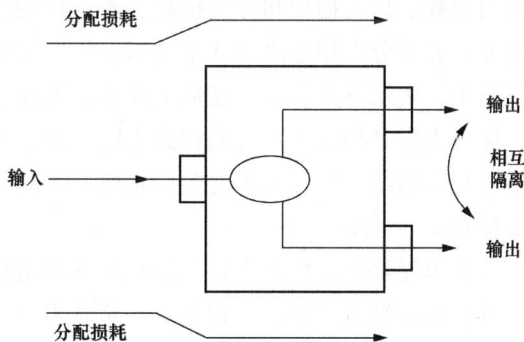

图 9-2 分配器的相互隔离

表 9-2   分配器主要技术指标

序号	性能参数		二分配器	三分配器	四分配器	六分配器
1	分配损耗（dB）	VHF	≤3.7	≤5.8	≤7.5	≤10.5
		UHF	≤4	≤6.5	≤8	≤11
2	相互隔离（dB）	VHF	≥20			
		UHF	≥18			
3	反射损耗（dB）	VHF	≥16			
		UHF	≥10			

根据设计要求的不同，可以按以下方式选用不同类型的分配器：

（1）强场强区要选用金属屏蔽盒结构的分配器，以避免高频直射波干扰造成重影。

（2）在室外使用和直接供电使用时选用室外型、馈电型分配器。

（3）在远距离大型系统中选用馈电型分配器。

6. 分支器

分支器的结构是由一个主输入端和一个主输出端以及若干个分支输出端构成的，如图 9-3 所示。它的作用是从干线（或支线）上取出一小部分信号传送给电视机的部件，以较小的插入损耗从传输干线或分配线上分出部分信号经衰减后送到各用户。

图 9-3 说明如下：

（1）主输入端加入信号时，主路和支路输出端才有信号输出。

（2）主输出端加入反向信号（干扰信号）则应对支路输出不产生影响。

（3）从各支路加入反向干扰信号，则应对主路输出不产生影响。

（4）分支器按分支输出端的个数可分为一分支器、二分支器、四分支器。

分支器的主要技术指标有插入损耗、分支损耗、反向隔离、相互隔离、阻抗

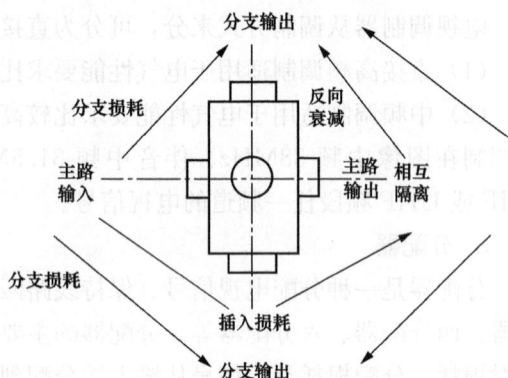

图 9-3 分支器的结构图

和反射损耗。插入损耗和分支损耗有着密切的关系，当分支器插入损耗越小时，分支损耗越大，表示分支器输出端从干线耦合的能量较少；当分支器插入损耗越大时，分支器损耗越小，表示分支器输出端从干线耦合的能量较多。

插入损耗是指从主输入端在到主输出端之间的信号传输损耗，也就是说主输入端信号电平与主输出端信号电平之差。它表示主路干线接入分支器后损失的能量，分支器插入损耗在 0.3～4dB 之间。

分支损耗是指信号在主输入端到分支输出端之间的损耗，也就是说主输入端信号电平与分支输出端电平之差。它表示支路从主路上耦合的能量，分支损耗越大说明支路从干线上耦合的能量越小，分支损耗在 7～3.5dB 之间。

反向隔离是指分支输出端与干线主输出端之间的损耗，分支输出端加入的信号电平与主输出端信号电平之差。差值越大，表示分支器抗干扰能力越强，反向隔离一般为25～40dB 之间。相互隔离表示分支器各分支输出端之间的损耗，即为某一分支输出端加入的信号电平与同一分支器其他分支输出端该信号电平之差。分支器相互隔离越大，各分支器输出端之间相互影响越小，相互隔离值大于 20dB。

反射损耗表示阻抗匹配程度，反射损耗越大越好。分支器的输入、输出阻抗为 75Ω。

分支器的主要参数如表 9-3 所示。

串接分支器是将分支器与用户终端示合成为统一体，具有分支器和系统输出口的功能。串接分支器的特点是在系统中设计比较灵活方便。串接电缆的损耗和分支器的插入损耗，不计算分支输出线的损耗。串接分支器适用于楼层低、横向距离较长的建筑。串接分支器可分为串接一分支器和串接二分支器，其中串接二分支器用于相邻近的用户终端。

表 9-3 **分支器主要性能参数**

序号	性能参数		二分支器						四分支器				
1	分支损耗 (dB)	标称值	8	12	16	20	24	28	12	16	20	24	28
		允许偏差						±1.5					
2	插入损耗 (dB)	VHF	≤3.5	≤2	≤1.5	≤1	≤0.5	0.5	≤3.5	≤2	≤1.5	≤1	≤1
		UHF	≤4.5	≤3	≤2	≤1.5	≤1.5	1.5	≤4.5	≤3	≤2	≤2	≤2
3	反向隔离 (dB)	VHF	≥18	≥22	≥26	≥30	≥34	≥38	≥22	≥26	≥30	≥34	≥38
		UHF	≥13	≥17	≥21	≥25	≥29	≥33	≥17	≥21	≥25	≥29	≥33
4	相互隔离 (dB)	VHF						≥22					
		UHF						≥18					
5	反射隔离 (dB)	VHF						≥16					
		UHF						≥10					

7. 避雷器

避雷器一般以并联方式连接在线路的保护点上。在正常状态下，避雷器为断开状态；雷击过电压时，避雷器为动作状态，雷击电流通过避雷器到大地。

避雷器分为两类：一类是供天线、天线放大器等高频部件感应雷击过电压起保护作用的高频型避雷器；另一类是供干线和用户线的电源，抑制感应雷击过电压而起保护作用的电源型避雷器。

避雷器的主要性能参数如表 9-4 所示。

表 9-4 **避雷器的主要性能参数**

序号	性能参数		单位	大线避雷器	十线避雷器
1	插入损耗	VHF	dB	≤0.5	≤0.5
		UHF		≤1	≤1
2	反射损耗	VHF	dB	≥16	≥16
		UHF		≥12	≥12
3	耐冲击电压	1.2/50μs	kV	±15	不作规定
		10/700μs		不作规定	±5
4	耐冲击电源	8/20μs	kV	5，2.5，1.5	2.5，1.5

8. 用户接线盒

用户接线盒是系统的输出口，也称为用户终端。它是电缆分配系统与用户电视机相连接不可少的部件。用户接线盒包括面板、接线盒、用户线和插头。

用户接线盒的面板有单孔和双孔，如图 9-4 所示。

明装输出口的面板一般采用塑料制成，暗装输出口的接线盒采用铁制做成。

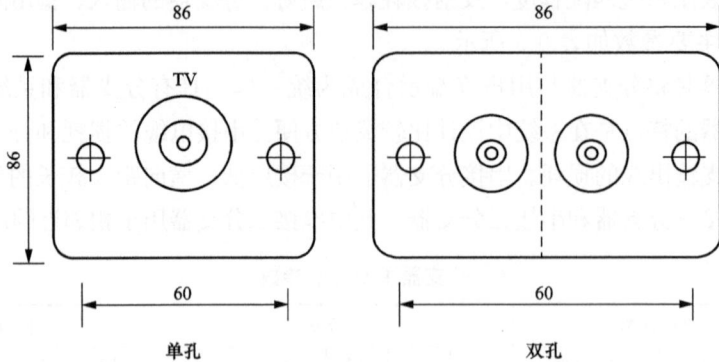

图 9-4 用户接线盒的面板

9. 同轴电缆

基带同轴电缆常见的传输介质是同轴电缆，它比双绞线的屏蔽性更好，因此在更高速度上可以传输得更远。有两种广泛使用的同轴电缆：一种是 50Ω 电缆，用于数字传输；另一种是 75Ω 电缆，用于模拟传输。

同轴电缆以硬铜线为芯，外包一层绝缘材料。这层绝缘材料用密织的网状导体环绕，网外又覆盖一层保护性材料。剥开的同轴电缆如图 9-5 所示。

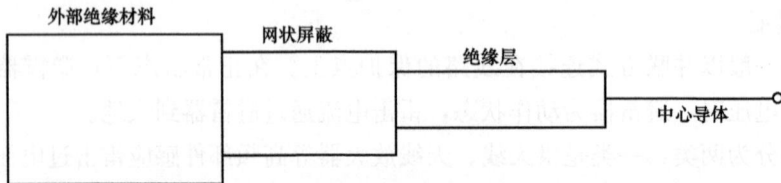

图 9-5 同轴电缆的组成

同轴电缆的这种结构，使它具有高带宽和极好的噪声抑制性。同轴电缆的带宽取决于电缆长度。1km 的电缆可以达到 $1\sim20$Gbit/s 的数据传输速率。还可以使用更长的电缆，但是传输速率要降低或使用中间放大器。同轴电缆曾在网络中广泛使用，但现在大量被光纤所代替，以适应长距离通信。仅在美国，每天就会安装 1000km 的光纤（可把100km 的 10 束光纤当作 1000km 计算）。Sprint 公司已经全部使用光纤，而其他主要的传输载体公司很快也会达到这一目标。但是，同轴电缆仍在广泛地应用于有线电视和某些局域网。另一种同轴电缆系统使用有线电视电缆进行模拟信号传输。这种电缆被称为宽带同轴电缆。"宽带"这个词来源于电话业，指比 4kHz 宽的频带。然而在计算机网络中，"宽带电缆"却指任何使用模拟信号进行传输的电缆网。

由于宽带网使用标准的有线电视技术，可使用的频带高达 300MHz（常常到 450MHz）；由于使用模拟信号，可以传输近 100km，对信号的要求也没有像数字系统那样高。为了在模拟网上传输数字信号，需要在接口处安放一个电子设备，用以把进入网络的比特流转换为模拟信号，并把网络输出的信号再转换成比特流。根据使用的电子设备类型，1bit/s 可能占用 1Hz 带宽。在更高的频率上，可以使用先进的调制技术达到多 b/Hz。

宽带系统又分为多个信道，电视广播通常占用 6MHz 信道。每个信道可用于模拟电视、CD 质量声音（1.4Mbit/s）或 3Mbit/s 的数字比特流。电视和数据可在一条电缆上混合传输。基带系统和宽带系统的一个主要区别是：宽带系统由于覆盖的范围广，因此需要模拟放大器周期性地加强信号（这些放大器仅能单向传输信号）。因此，如果计算机间有放大器，则报文分组就不能在计算机间逆向传输。为了解决这个问题，人们已经开发了两种类型的宽带系统：双缆系统和单缆系统。

双缆系统有两条并排铺设的完全相同的电缆。为了传输数据，电缆的一端接计算机，电缆的另一端将连接设备（即顶端器）。随后顶端器通过电缆再将信号往下传输。

另一种方案是在每根电缆上为内、外通信分配不同的频段。低频段用于计算机到顶端器的通信，顶端器将收到的信号移到高频段，向计算机广播。在子分段系统中，5～30MHz 频段用于内向通信，40～300MHz 频段用于外向通信。

在中分系统中，内向频段是 5～116MHz，而外向频段为 168～300MHz（这一选择是由历史的原因造成的）。美国联邦通信委员会为电视广播分配了频段，而宽带通信也使用这一频段。两种划分系统都需要一个活跃的顶端器，从一个频段上接收信号，然后在另一个频段上再广播出去。这种技术和频率是为有线电视开发的，由于可靠性好，且硬件又相对便宜，已完全在计算机网络中采用。

宽带系统有很多种使用方式。在一对计算机间可以分配专用的永久信道；另一些计算机可以通过控制信道，申请建立一个临时信道，然后切换到申请到的信道频率，让所有的计算机共用一条或一组信道。

从技术上讲，宽带电缆在发送数字数据上比基带（即单一信道）电缆差，但它的优点是已被广泛安装。例如在芬兰，90％的家庭拥有有线电视连接；在美国有 80％的家庭有电视电缆，而其中 60％已经有电缆连接。由于电话公司和有线电视公司的激烈竞争，我们可以预期有线电视系统会作为 MAN（城域网）来运行，并越来越多地提供电话和其他服务。有关用有线电视来组成计算机网络的更多信息。

9.1.4 数字电视

随着数字技术的快速发展和普及应用，目前广播影视正处在从模拟技术向数字技术全面转换的时期，各国政府正大力推进广播影视数字化；在国内，广播电视行业已完成从模拟技术向数字技术的转换，具备了提供音视频服务的能力，广播电视与通信、互联网等行业正处在转型过程中。作为数字电视系统，由"转发电视节目子系统""电视实时编码播出子系统""视频服务播出子系统""数据业务节目播出子系统""有条件接收（CA）系统"组成。功能有娱乐功能、学习功能、音频广播功能、信息服务功能、交互功能、上网功能、远程教育功能。

9.1.5　有线电视系统的有关标准

有线电视系统需要遵循的常见标准规范如下：

GB 50200—1994《有线电视系统工程技术规范》

GB 9025—1988《30MHz～1GHz 声音和电视信号的电缆分配系统 机电配接值》

GY/T 106—1999《有线电视广播系统技术规范》

GY/T 141—1999《有线电视模拟电视信号加解扰系统入网技术要求和测量方法》

GB/T 6510—1996《电视和声音信号的电缆分配系统》

GB 11318《电视和声音信号的电缆分配系统设备与部件设备与部件》

GY/T 118—1995《有线电视与有线广播共缆传输系统技术要求》

广播电影电视部广发技字〔1993〕796 文《关于有线电视现阶段网络技术体制意见》

GB 7401—1987《彩色电视图像质量主观评价方法》

对数字传输网络必须遵循以下标准：

《广播电视数字传输技术体制》——部科技司编制

ITU-C 703《数字系列接口的物理/电特性》

ITU-C 707《同步数字系列比特速率》

ITU-C 708《同步数字系列网络节点接口》

ITU-C 709《同步复用结构》

ITU-C 781《同步数字系列复用设备建议的结构》

ITU-C 782《同步数字系列复用设备功能块的特性》

ITU-C 784《同步数字系列管理》

ITU-C 957《同步数字系列设备和系统的光接口》

ITU-C 958《同步数字系列光数字线路系统》

ITU-X 735《逻辑控制功能》

ITU-X 736《安全告警报告功能》

ITU-C 803《建立在同步数字系列上的传输网络结构》

ITU-C 822《同步数字系列的滑动要求》

ITU-C 823《同步数字系列的抖动要求》

9.2　有线电视系统工程的设计

9.2.1　有线电视系统的设计步骤

1. 有线电视系统设计要求

有线电视系统工程设计时，首先，要了解用户的需求。了解用户的传输频道数，频率范围；所需的传输节目；本地电视台的数量和频道；本地有线台提供的卫星电视节目；目前的使用需求和未来 3 年内的变化需求。其次，了解用户的地理环境和现有物理条件。向用户索要智能大楼或小区建筑物有关设计总平面图；了解建筑物内电力、照明、上下水管道、暖气管道、电话分布；了解建筑物周围是否有电磁波的反射和干扰源；传输信号的线缆是明装还是暗装；传输干线是架空还是挖沟埋线（今后大城市不允许有架空线）。

最后，了解需要的有关标准。

GB 6510—1996《电视和声音信号的电缆分配系统》

GY/T 106—1999《有线电视广播系统技术规范》

GB 50200—1994《有线电视系统工程技术规范》

GB 50057—2010《建筑物防雷设计规范》

2. 系统工程设计的有关要求

系统设计的一般要求如下：

（1）民用工程仅涉及 VHF（甚高频）、UHF（超高频）、传输方式。

（2）由于有线电视发展速度快，应给用户预留 15%～30% 的频率，供地方台发展使用。

（3）根据用户需求确定使用频道。

（4）确定传输方式（架空还是挖沟埋线）

（5）要采取措施避免现有的干扰源。

（6）选用的设备要符合国家标准并经过国家有关部门的认定，有生产批文。

（7）在同一系统中选用的主要部件、材料、性能、外观应一致。

（8）选用的设备、部件、线缆输入/输出标称阻抗应为 75Ω。

（9）系统设施工作的环境温度具有下列要求：

① 寒冷地区室外工作的设施：$-40\sim35℃$。

② 其他地区室外工作的设施：$-10\sim55℃$。

③ 室内工作的设施：$-5\sim40℃$。

3. 用户对系统的要求

系统设计时要明确用户对系统的要求、系统的基本情况和系统所在的环境，主要有以下几方面：

（1）系统输出端口的总数及大致分布情况。

（2）系统需传输的频道数、频率范围和传输节目的类别。其中应了解当地电视台的数量及其占用的频道；是否要接收调频广播；是否要传送卫星节目，如要传送，则要明确接收哪几个卫星，每个卫星收看多少套节目；是否要播放录像，如要播放，则应确定同时播放几套等有关节目源情况。

（3）系统安装的方式是采用明装还是暗装，传输干线时采用架空还是地埋。

（4）系统所处的环境是高层楼房还是低层楼房，是单体楼还是楼群；系统范围有多大；各电视台在系统所处地点的场强分布情况，有条件的话最好能用场强仪实测一下，或者用电视机实地收看，通过对收到的图像质量等级来估算当地的场强。

（5）了解系统楼宇的建筑情况，是否存在电磁波的反射，遮盖现象，是否有较强的电磁干扰存在等。

（6）应向用户索取与系统建筑物有关的设计总平面图、上下水用暖气管道的分布图，以便合理安排系统电缆的走向。

（7）载噪比（C/N）≥44dB。

（8）交扰调制比（CM）≥47dB。

（9）载波互调比（IM）≥58dB。

（10）系统输出口电平 65dBμV±4dB。

4. 系统总体方案的确定

在对上述方面的情况有所了解后，对系统的规模，有哪几种方案可考虑，就有了大致的轮廓。尽管系统组成的形式多种多样，目的只有一个，就是保证系统的每一个用户输出端口能向用户提供一个符合 GB 50200—1994《有线电视系统工程技术规范》规定的信号。同时，还要考虑到施工、维修等方面的因素，使整个工程造价合理，最终是使系统有尽可能高的性价比。

系统的总体设计方案主要是依据"频率范围、用户电平、信号载噪比和交调指数"四项指标，来确定系统前端的类型和组成（含电视信号的接收和节目源信号的处理），系统分配网络的类型和组成，传输干线的走向等具体问题。

9.2.2　有线电视系统设计的主要参数与指标要求

有线电视系统设计的主要目的，是为用户提供高质量的图像和声音。设计的主要参数和指标要求如下：

（1）系统载噪比、交扰调制比和载波互调比的最小设计值应符合表 9-5 的规定。

表 9-5　　　　　系统载噪比、交扰调制比、载波互调比的最小设计值　　　　　（dB）

项目	设计值
载噪比（C/N）	44
交扰调制比（CM）	47
载波互调比（IM）	58

（2）GB 50020—1994《有线电视系统工程技术规范》是以射频同轴电缆的传输分配系统为主要对象，也适用于采用光缆、微波（含多路微波）及其任意组合作为干线来传输信号的系统。系统输出门电平设计值宜符合下列要求：非邻频系统可取（70±5）dBμV，采用邻频传输的系统可取（64±4）dBμV。

（3）系统输出口频道间的电平差的设计值不应大于表 9-6 的规矩。

表 9-6　　　　　　　　　系统输出口频道间电平差　　　　　　　　　（dB）

频道	频率	系统输出口电平差
任意频道	超高频段	13
	甚高频段	10
	甚高频段中任意 60MHz 内	6
	超高频段中任意 100MHz 内	7
相邻频道	—	2

（4）系统设备工作环境。网络及设备的安装施工必须符合国家有关规定。前端设备（指卫星接收机、制式转换器、调制器、混合器、光传输设备、监视器等）都应安装在机房内，并按有关工艺标准连通接地。传输系统的电缆敷设在规定的线槽内，允许在线槽附近的空余位置安装少量分支器、分配器，并尽可能设置检修孔以方便维修。以上位置必须得到设计的确认。光节点应安装在每个建筑单体中弱电间内的专用铁箱内，并按有关工艺标准接地。根据设计图纸的安装位置安装用户终端盒。所有电子、电气设备除特别标明外，供电电源一律为 220V/50Hz。系统工作环境如表 9-7 所示。

表 9-7　　　　　　　　　　系 统 工 作 环 境

环境 ＼ 参数	温度（℃）	湿度
室外	−10～55	—
室内	0～4	—
机房内	5～30	60％～80％

所有有源设备均为不关断电源，每天 24h 连续工作。处于公共场所的终端电视机由前端统一控制开/关机。系统寿命应不低于 8 年。

9.2.3　有线电视前端系统的设计

前端系统的设备是整套有线电视系统的心脏。由各种不同信号源接收的电视信号必须经再处理为高品质、无干扰杂讯的电视节目，混合以后再馈入传输电缆。

前端设备用于主机房，是接在接收天线或其他信号源与电视传输分配系统之间的设备。它把天线接收的广播电视和微波中继电视信号或自办节目设备送来的电视信号进行必要处理，然后再把全部信号经混合网络送到干线传输分配系统；此外，前端还包括多种特殊服务的设备，如系统监控、系统切换、系统电源控制和系统编辑等。

前端信号处理设备的输出具有标准的残留边带滤波特性，并且邻频道抑制带外寄生输出产物抑制 ≥60dB，以防止频道之间的相互干扰。A/V 功率比必须在 −23～−14dB 之间，具有一定的伴音图像载波功率，以防止伴音对电视图像的干扰。载波频率稳定度为 ±10kHz。图像和伴音的载波必须采用锁相技术，保证图像和伴载载波的准确性与稳定性。各频道的带内幅度变化不大于 2dB，相邻频道之间的电平相差小于 2dB 以防止高电平对低电平的干扰。

1. 前端设备类型和信号传输方式

前端设备类型是多种多样的，但按信号传输方式来说，基本上可分为两大类，即全频道传输系统（包括隔频传输系统）的前端和邻频道传输系统的前端。

（1）全频道传输系统的前端设备。对于开路的 VHF 和 UHF 的信号，可以直接经过天线放大器（或频道放大器）输出，也可经过"一次变换"式变频器变换后进入混合器输出。这种方式对前端设备技术要求不高，全频道传输系统前端仅适合于传输距离近、频道数不多的小规模系统使用。

（2）隔频道传输系统的前端设备。这种传输系统与全频道传输系统相比，增加了传输距离，将传输频率限制在300MHz（或450MHz）以内；为了增加系统频道数，使用了非标准频道——增补频道。隔频传输方式可以采用"一次变换"式，也可采用"二次变换"式。"二次变换"式变频器有两个独立单元，首先将收到的信号变换为中频（U/I），称为下变频，然后再将中频变换到所需的频道上，第二次变换称为上变频，由于一次变换后的信号为固定中频，易于放大、处理等，因此二次变换式的质量指标高。

（3）邻频道传输系统的前端设备。邻频道传输系统与隔频道传输系统（或全频道传输）相比，最主要的差别在前端。邻频道传输的前端设备要求比较高，要求各频道具有独立性，相互之间不干扰且稳定性好。

邻频道传输系统必须经过"中频处理"，即采用"二次变换"的方式。对于开路的VHF和UHF电视信号，首先经过下变频器变换到中频信号，经过中频处理器处理过的中频信号，再通过上变频器变换到300、450MHz或550MHz的传输频道上。

2. 前端输入/输出地平的计算

（1）前端输入电平的计算。用户输出电平＝干线放大器输出电平－干线长度×干线的衰减系数－分配分支损耗－分支器的插入损耗－分支线路长度×分支线路的衰减系数。

各频道天线送至前端的最小输入电平应满足以下公式的计算结果：

$$S_h(\min) = (C/N)_h + F_h + 2.4$$

式中：$(C/N)_h$ 为前端系统载噪比；F_h 为前端系统噪声系数；2.4 为 75Ω 噪声源内阻上 $B=5.75$MHz 时的等效噪声电平，dBμV。

（2）前端载噪比的计算。当前端具有多级放大器时，例如具有天放和宽放两级放大器，则合成的前端总噪声系数为

$$F_h = F_1 + \frac{F_2 - 1}{G_1}$$

式中：F_1 为第一级放大器的噪声系数；G_1 为第一级放大器的增益；F_2 为第二级放大器的噪声系数。

计算出前端噪声系数 F_h 后，就可以按照下式计算出前端系统载噪比：

$$(C/M)_h = S_{h\min} - F_h - 2.4$$

（3）宽带混合放大器最大输出电平的计算。宽带混合放大器的最大输出电平的计算公式如下：

$$U_{o\max} = U_o - 7.5\lg(N-1) - \frac{1}{2}(CM)_h - 47$$

式中：U_o 为混合放大器每个频道输出电平设计值；N 为频道数；$(CM)_h$ 为分配给前端的交扰调制比，dB。

3. 前端系统设计步骤

首先，选择自办节目的频道调制器、变换器、频道处理器等设备；其次，按照系统总体分配到前端的载噪比，计算天线最小输出电平，根据实际场强及天线最小输出电平，选择各频道天线；再次，按前端输出电平要求及各天线实际输出电平，确定天线放大器、频道放大器和混合放大器的增益，并按载噪比的要求确定各放大器的型号；最

后，计算前端电平及载噪比，若不符合要求，改用其他型号放大器。

4. 技术性能指标

（1）系统频带宽度为 5～860MHz。

（2）系统频带分割。频率分割 42MHz/54MHz。下行频段为 54～860MHz。同轴电缆上行频段为 5～42MHz。光传输系统上行频段为 5～200MHz。

（3）传输信号。

① 上行频段。

54～450MHz 传输 50 套北京有线台节目（根据北京市有线电视台规定，450MHz 以下必须为联网所用，不得挪为他用），其中 85～108MHz 频段传送 FM 信号。

450～550MHz 传输 2 套电视节目（自办节目）。

550～750MHz 传输数字信号。

② 下行频段。

下行频段 5～42MHz 为网管系统及上行数字信号。

（4）正向模拟电视信号传输至用户端的技术指标为：

a. 电平 63～75dBμV（54～860MHz）。

b. 频道间电平差

任意频道间≤5dB（54～750MHz）；

≤5dB（550～750MHz）；

FM 信号比电视信号低 8dB，数字信号比模拟电视信号低 10dB。

相邻频道间≤2dB。

伴音对图像－20～－16dB。

带内幅频特性≤2dB。

c. 载噪比（C/N）≥44dB。

d. 复合三次差拍（CTB）≤－55dB。

e. 复合二次差拍（CSO）≤－55dB。

f. 邻频抑制≥60dB。

g. 带外抑制≥60dB。

h. 交流噪声≥48dB。

i. 输出口相互隔离≥26dB。

j. 特性阻抗 75Ω。

k. 图像质量主观评价不低于四级。

（5）上行通道指标：

a. 频率范围 5～42MHz。

b. 载噪比≥40dB。

c. 载波干扰比≥30dB。

d. 载波噪声调制≥48dB。

e. 突发性干扰≤10μs/1kHz。

f. 幅度波动≤0.5dB/MHz。

g. 群延时 200ns/MHz。

h. 信号电平总波动<3dB（季节昼夜）。

5. 系统泄漏指标

系统泄漏指标如表 9-8 所示。

表 9-8 系统泄漏指标

频率（MHz）	场强（μV/m）	泄漏点与天线距离（m）
<54	15	30
54~216	20	3
>216	15	30

6. 播出控制系统设备技术指标

（1）字幕机。字幕机设备技术指标如表 9-9 所示。

表 9-9 字幕机设备技术指标

技术参数	Y	B-Y	R-Y
介入增益（dB）	−0.07	−0.12	−0.12
频率响应（dB）	+0.05/−0.09	+0.03/−0.04	0/−0.08
K 系数（%）	0.8	0.1	0.1
非线性失真（%）	0.1	0.2	0.2
差分时延（ns）	基准	2.2	2.2
信噪比（dB）	70.5	70.9	70.5

（2）同步信号发生器。

① 副载波输出。频率：4.43361875MHz；频率稳定性：因温度变化±1Hz；幅度：2V±0.2V；回波损耗：>33dB（4.43MHz）。

② 色同步消隐脉冲输出。相位：彩条输出的 2°以内；行消隐：<11.2ns。

③ 脉冲输出。幅度：2V±0.2V；阻抗：75Ω；回波损耗：30dB（5MHz）；上升时间：250ns±50ns。

④ 彩条发生器。亮席幅度精度：±1%；频率响应：到 50MHz±1%；色度对亮度增益：±1%；色度对亮度延迟：≤5ns；SCH 相位：抖动<1ns，偏移<1ns，正常0′±5′；行消隐：12.05μs；输出阻抗：75Ω；回波损耗：≥36dB。

⑤ 具有数字强制同步系统。强制同步系统输入。回波损耗：对 5MHz≥40dB；色同步幅度：300dB±6dB；同步幅度：300dB±6dB；色同步锁定范围：4.43361875MHz±20Hz抖动；彩色锁定：≤0.4ns；黑色锁定：≤10ns。强制同步系统定时范围：对于行，超前或落后 7μs；对于场，超前或落后 1 行。

（3）切换台。

① 视频输入：8 路以上复合视频信号，1V_{P-P}，75Ω 或高阻（BNC）。

② 辅助输入：1 路以上复合视频信号（不同步），1V_{P-P}，75Ω 或高阻（BNC）。

③ 色度键输入：R、G、B 非复合视频信号 0.7V_{P-P}，75Ω 或高阻（BNC）。

④ 外键输入：1 路以上复合或非复合视频信号，1/0.7V_{P-P}，75Ω 或高阻（BNC）。

⑤ DSK 键输入（下游键）：1 路以上复合视频信号，1V_{P-P}，75Ω 或高阻（BNC）。

⑥ DSK 视频输入：1 路以上复合视频信号，1V_{P-P}，75Ω 或高阻（BNC）。

⑦ B/W（黑/白）叠加输入：1 路以上复合视频信号，1V_{P-P}，75Ω 或高阻（BNC）。

⑧ 节目输出：3 路以上复合视频倍号，1V_{P-P}，75Ω（BNC）。

⑨ 预监输出：1 路以上复合视频信号，1V_{P-P}，75Ω（BNC）。

⑩ 频率响应：60Hz～5MHz±0.3dB。

⑪ 音频输入：8 路以上，−60/−40/+4dB　5kΩ 平衡。

⑫ 音频输出：+4dB 600Ω 平衡。

⑬ 频响：20～20kHz，+0/−2dB。

⑭ 失真：<1%（1kHz，额定输出）。

（4）波形监视器。

① 信号输入指标。最大输入±DC5V＋AC 峰值；环接隔离度>80dB；信道隔离度>50dB；回波损耗>40dB，50kHz～6MHz；输入阻抗高阻。

② 垂直偏移。偏移因子 1V 的 1% 以内；增益范围输入信号在 0.8～2V 间可调整到 1V 显示；平坦度 50kHz～6MHz2% 以内；色度的正常带宽 1MHz；对 FSC 衰减 >20dB。

③ 瞬时特性。前冲<1%；过冲<2%；振铃<2%；倾斜<1%。

④ 图像监视输出指标。频响 50kHz～6MHz<3%；直流电平输出<0.5V；输出阻抗 75Ω；DC<1%；DP<1Deg；回波损耗>30dB，50kHz～6MHz。

⑤ 水平偏转系统。

a. 1 行重复频率等于所加行频率，放大等于 0.2μs/div。

b. 2 行重复频率等于半个所加行频率，放大等于 1μs/div；线性 2% 以内。

⑥ 同步。内带同步的复合视频或消隐脉冲串，正常值的 ±6dB；外同步幅度 143mV～4V。

（5）矢量仪。

① 信号输入。最大输入±DC5V＋AC 峰值；环接隔离度>80dB；信道隔离度 >50dB；回波损耗>40dB，50kHz～6MHz；输入阻抗高阻。

② 色度带度：高—3dB 点，F_{sc}＋500kHz，±100kHz；低—3dB 点，F_{sc}-500kHz，±100kHz。

③ 矢量相位准确性为 1.25 以内，矢量增益准确性为 2.5% 以内，典型值；正交相位为 0.5 以内，典型值。

④ 副载波再生器：

a. 捕捉范围 F_{sc}＋50Hz。

b. 捕捉时间 1s 以内。

c. 副载波频率改变时相位偏移 20＋50Hz。

d. 色同步幅度改变时相位偏移≤20，由正常值改变±6dB。

e. 输出通道改变时相位偏移＜0.50。

f. 可变增益控制时相位偏移±10。

g. 相位控制范围 360°连续转动。

h. 色同步抖动＜0.5ns。

i. 显示微分相位和增益±1 和±1％。

j. 中心钳位稳定度＜0.4mm 光点移动。

⑤ 同步。内带同步的复合视频或消隐脉冲串，正常值的±6dB；外部基准复合视频或副载波视频。

（6）录像机（S-VHS/VHS）。

① 视频性能：

a. 记录/播放为旋转双磁头螺旋扫描。

b. 视频信号制式为全制式制彩色信号/全制式制 Y/C 信号。

c. 信噪比＞46dB。

d. 水平分解力＞400 线（S-VHS），＞250 线（VHS）。

e. 基准视频输入 1.0V_{P-P}，75Ω。

f. 带宽 45～800MHz。

g. 亮度 25Hz～5.5MHz，+0.5dB/−4.0dB。

h. 色差 25Hz～2.0MHz，+0.5dB/−3.0dB。

i. 亮度≥48dB。

j. 色差≥53dB。

k. K 系数≤1.5％。

l. Y/C 差分延时≤20ns。

m. DG≤3％。

n. DP≤3Deg。

② 音频性能：

a. 信噪比＞42dB。

b. 动态范围＞87dB。

c. 频率响应 20～20000Hz（高保真）。

d. 彩色电视机。

e. 2lin 全制式。

f. 水平分解为＞350 线。

7. 前端设备技术指标

（1）调制器。

① 视频输入信号幅度全电视信号，输入阻抗 75Ω。

② 音频输入信号电平 0dBm，输入阻抗 600Ω。

③ 调制度（80±5）％。

④ 图像最大输出电平＞60dBmV，输出阻抗 75Ω，C/N＞65dB。

⑤ 输出电平可调、输出电平稳定度±0.5dB。

⑥ 微分增益≤2％。

⑦ 微分相位≤2°。

⑧ 带外寄生输出抑制＞60dB。

⑨ 图像-伴音射频功率比：标称值 18dB，调整范围 14～22dB，伴音载频与图像载频间距 6.5MHz±10kHz。

⑩ 最大频偏±50kHz。

（2）RF 混合器。

① 插入损耗＜20dB。

② 带内平坦度±2dB（各频道内频响±1dB）。

③ 隔离度≥30dB。

④ 反射频耗≥16dB。

（3）供电。采用市电 220V±10％，频率 50Hz。

（4）卖方应提供支持本系统机房设备工作 30min 的 UPS 电源一组。

8. 传输分配系统设备技术指标

（1）正向光发射机。

① 带宽 45～860MHz。

② 光波波长 1310nm±20nm。

③ 激光器型式分布反馈式（DFB）。

④ 模块式结构，每一模块光功率＞12mW。

⑤ 光连接器 APC。

⑥ RF 阻抗 75Ω。

⑦ RF 输入反射衰减＞14dB。

⑧ 具有主输入、辅输入两个端口。

⑨ 频率响应不平度±0.75dB。

⑩ 频率响应斜率 0～＋0.5dB。

⑪ RF 输入电平 75±3dBμV；

⑫ 在额定光路损耗下 C/N≥－51dB，CTB≤－65dB，CSO≤－62dB。

⑬ 支持网管系统。

（2）正向光接收机。

① 光波波长 1200～1600nm。

② 结构光站型。

③ 输入光功率－5～＋1dBm。

④ 光接收机模块输出视频电平 87dBμV。

⑤ 工作频率 45～860MHz。

⑥ 光接收机模块输出视频斜率±1.0dB。

⑦ 射频不平度 1.5dB。

⑧ 阻抗 75Ω。

⑨ 射频放大器 4 个射频输出口。

⑩ 光站输出电平 50/550/860MHz，35/43/47dBmV。

⑪ 射频放大器模块　噪声系数（NF）＜9dB，复合三次差拍（CTB）≤−72dB，复合二次差拍（CSO）≤−71dB。

⑫ 光站射频输入　复合三次差拍（CTB）≤−72dB，复合二次差拍（CSO）≤−71dB。

⑬ 光连接器 APC。

（3）反向光发射模块。

① 频率范围 5～200MHz。

② 光波波光 1310nm±200nm。

③ 结构模块式。

④ 在传输 2 路视频信号或 10 路数字信号，光链路损耗为 12dB 时，经反向接收机后载噪比应大于 51dB。

⑤ 光连接器为 APC。

（4）反向光接收机。

① 频率范围 5～200MHz。

② 光波波长 1200～1600nm。

③ 结构有双向反向接收机模块。

④ 射频输出信号带宽 5～200MHz，电平＞80dBμV，阻抗 75Ω，频率不平度 2dB。

⑤ 最大光功率输入＋1dBm。

⑥ 光连接器为 APC。

⑦ 支持网管系统。

（5）光缆。

① 光纤为单模光纤。

② 对光波的衰减 1310nm≤0.35dB，1550nm≤0.22dB。

③ 零色散波长 1300～1324nm。

④ 色散＜3.5Ps/m。

⑤ 模场直径（9～10）±10‰nm。

⑥ 光缆管道敷设，采用钢带纵包层绞式光缆。

⑦ 抗拉强度：长期为 1000N，短期为 2000N。

⑧ 抗压强度：长期允许测压力为 1000N/10cm，短期允许测压力为 2000N/10cm。

⑨ 环境温度变化−40～60℃时，光缆附加衰减≤0.02dB/km。

⑩ 外护套绝缘，防水结构浸水 24h 后不小于 2000KMΩ·km。

（6）同轴电缆与接头。

① 垂直干线同轴电缆应采用外导体为无缝铝管的高性能干线电缆，各层水平支线同轴电缆应采用四重屏蔽的 SYWV-7 或 SYWV-9 电缆，入户电缆采用四重屏蔽的 SY-WV-5 或 SYWV-7 电缆，如表 9-10 所示。

② 电缆之间、电缆与器件的连接必须紧密，不允许有断裂、外屏蔽层露在外面的现象。

③ 接头采用全屏蔽压接型，具有较高的防锈、防腐蚀性能。

表 9-10　　　　　　　　　　　　入　户　电　缆

规格		SYWV-5	SYWV-7
中心导体直径（mm）		1.02	1.63
衰减（dB/km）	50～300MHz	10.35	7.45
	300～550MHz	14.35	9.96
	550～1GHz	20.9	13.45

（7）射频放大器。

射频放大器采用多射频输出端口（2～3 个）的高性能的双向放大器。

① 频率分割 42/54MHz。

② 传输信号频率范围，正向：54～860MHz，反向：5～42MHz。

③ 正向放大器：增益 30dB，噪声系数 NF≤10dB，复合三次差拍（CTB）≤－66dB（输出 106dBμV），复合二次差拍（COS）≤－63dB（输出 108dBμV）。

④ 反向放大器：增益 25dB，复合三次差拍（CTB）≤－66dB（输出 106dBμV），复合二次差拍（COS）≤－63dB（输出 108dBμV）。

⑤ 阻抗 75Ω。

（8）无源器件。

① 分支器、分配器、电源插入器、用户终端盒通频带为 1GHz。

② 用户终端盒带有两个输出端口：FM 和 TV。

③ 用户终端盒必须有金属屏蔽层，屏蔽效率＞85dB。

④ 分支器、分配器、电源插入器屏蔽效率＞85dB。

（9）分支器、分配器、用户终端盒不用的输出口应终接匹配的终接器。

（10）单模光纤连接器技术指标：

① 接头类型为 APC。

② 连接损耗≤0.25dB。

③ 反射损耗≥65dB。

（11）光纤适配器技术指标：

① 接头类型为 FC。

② 连接损耗≤0.1dB。

（12）光分路技术指标：

① 插入损耗≤0.5dB（1×8 分路时，不包括连接器）。

② 分光比精确度误差≤1％。

隔离度＞50dB。

（13）分支分配器技术指标。

① 分配器。分配器技术指标如表 9-11 所示。

表 9-11 分 配 器 技 术 指 标

种类	型号	相互隔离（dB）		分配损耗（dB）	
		VHF	UHF	VHF	UHF
分配器	P204	≥19	≥20	≤3.7	≤4
	P306			≤5.8	≤6
	P408			≤7.5	≤8
	P610			≤10.5	≤11

② 分支器。分支器技术指标如表 9-12 所示。

表 9-12 分 支 器 技 术 指 标

种类	型号	反射损耗（dB）		相互隔离（dB）		插入损耗（dB）		分支损耗（dB）		反向隔离（dB）	
		VHF	UHF	VHF	UHF	VHF	UHF	VHF	UHF	VHF	UHF
分支器	Z108					≤2	—	8±1	—	≥13	—
	C108										
	Z112					≤1.5	≤2	12±1	12±1.5	≥22	≥17
	C112										
	Z116			—	—	≤1	≤1.5	15±1	15±1.5	≥26	≥21
	C116										
	Z120					≤1.5	≤1	20±1	20±1.5	≥30	≥25
	C120										
	Z124					≤0.5	≤1	24±1	24±1.5	≥34	≥29
	C124	≥15	≥15								
	Z208					≤3.5	—	8±1	—	≥18	—
	Z212					≤2	≤3	12±1	12±1.5	≥22	≥17
	Z216					≤1.5	≤2	16±1	16±1.5	≥26	≥21
	Z220					≤1	≤1.5	20±1	20±1.5	≥30	≥25
	Z224					≤0.5	≤1	24±1	24±1.5	≥34	≥29
	Z412			≥20	≥20	≤0.5	≤1	28±1	28±1.5	≥38	≥33
	Z416					≤3.5	—	12±1	12±1.5	≥22	≥17
	Z420					≤2	≤3	16±1	16±1.5	≥26	≥21
	Z422					≤1.5	≤2	12±1	12±1.5	≥30	≥25
	Z424					≤1	≤1.5	24±1	24±1.5	≥34	≥29
	Z428					≤1	≤1.5	28±1	28±1.5	≥38	≥33

9.2.4 有线电视传输分配系统的设计

传输分配系统的作用是把前端输出的电视信号送至各个用户。在传输干线设计时，既要考虑对信号衰减进行补偿，又要考虑对频率不同的信号其补偿程度要有所不同，频率高的信号要补偿得多些。

干线传输系统是把前端接收处理、混合后的电视信号传输给用户分配系统的一系列传输设备，主要有各种类型的干线放大器和干线电缆。

它把来自前端的电视信号传送到分配网络，这种传输线路分为传输干线和支线。干线可以用电缆、光缆（AM）和微波三种传输方式，在干线上相应地使用干线放大器、光缆放大器和微波发送接收设备。支线以用电缆和线路放大器为主。

从传输系统传来的电视信号通过干线和支线到达用户区，需用一个性能良好的分配网使各家用户的接收信号达到标准。分配网有大有小，因用户分布情况而定，在分配网中有分支放大器、分配器、分支器和用户终端。随着有线电视向邻频系统的迅速发展、频道增加，过去已安装的 VHF 或全频道共用天线分配网均需加以改造或更新。

1. 传输干线的基本组成

传输干线的组成除了不可少的同轴电缆外，还包括干线放大器、均衡器和定向耦合器，如图 9-6 所示。

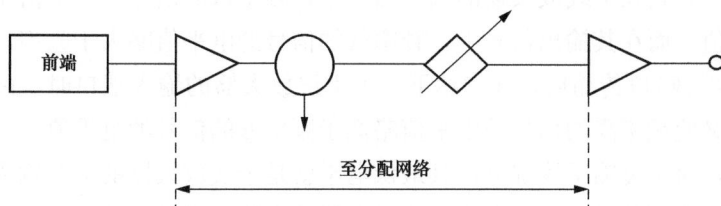

图 9-6　传输干线的基本组成图

图中，定向耦合器的作用是从干线中提取一部分信号功率供给分配网络。通常定向耦合器应尽量选用插入损耗小的，而且尽可能安装在干线放大器的输出端，这样可以使定向耦合器有较高的输入电平。均衡器的作用是用来弥补电缆的频率特性造成的衰减量的不平衡。通常当干线的长度超过 50m 时，就应考虑使用均衡器。均衡器的安装位置应靠近干线放大器的输入端或传输干线的末端。两个干线放大器的间距除了取决于放大器的增益以外，还取决于传输干线所使用的电缆的衰减特性和被传输信号的频率。

两个放大器的间距 S 可用下列公式计算：

$$S = \frac{G}{L} \times 100$$

式中：S 为两个干线放大器的间距，m；G 为干线放大器的实际增益，dB；L 为电缆内传输信号每百米的衰减量，dB/100m。

干线传输设计时，要考虑如下 5 点：

（1）当干线衰耗≤88dB 时，应采用斜率均衡和手动增益调整的放大器。

（2）当干线衰耗大于 88dB 且小于 220dB 时，必须采用自动增益调节干线放大器。

（3）当干线衰耗大于 220dB 时，必须采用自动电平调节干线放大器。

（4）干线衰减系数：低端为 3.38dB/100m，高端为 14.21dB/100m。

（5）分支线路衰减系数：低端为 5.25dB/100m，高端为 21.33dB/100m。

2. 传输干线的工作方式

传输干线的工作方式有全倾斜方式、平坦输出方式和半倾斜方式。

（1）全倾斜方式的特点是在干线放大器输入端的信号中，不管其频率高低，所有信号的电平值是一致的。而在干线放大器的输出端的信号中，频率高的信号的电平值高于频率低的信号的电平值。经过电缆 BC 段的传输，由于电缆的频率特性，即对频率高的信号的衰减量大于对频率低的信号的衰减量。如果适当加以调整就能使当信号到达 C 点时，使所有信号的电平值再次趋于一致，这样就弥补了信号在电缆段中传输时的衰减。

（2）平坦输出方式的特点和全倾斜方式相反。干线放大器输出的所有信号的电平值是一致的，而其输入端的信号电平是不一致的，频率高的信号的输入电平值要低于频率低的信号的输入电平值。经过电缆 BC 段的传输后，在到达下一个干线放大器的输入端口时，由于电缆对频率高的信号的衰减量大于对频率低的信号的衰减量，就造成了频率高的信号的电平值低于频率低的信号的电平值。

（3）半倾斜方式在干线放大器的输入信号中，频率低的信号的电平值略高于频率高的信号的电平值，而在其输出信号中，频率低的信号的电平值略大于频率高的信号的电平值。经过电缆 BC 段传输后，在到达下一个干线放大器的输入端口时，由于电缆衰减的不均匀性，又使频率高的信号的电平值略低于频率低的信号的电平值。

归纳起来，对于传输干线部分，其最低电平就是干线放大器的最低输入电平，最高电平就是干线放大器的最高输出电平。所以干线放大器的增益应等于或稍小于这两个电平之差。通常干线放大器的增益控制在 20～25dB 之间。

3. 分配网络的方式

分配网络是通过分配器、分支器和电缆给系统的每一个用户终端提供一个适当的信号电平，根据系统用户终端的具体分布情况来确定分配网络的组成方式。

（1）分配-分配方式。这种方式适用于以前端为中心、向四节扩散的结构形式。在使用这种分配网络时，每个端口不能空着不用，如暂时不用，则应接上 75Ω 的负载电阻，以保持整个分配网络处于匹配状态。这种网络通常最多采用三级，每一级视具体情况可以分别采用二分配器、三分配器、四分配器。分配-分配方式如图 9-7 所示。

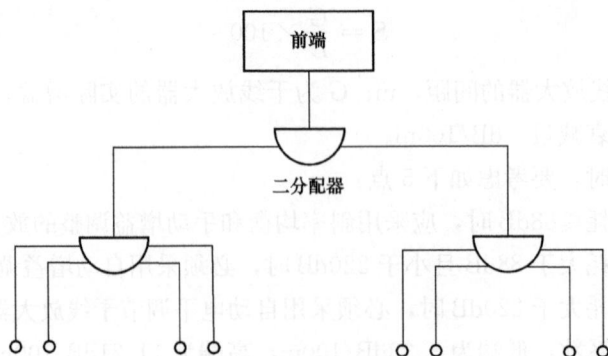

图 9-7　分配-分配方式

（2）分支-分支方式。这种方式适用于结构分散、干线较长的情况。为了使各分支器的输出电平尽可能接收，需要选用不同损耗的分支器，靠近前端的分支器插入损耗应小些，分支损耗大一些；靠近终端的分支器插入损耗应大些，分支损耗小一些。为了使系统匹配，这种方式需在干线终端接入 75Ω 的匹配电阻。分支-分支方式如图 9-8 所示。

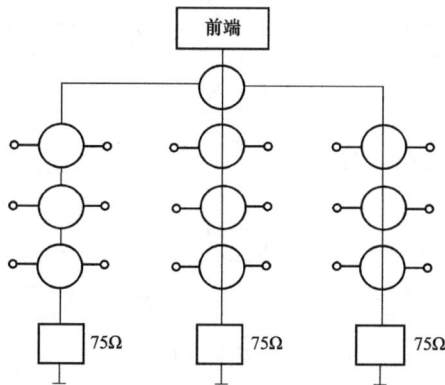

图 9-8　分支-分支方式

（3）分配-分支方式。这种方式使用最为广泛，最适合用于高层建筑，用户数量多而且用户点的分布不规则以及允许横向布线的场合。先将前端输出的信号送入分配器均分为多路后，再给各分支器实施分配。为使各用户端电平接近，应选用不同损耗的分支器。由于各干线终端接有 75Ω 匹配电阻，因而对每一条干线基本上可以保持匹配，不会出现完全空载的状态。分配-分支方式如图 9-9 所示。

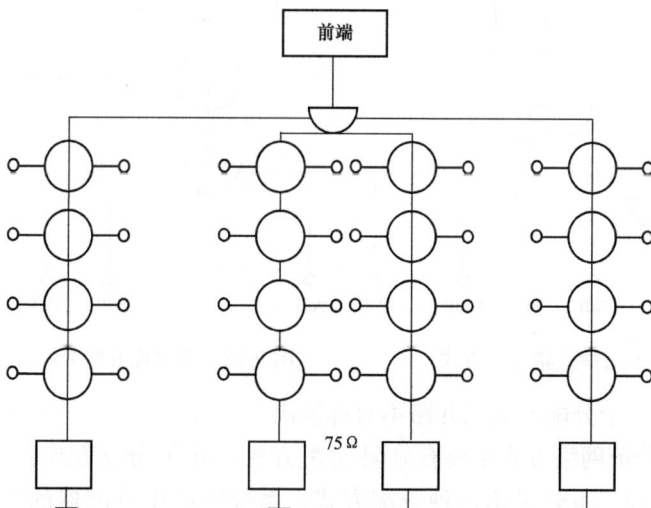

图 9-9　分配-分支方式

（4）分支-分配方式。这种方式是在分支器的分支输出端再接分配器，适用于分段平面辐射形分配系统。为了使各用户端得到的信号电平一致，就要选用不同分支损耗值的分支器来满足。分支-分配方式如图 9-10 所示。

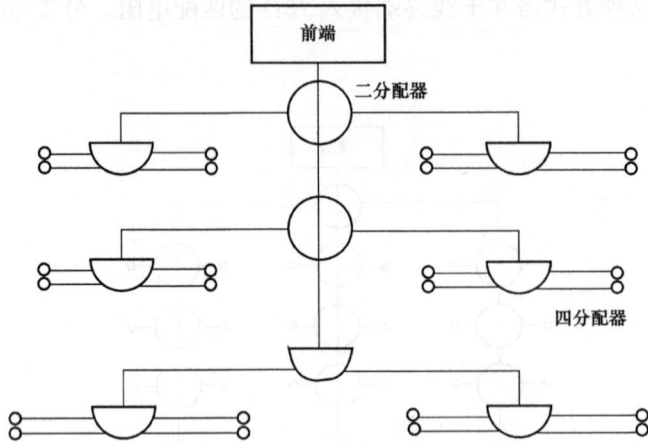

图 9-10　分支-分配方式

（5）不对称分配方式。图 9-11 为不对称三路分配方式。首先用一个二分配器把一路信号分成两路，然后把其中一路再用二分配器均分成两路，这样共有三路输出，其中一路分配损耗为 3.5dB，可用于向远处传输，其余两路分配损耗为 7dB，可传向近处，以便充分利用信号能量。

图 9-12 为不对称五路分配方式，其五路的输出端电平可保证一样。为此首先用一个分支损耗较小的分支器取出一路信号输出，然后其主路输出再接一个四分配器，将一路信号分为五路，且各路的损耗均为 9dB。

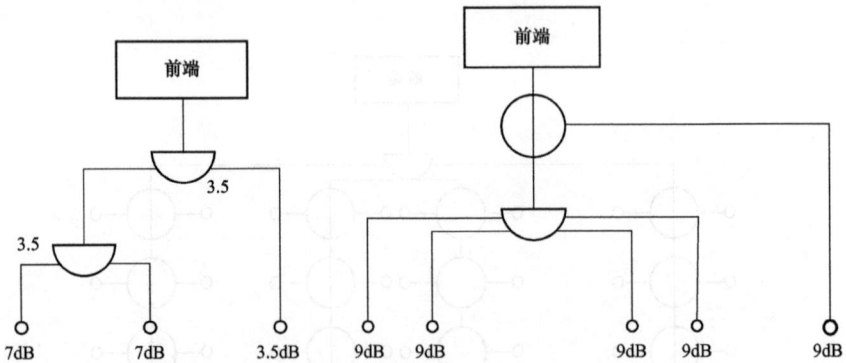

图 9-11　不对称三路分配方式　　　　图 9-12　不对称五路分配方式

图 9-13 是用三个分配器实现九路不对称输出。

归纳起来，分配网络方式主要有分配-分配方式、分支-分支方式、分配-分支方式和分支-分配方式 4 种。不管采用何种分配方式，系统中所用分配器的分配端不能空着，应该接一个 75Ω 负载电阻。另外，对于分支支路中最末一个分支终端器必须接一个 75Ω 负载电阻。

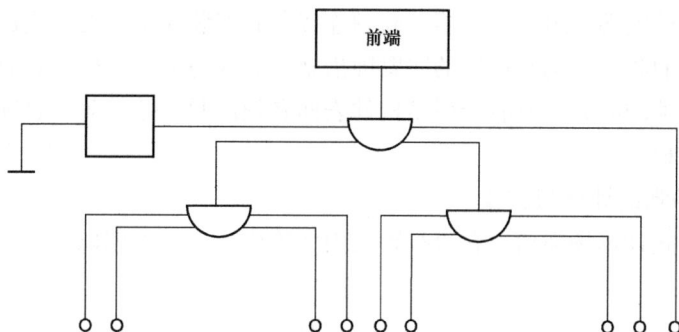

图 9-13 不对称九路分配方式

9.2.5 有线电视天线系统的接收设计

在有线电视系统中，接收天线的设计是重要的一个环节。主要考虑以下要求。

1. 天线安装位置和信号场强要考虑的因素

(1) 天线安装的位置应选择位置较高处，一般选择高层建筑物的顶部。

(2) 在天线接收电视台信号的方向上，应尽可能没有阻挡物和周围的高层物结构。

(3) 避免与交通繁华的公路、电气化铁路、高压电力线、工业干扰源相距太近。

(4) 结合现有图像效果，选择最优方向。

(5) 在接收信号场强较弱或反射波较多的情况下，应考虑高增益天线。

2. 天线与天线杆抗自然气候要考虑的因素

(1) 抗风。基本风速为 30m/s，设计时应放宽 15%～20%。

(2) 抗冰冻。覆冰厚为 20mm。

(3) 检修载荷为 200kg。

(4) 具有防潮、防雷、抗盐雾、抗硫化物腐蚀、防雨水能力。

3. 天线的安装要考虑的因素

(1) 天线在竖杆上调整时，能够上下、左右转动，固定方便可靠。

(2) 天线、竖杆、接线与支撑点安装方便牢固。

(3) 天线安装时要严格遵守该产品使用安装说明进行操作。

(4) 在接收频道少、场强相差不多、反射信号不强、接收方向基本一致的情况下，可以选用宽频带天线。在接收频道多、场强差别大、反射信号复杂、接收信号较弱、接收方向不一致的情况下，必须根据不同情况，注意选择增益高、方向性强、前后比大的适当类型天线。

(5) 天线安装位置的信号场强可依据实际测试结果和主观视听效果来确定。实际测试时，选择不少于 3 个有可比性的测点。在每个测点上，测试所有频道的信号场强、频带内干扰场强和频带外干扰场强。

(6) 天线馈线应采用屏蔽性能良好的同轴电缆，长度不宜大于 20m。天线输出电平在 VHF 段小于 55dB、在 UHF 段小于 58dB 时，必须采取措施。如采用高增益天线和使用低噪声天线性放大器，应提高天线输出电平，确保系统的载噪比指标。

（7）天线的馈电端、阻抗匹配器、高频连接器和安装在室外的天线放大器、避雷器等，必须有良好的防雨结构和可靠的防腐蚀措施。天线与天线竖杆应具有防腐蚀、抗盐酸、抗硫化物腐蚀的能力，所有金属结构件表面必须涂敷、镀锌等，腐蚀特别严承的地方宜采用不锈钢材料。

4. 接收点场强的计算与测量

（1）使用公式计算场强值。在直视距离内无障碍地区，可用以下的空间波场强公式计算：

$$E = \frac{444 \times 10^3}{d} \sqrt{GP} \sin \frac{2\pi h_1 h_2}{\lambda d \times 10^3}$$

式中：E 为接收场强值，$\mu V/m$；P 为发射台馈送给发射天线的功率，kW；G 为发射天线相对于半波振子天线的增益（倍数）；d 为收发天线间的距离，km；h_1 为发射天线的绝对高度，m；h_2 为接收天线的绝对高度，m；λ 为该天线接收频道中心频率的波长，m。

当满足 $d \geqslant 18 \dfrac{h_1 h_2}{\lambda \times 10^3}$ 时，空间波场强公式为

$$E = \frac{2.79 \times 10^3 \times h_1 h_2}{\lambda d^2} \sqrt{GP}$$

当无线电波的传播距离小于 10km 时，如果不考虑地面反射对电波的影响，则可用以下的自由空间辐射场强公式计算：

$$E = \frac{222 \times 10^3}{d} \sqrt{GP}$$

由于空间波场强受地形、气候、障碍物等的影响，上述公式计算的场强值与实际出入较大，故只能作为估算，最好的办法还是实地测量。

（2）使用表格法估算场强值。使用表格估算场强值如表 9-13 所示。

表 9-13　　　　　　　　　　　　　　场强值的经验估算

接收天线与发射天线的距离（km）	发射天线高度 h_1＝150m		发射天线高度 h_1＝60m	
	2 频道（dBμ）	8 频道（dBμ）	2 频道（dBμ）	8 频道（dBμ）
5	100	107.5	90.5	100
10	90	100	82	90
15	82	90	73	80
20	76	85	67	76
30	68	76	60	67
40	61	69	51	60
50	55	62.5	45.5	51.5
70	47	51	37	40
160	33.5	34	25.5	23

（3）使用场强仪在接收点实测场强值。要想取得接收点的确切场强值，最好使用场强测试仪或电平表进行实地测量。通常在系统设计中，既可采用场强仪测量场强，也可用电平表测量天线的输出电平，可视具体情况而定。场强值大小的范围划分如表 9-14

所示。

表 9-14 　　　　　　　　　　　　　　　　　**场 强 范 围 的 划 分**

场强划分	VHF		UHF		SHF
	mV/m	dB	mV/m	dB	dBV/m
强场强	50	＞94	199	＞106	—
中场强	5	74	199～19	86～106	约－109
弱场强	0.5	54	19～1.99	66～86	约－114
微场强	0.1	＜40	＜1.99	＜66	约－120

5. 天线和天线放大器的确定

（1）每接收一个电视频道信号，用一副相应频道的接收天线。如果有 2 个或 2 个以上电视广播信号源处于同一方位，具体要求是：在 V 段内通常适用单频道接收天线，系统要接收多少个 V 段节目就要设置多少伏天线；而在 U 段内采用频段天线，一般将 U 段分为 13～24 频道、25～36 频道、37～48 频道、49～68 频道共四个频段的四种天线。若遇到所需接收的频道在同一频段内，而且发射天线又在同一方向上的两套节目时，则可合用一副天线，信号下来以后通过分波器分成两路，再分别经过各自的频道滤波器输出至前端。

（2）在接收信号场强较弱或反射波较多以及干扰较大等情况下，使用普通天线不能保证前端对输入信号质量要求时，可改用高增益天线或加装低噪声天线放大器，或采用特殊型式的天线。在工程上通常采用由若干个多单元引向天线组成的天线阵来接收电视信号。一般采用等幅、同相、均匀天线阵，阵的排列方法有双层、双列和双层双列 3 种形式。表 9-15 列出了不同单元数的天线组成天线阵的增益改善情况。

表 9-15 　　　　　　　　　　　　　　　　　**天 线 阵 增 益**

频段	单元数（个）	单个天线（个）	双层（列）天线阵（dB）	双层双列天线阵（dB）
VHF	5	9	11	13.5
VHF	6	9.5	11.5	14
VHF	7	10	12	14
VHF	8	10.5	12.5	15
VHF	12	11.5	13.5	16
UHF	14	11.5	13.5	16
UHF	22	11.5	13.5	16

6. 接收天线安装设计要求

（1）采用拉线辅助固定竖杆的安装方式，拉线能位于接收信号的传输路径上。

（2）竖杆的基础和抛物面天线的安装按生产厂提供的资料和要求设计进行。

（3）天线放大器安装在竖杆上。天线至前端的馈线采用屏蔽性能优良的同轴电缆，其长度不大于 20m，并不得靠近前端输出口和干线输出电缆。

（4）两副天线的水平或垂直间距不小于较长波长天线的工作波长的 1/2，且最小间距大于 1m。

(5) 最低层天线与支撑物顶面的间距不小于天线的工作波长。

9.2.6 有线电视系统供电的设计

(1) 设置演播室的系统供电宜采用 50Hz、380/220V 电源，从总配电盘引入独立的供电回路。

(2) 不设演播室的系统，前端机房供电宜采用 50Hz、200V 单相交流电源，应从最近的照明配电盘引入独立的供电回路。

(3) 演播室灯光与技术设备的供电，应分别设置供电回路，并采用相应的防干扰措施。

(4) 前端机房和演播室的设备供电电压变化超过 −10%～+5%，应配置自动电压调整设备。

(5) 采用电源插入器向线路放大器供电的方式。电源插入器宜设置在桥接放大器处。干线放大器供电应由前端机房供给，延长放大器与分配放大器应采用街区几种供电的方式。

(6) 供给供电器市电的线路如果与电缆同杆架设，所用线材要采用绝缘导线，可架在电缆上方，与电缆距离应大于 0.6m。

(7) 较大且重要的单位，应采取措施确保其前端机房和线路放大器的供电。

(8) 向放大器供电的电源插入器输出电压波形应是对称的，不应有任何直流成分输出。

(9) 设置在天线附近的天线放大器若用单独的电源线馈电，电源线应单独穿金属管敷设，禁止架空明敷。

(10) 前端机房的播出设备的供电和检修、照明、空调等设备的供电应分开设置，各自有独立的保安措施。接地装置不应共用。

9.2.7 有线电视部件与线路的设计

有线电视系统所用部件应具有防止电磁波辐射和电磁波侵入的屏蔽性能，在室内安装的输出口面板应离地面 30cm 以上或 1.5m 以下。

在线路设计上要考虑的因素有：

(1) 当用户数量、位置比较稳定时，线缆应考虑暗埋。

(2) 干线线缆架空时，与其他线缆要保有一定距离，具体是：①与 1～10kV 电力线共杆时，间距不小于 2.5m；②1kV 及以下电力线共杆时，间距不小于 1.5m；③与广播线共杆时，间距不小于 1m；④与通信电线共杆时，间距不小于 0.6m。

(3) 在布线支线槽（管）时，不能与电力线同线槽（管）、同出线盒、同连接箱安装。

(4) 明线时应与电力线保持间隔不小于 30cm。

(5) 分配放大器、分支器、分配器如安装在室外，要注意：①距地面距离不应小于

2m；②要有防雨措施；③要有防雷击破坏的措施。

9.2.8 有线电视系统防雷、接地的安全设计

有线电视系统除了按 GB 50057—2010《建筑物防雷设计规范》的规定外，还应考虑以下几点问题：

（1）系统的防雷设计应有防止直击雷、感应雷和雷电侵入波的措施。

（2）接收天线的竖杆上应装设避雷针，避雷针与天线间的最小水平距离应大于 3m。

（3）独立的避雷针和接收天线的竖杆应具有可靠的接地，应符合规范要求。

（4）架空线缆进入建筑物时：①要屏蔽接地；②在入户处应增设避雷器；③在电缆埋入地下引入时，应在入户端将电缆全屏外皮与接地装置相连。

（5）当天线杆的高度超过 50m，且高于附近建筑物，或处于航空线下面时，应设置高空障碍灯，并在杆或塔上涂有颜色标志。

9.3 有线电视系统的施工

有线电视系统工程的施工技术包括：有线电视系统工程施工的一般要求；接收天线的安装；前端机房的安装；干线架设；支线和用户线；系统放大器、分配器、分支器、用户终端盒的安装；防雷、接地及安全防护。

9.3.1 有线电视系统工程施工的一般要求

（1）工程开工前的准备工作。

① 设计文件和施工图纸经会审批准，向施工人员交底（熟悉有关图纸、了解工程特点、施工方案、工艺要求、施工质量、有关标准）。

② 备料。工程施工过程中所需要的设备、材料必须在正式开工前就要备好，防止工程开工后出现停工待料的状态。

③ 施工单位和现场工程师要有施工资质证书和上岗证。

④ 向工程单位提交开工报告。

（2）施工过程中要注意的事项。

① 现场工程师要认真负责，及时处理施工过程中出现的各种情况，协调处理各方意见。

② 如果现场施工碰到不可预见的问题，应及时向工程单位汇报，并提出解决问题办法供工程单位当场研究解决，以免影响工程进度。

③ 对工程单位计划不周到的问题，要及时妥善解决。

④ 对部分工序，隐蔽工程要旁站，随工验收，确保工程质量。

9.3.2 接收天线的安装

正确选择接收天线的架设位置，是使系统取得一定的信号电平及良好信噪比的关

键。可以使用带图像的场强计进行信号场强测量及图像信号分析，以信号电平及接收图像信号质量最佳处为接收天线安装位置，并将天线方向固定在最高场强方向上，完成初安装、调试工作。具体选择天线安装位置时，注意天线与发射台之间不要有高山、高楼等障碍物，以免造成绕射损失；天线可架设在山顶或高大建筑物上，提高天线的实际高度，也有利于避开干扰源；要保证接收地点有足够的场强和良好的信噪比，要细致了解周围环境，避开干扰源。接收地点的场强应该大于 $46dB\mu V$，信噪比要大于40dB；尽量缩小馈线长度，避免拐弯，以减少信号损失；天线位置应尽量选在系统的中心位置，以方便信号的传输。

接收天线安装时要注意接收天线应按设计要求组装，在预定位置组织甲方人员收测和观看，确定天线的最佳位置并固定。要求做到平直、牢固、工程外观整洁美观。竖杆拉线地锚必须与建筑物连接牢固，不得将拉线固定在屋面透气管、水管等构建上。安装时应使各根拉线受力平均。天线馈电端必须与阻抗匹配器、馈线、天线放大器连接牢固，同时应有防雨水措施。天线要有抗自然气象带来的如台风、旋风、结冰等问题的措施。天线的拉线应采用8股或8股以上的钢丝绳，直径应大于等于8mm。天线的地锚应采用直径不小于12mm的圆钢，使受力点能够承受强台风破坏。天线竖杆的基础要严格按照厂家提供的技术资料和安装要求进行。射频电缆应穿钢管，并主张一管一缆，不得沿天线拉线下行。电缆拐弯时，要保持线缆曲率半径的15倍以上，确保信号无损。电缆原则上不要有接头，如有接头应加过线盒。

天线安装要按4步来操作：①天线竖杆；②横杆；③拉线；④底座（底锚）。竖杆和横杆均可用来固定天线。横杆方向应向电视台方向。竖杆在建筑物楼顶时，只能安装在电梯间或水箱的承重墙上，或土建已设计的位置上。天线顶端高度应高于周围建筑物高度15～40m范围内。天线横杆与竖杆采用U形螺栓相连接，或采用槽形底托相连接。当用螺钉固定后，最好用油漆对螺钉四周刷一下。目的有两个：①防生锈；②巡检时，检查人员通过掉漆与否，判断螺钉是否松动。为了避免雷击，天线需要安装避雷装置。

接收天线的避雷措施有以下几种：

（1）安装独立的避雷针。在距天线3m以上的地方安装高出天线的独立避雷针，使天线在保护范围之内（一般保护区在45°～60°的范围内），并且要求避雷针有良好的接地，接地电阻一般要小于4Ω。

（2）天线竖杆顶部加长作避雷针。这是一种常用的避雷方法，它是将天线金属竖杆的顶部加长2.5m左右，使各频道天线均处于避雷针45°～60°的保护区内。要保证大线竖杆通过引下线良好接地，各振子的中点与横杆直接相连，横杆与竖杆相接。在高层框架式结构中，可以把引下线同轴电缆金属屏蔽外导体与建筑构件、板中钢筋焊接或卡接，使整个建筑物成为一个接地良好的等电位体。

（3）天线竖杆、避雷针、天线振子的零电位，在电气上应可靠地连成一体，并与承载建筑物的防雷设施纳入同一系统实行共地连接。从竖杆至接地装置的引下线应至少用两根，从不同方位以最短距离泄流引下。防雷系统引下线一般采用25mm×4mm的扁钢带或φ8mm的圆钢，采用对称两根引线接地，其接地电阻应小于4Ω。当系统采用共同接地时，其接地电阻应不大于1Ω。引下线与竖杆必须采用焊接，焊接长度一般为100～200mm。在进入前端的馈线和天线放大器电源线上安装避雷器，以防雷电引入室内。

9.3.3　前端机房的安装

GB 50200—1994《有线电视系统工程技术规范》对前端机房安装有以下具体的要求。

（1）前端设备控制台安装。

前端设备与控制台安装时，要注意按机房平面设计图进行设备机架与控制台定位。前端有放大器、滤波器、混合器、衰减器、分配器、电源等设备，这些设备与工程大小有关，小型工程前端设备不多，一般安装在前端箱内或机柜内。机架和控制台到位后，均应进行垂直度调整，并从一端按顺序进行。几个机架并排在一起时，两机架间的缝隙不得大于 3mm。机架面板在同一平面上，并与基准线平行，前后偏差不应大于 3mm。对于相互有一定间隔而排成一列的设备，其面板前后偏差不应大于 5mm。机架和控制台的安放应竖直平稳。机架内机盘、部件和控制台的设备安装应牢固，固定用的螺钉、垫片、弹簧垫片均应按要求装上不得遗漏。

（2）机房室内电缆的布放要求。GB 50200—1994 对机房室内电缆的布放有以下要求：

① 当采用地槽时，电缆由机架底部引入。布放地槽的电缆应顺着所盘方向理直，按电缆的排列顺序放入地槽内，顺直无扭绞，不得绑扎；当电缆进出槽口时，拐弯处应成捆绑扎，最小弯曲半径应是线缆直径的 10～15 倍。

② 当采用槽架时，电缆在槽架内布放可不绑扎，并留有出线口。电缆应由出线口从机架上方引入；引入机架时，应成捆绑扎。在水平方向时，可间隔 2～3m 扎一次；在垂直方向时，可间隔 1.5m 左右扎一次，并固定在槽架上。

③ 当采用电缆走道时，电缆应从机架上方引入。走道上布放的电缆，应在每个梯铁上进行绑扎。上下走道的电缆或电缆离开走道进入机架内时，应在距起弯点 10mm 处开始，每隔 100～200mm 绑一次。

④ 当采用活动地板时，电缆应顺直无扭绞，不得使电缆盘结，在引入机架处应成捆绑扎。

⑤ 电缆布线时两端应留有余量，并作明显的永久性标志（在工程施工中通常采用油墨笔的方法作标记）。

⑥ 光缆的预留量是每端 8m 左右。

（3）前端机房接地。

9.3.4　干线架设

干线架设一般有 3 种方式，即架空线、挖沟埋线、走现有管道。随着城市市容的发展要求，今后在大城市、省会城市不主张线缆架空（影响市容），均挖沟埋线。在大城市、省会城市施工时，应征询市政管理部门的意见，再决定采用架空线方式。

（1）干线架设要求。

GB 50200—1994《有线电视系统工程技术规范》对干线架设有着具体要求。架设架空电缆时，应先将电缆吊线用夹板固定在电缆杆上，再用电缆挂钩把电缆卡挂在吊线上（挂钩的间距宜为 0.5～0.6m）。根据气候条件，每一杆挡均应留出余地。在新杆上布放和收紧吊线时，要防止电杆倾斜和倒杆；在已架有电信线、电力线的杆路上加挂吊线时，要防止吊线上弹。架设墙壁电缆时应先在墙上装好墙担，把吊线放在墙担上收紧，并用夹板固定；再用电缆挂钩将电缆卡挂在吊线上。墙壁电缆沿墙角转弯时，应在墙角处设转角墙担。电缆采用直埋方式时，必须使用具有铠装的直埋电缆，其埋深不得小于0.8m；紧靠电缆处要用细土覆盖 10cm，上压一层砖石保护；在寒冷地区应埋在冻土层以下。电缆采用穿管敷设时，应先清扫管孔，并在管孔内预设一根铁线，将电缆牵引网套绑扎在电缆头上，用铁线将电缆拉入到管道内。敷设较细的电缆可不用牵引网套，直接把铁线绑扎在敷设电缆上。当架空电缆和墙壁电缆引入地下时，在距地面不小于2.5m 的部分应采用钢管保护；钢管应埋入地下 0.3～0.5m。布放电缆时，应按各盘电缆的长度根据设计图纸各段的长度选配。电缆需要接续时应严格按电缆生产厂提出的步骤和要求进行，不得随意接续。

(2) 安装干线放大器应符合下列要求：

① 在架空电缆线路中，干线放大器应安装在距离电杆 1m 的地方，并固定在吊线上。

② 在墙壁电缆线路中，干线放大器应固定在墙壁上。吊线有足够的承受力，也可固定在吊线上。

③ 在地下穿管或直埋电缆线路中干线放大器安装，应保证放大器不得被水浸泡，可将放大器安装在地面以上。

④ 干线放大器输入、输出的电缆均应留有余量，连接处应有防水措施。

9.3.5　支线与用户线的安装

支线与用户线的布设时，其基本思想与网络布线是一样的，这里就不再叙述，但按规范要求，有如下 5 点是要注意的：

(1) 支线宜采用架空电缆或墙壁电缆，架设方法应符合规范的规定。沿墙架设时，也可采用线卡卡挂在墙壁上，卡子间的距离不得超过 0.8m，并不得以电缆本身的强度来支撑电缆的重量和拉力。

(2) 采用自承式同轴电缆作支线或用户线时，电缆的受力应在自承线上；在电杆或墙担处将自承线与电缆连接的塑料部分切开一段距离，并在自切开处的根部缠扎三层聚氯乙烯带，并在应缩短自承线，用夹板夹住式电缆产生余兜。

(3) 采用自承式电缆作用户入线时，在其下线端处应用缠扎法把自承线终结做在下线钩、电杆或吊线上。

(4) 用户线进入室内可穿管暗敷，也可用卡子明敷在室内墙壁上，或布放在吊顶上，但均应做到牢固、安全、美观。

(5) 在室内墙壁上安装的系统输出口用户盒，应做到牢固、美观、接线牢靠；接收机至用户盒的连接线采用阻抗为 75Ω、屏蔽系数高的同轴电缆，其长度不宜超过 3m。

9.3.6　系统放大器、分配器、分支器、用户终端盒的安装

（1）系统放大器的安装。系统放大器为 IC 功率倍增电路，配有温度补偿、斜率控制、增益控制和双向传输等功能。放大器串接级数最多不超过三级。放大器的传输电平采用全倾斜方式，以减小交互调失真；因出入口电平较高，信噪比可得到保证。线路延长放大器安装在电缆信号衰减的最佳处，其增益控制在 20dB；分配系统放大器控制在 30dB，便于系统调整。

（2）分配器、分支器的安装。分配器、分支器采用高隔离度金属密封型。分配器分配损耗随分配数增加而加大，频率范围：5～862MHz 及适合回输路径；二分配器的分配损耗为 3.8～4.5dB；三分配器的分配损耗不大于 4～8.1dB，相互隔离不应小于 20dB；分支应先用金属屏蔽盒的分配器及 F 型端子插销及插座，以避免高频直射波干扰产生重影。

分支器具有定向传输的特性，根据其在分配系统中所处的位置选择适当插入损耗和分支损耗的分支器，使用户输出口的电平趋于均匀。分支器的相互隔离不应小于 40dB（VHF）和 35dB（UHF）。频率范围：5～862MHz 及适合回输路径；分支器应用金属盒结构以及 F 型端子插销及插座，以避免高频直射波干扰而产生重影。

分配器、分支器尽可能安装在建筑物内，但不论安装在室内还是室外，均应装入防护盒内，且符合电波泄漏标准。安装在室外时，距地面一般在 2.5m 左右。

（3）用户终端盒的安装。按设计要求配置用户终端。按实际情况留出适当的用户终端余量，便于系统用户的扩容。用户终端盒的安装高度可取其下沿距地面 30～150m。

9.3.7　防雷、接地及安全保护

防雷、接地的基本原理在第 2 章中作了介绍，这里仅对有线电视系统工程需要遵守的 7 点规范作介绍。

GB 50200—1994《有线电视系统工程技术规范》对防雷接地的 7 条规范具体如下：

（1）系统工程的防雷接地必须按设计要求施工，新建工程接地装置的埋设宜与土建施工同时进行，对隐蔽部分应在覆盖前及时会同有关单位随工检查验收。

（2）接闪器应与天线竖杆（独立避雷针则应与接闪器支持杆）同在地面组装。接闪器长度应按设计要求确定，并且不应小于 2.5m；直径不应小于 20mm。接闪器与竖杆的连接宜采用焊接；焊接的搭接长度宜为圆钢直径的 10 倍。当采用法兰连接时，应另加横截面积不小于 48mm² 的镀锌圆钢电焊跨接。

（3）避雷引下线宜采用 25mm×4mm 扁钢或直径为 10mm 圆钢。引下线与天线竖杆应采用电焊连接，其焊接长度应为扁钢宽度的 3 倍或圆钢直径的 10 倍。引下线与接地装置必须焊接牢固，所有焊接处均应涂防锈漆。

（4）干线放大器的外壳和供电器的外壳均应就近接地。

（5）架空电缆中供电器的市电输入端的相线和零线，对地均应接入适用于交流

220V 工作电压的压敏电阻。

（6）重雷区架空引入线在建筑物外墙上终结后，应通过接地盒在室外将电缆的外屏蔽层接地。用户引入线经接地盒连至建筑物内分配器、分支器直至用户出口。

（7）在施工过程中，应测量所有接地装置的电阻值。当达不到设计要求时，应在接地极回填土中加入无腐蚀性的长效降阻剂。

参 考 文 献

[1] 杨绍胤编著. 智能建筑设计实例精选. 北京：中国电力出版社，2006.

[2] 王再英等编著. 楼宇自动化系统原理与应用. 北京：电子工业出版社，2005.

[3] 张九根，丁玉林编著. 智能建筑工程设计. 北京：中国电力出版社，2007.

[4] 张少军编著. 网络通信与建筑智能化系统. 北京：中国电力工业出版社，2004.

[5] 黎连业，黎恒浩，王华编著. 建筑弱电工程设计施工手册. 北京：中国电力工业出版社，2010.

[6] 刘国林编著. 智能建筑标准实施手册. 北京：中国建筑工业出版社，2000.

[7] 余明辉，贺平等编著. 综合布线技术与工程. 北京：高等教育出版社，2004.

[8] 陈龙编著. 安全防范系统工程. 北京：清华大学出版社，1999.

[9] 陈一材编著. 楼宇安全系统设计手册. 北京：中国计划出版社，2000.